高职高专“十三五”规划教材

Illustrator CC 图形设计与制作实例教程

范丽娟 主编

孙 博 李 玢 副主编

化学工业出版社

·北京·

本书系统地介绍了Illustrator CC 软件的基本操作方法和矢量图形制作技巧，包括初识Illustrator CC、图形的绘制与编辑、对象的编辑与组织、对象颜色填充与描边、文本的编辑、图表的编辑、图层和蒙版的使用、使用混合与封套效果、效果的使用、导出与打印输出等内容。

本书内容编排充分考虑了学生的认知规律，从基础知识和实践操作入手，讲解均以实践案例为主线，通过案例的操作，学生可以快速熟悉软件功能、软件操作技巧和实践操作设计思路，并在每一章节都配有课堂练习、综合实例和课后习题，来提高读者对知识点的掌握和拓展读者的实践应用能力，提高软件使用水平。

本书结构清晰，实例经典，可作为大专院校相关专业的教材，也可作为图形图像培训班的培训用书，还可作为Illustrator CC 初学者入门与提高的自学用书。

图书在版编目(CIP)数据

Illustrator CC 图形设计与制作实例教程 / 范丽娟主编. —北京：化学工业出版社，2016.12
高职高专“十三五”规划教材
ISBN 978-7-122-28627-7

Ⅰ. ①I… Ⅱ. ①范… Ⅲ. ①图形软件-高等职业教育-教材 Ⅳ. ①TP391.41

中国版本图书馆 CIP 数据核字（2016）第 298114 号

责任编辑：王听讲　　装帧设计：刘丽华
责任校对：宋　夏

出版发行：化学工业出版社（北京市东城区青年湖南街 13 号　邮政编码 100011）
印　　装：三河市航远印刷有限公司
787mm×1092mm　1/16　印张 14¼　字数 377 千字　　2017 年 1 月北京第 1 版第 1 次印刷

购书咨询：010-64518888（传真：010-64519686）　　售后服务：010-64518899
网　　址：http: // www. cip. com. cn
凡购买本书，如有缺损质量问题，本社销售中心负责调换。

定　　价：33.00 元

前　言

Adobe Illustrator 广泛应用于图形设计、排版、专业插画、多媒体图像处理和互联网页面的制作等，可以提供较高的制作精度，而且便于创作，适合任何小型设计到大型的复杂创作项目。该软件能够与几乎所有平面、网页、三维等软件完美结合，已经成为各行业设计师不可缺少的创作工具之一。

本书基于最新版本的矢量图形设计与制作软件 Illustrator CC 编写，系统地介绍了软件的核心知识，并以实例的方式讲解软件知识点。本书基于工作过程的教学方式，按行动体系序化知识内容，采用“任务驱动”的编写方式，全面采用案例式教学，理论以“必须、够用”为度，实训项目注重实用性、技能性、工程性。全书结构清晰，结合实际的设计案例，采用了由浅入深、图文并茂的讲述方式，重点讲授平面图形的造型方法及图像的处理方法与技巧。本书共十章，详细讲解了初识 Illustrator CC、图形的绘制与编辑、对象的编辑与组织、对象颜色填充与描边、文本的编辑、图表的编辑、图层和蒙版的使用、使用混合与封套效果、效果的使用、导出与打印输出等内容。

为了方便教师教学，本书配备了详尽的课后习题的素材、源文件，以及 PPT 课件等丰富的教学资源，本书还备有涉及案例的素材及源文件，需要者可以到化学工业出版社教学资源网站 http://www.cipedu.com.cn 免费下载使用。

本书由辽宁机电职业技术学院的范丽娟担任主编，辽宁省交通高等专科学校的孙博和天津市印刷装潢技术学校的李玢担任副主编，第 1 章～第 4 章、第 10 章、附录由范丽娟编写，第 5 章、第 6 章由孙博和范丽娟共同编写，第 7 章、第 8 章由李玢编写，第 9 章由武汉技师学院的陈勇和范丽娟共同编写。

由于编者水平有限，加之篇幅所限，书中难免有疏漏和不妥之处，恳请广大读者予以指正。

编　者

2017 年 1 月

目　录

第 1 章　初识 Illustrator CC

本章将对最新版的 Illustrator CC 进行简单的介绍，包括图形图像的基础知识、工作界面构成、文件的基本操作、图像的显示效果以及辅助功能的使用，并通过实例来帮助读者对 Illustrator CC 有个初步的了解。

1.1　Illustrator CC 概述

Adobe Illustrator 是Adobe系统公司推出的基于矢量的图形制作软件，具有强大的绘图功能，是一种应用于出版、多媒体和在线图像的工业标准矢量插画的软件，作为一款非常好的图片处理工具，Adobe Illustrator 广泛应用于图形设计、海报书籍排版、专业插画、多媒体图像处理和互联网页面的制作等，可以提供较高的制作精度，适合任何图形图像方面小型设计到大型的复杂项目。

1.1.1　矢量图和位图

在计算机中，图像是以数字方式来记录、处理和保存的，所以图像也可以说是数字化图像。图形图像主要分为位图图像和矢量图形两大类。这两种类型的图像各有特色，也各有优缺点，两者各自的优点恰好可以弥补对方的缺点。因此，在处理编辑图像文件时，往往需要将这两种类型的图像交叉运用，才能取长补短，使用户的作品更为完善。

位图图像，也叫光栅图，是由很多个像小方块一样的颜色网格（即像素）组成的图像。位图中的像素由其位置值与颜色值表示，也就是将不同位置上的像素设置成不同的颜色，即组成了一幅图像。位图图像放大到一定的倍数后，可以发现位图图像是由彩色网格组成的，每个格点就是一个像素，每个像素都具有特定的位置和颜色值。处理位图图像时编辑的实际是像素，而不是对象或形状。连续色调图像（如照片或数字绘画）经常使用位图图像，因为它可以表现阴影和颜色的细微层次。

单位尺寸内的像素数称为分辨率（通常采用 ppi 表示，即每英寸上的像素数），因此，位图图像与分辨率有关。分辨率越大，图像越清晰，存储时的所占空间也越大。如果在屏幕上对位图图像进行放大，或以低于创建时的分辨率来打印，看到的便是一个一个方形的色块，整体图像也会变得模糊、粗糙，如图 1-1 所示。

图 1-1　位图图像放大前后的效果

位图对于相片和数字绘图来说是不错的选择，因为它们能够产生极佳的颜色层次。位图与分辨率息息相关，也就是说，它们提供固定的像素数。虽然位图在实际大小下效果不错，但在缩放时，或在高于原始分辨率显示或打印时，会显得参差不齐或降低图像质量。

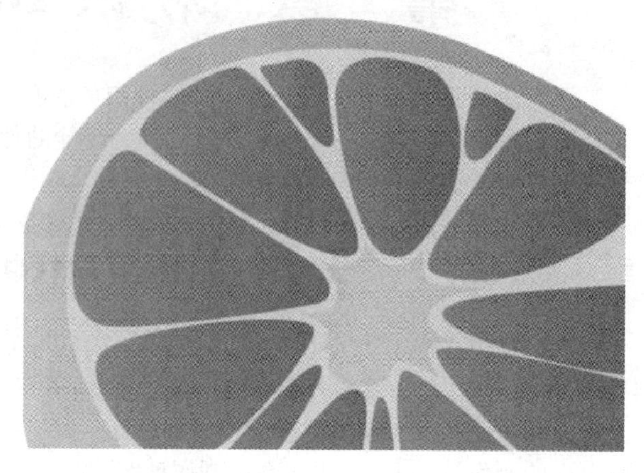

图 1-2　矢量图形放大前后的效果

矢量图形也叫向量图形，由数学定义的矢量线条和曲线组成。由于不是采用像素的方式，因此，矢量图形与分辨率无关。可以将其缩放到任意尺寸，或按任意分辨率打印，它始终能够保留清晰的线条，如图 1-2 所示。因此，矢量图形是插图、文字（尤其是小字）和线条图形（比如徽标）以及大型喷绘的最佳选择。

矢量图形的缺点是效果逼真性差，想要画出效仿自然的画作，需要非常繁杂的工作和高超的技巧。色彩方面也不够绚丽多变，有失自然。

1.1.2　图形的颜色模式

颜色模式决定了用于显示和打印图像的颜色模型，Illustrator CC 中提供了 RGB 和 CMYK 两种颜色模式，它决定了如何描述和重现图像的色彩。一些初学设计者经常遇到自己的设计不能交付印刷，或者严重偏色、输出质量不理想等问题，颜色模式对这些问题有着重要作用。

1）RGB 模式

RGB 模式是最常用的一种颜色模式，又称三基色，属于自然色彩模式。RGB 是一种加色法模式，由 R（Red：红）、G（Green：绿）、B（Blue：蓝）三种基本色为基础，进行不同程度的叠加，从而产生丰富而广泛的颜色，如图 1-3 所示，分别为拾色器中 RGB 的颜色取色及色值。由于红、绿、蓝每一种颜色可以有 0~255 的亮度变化，所以，可以表现出约 1680（256×256×256）万种颜色，是应用最为广泛的色彩模式。RGB 的取值范围是 0～255，颜色依次减弱变亮，RGB 三色色值均为 0 时，颜色便是黑色，色值均为 255 时，颜色就变成了白色。

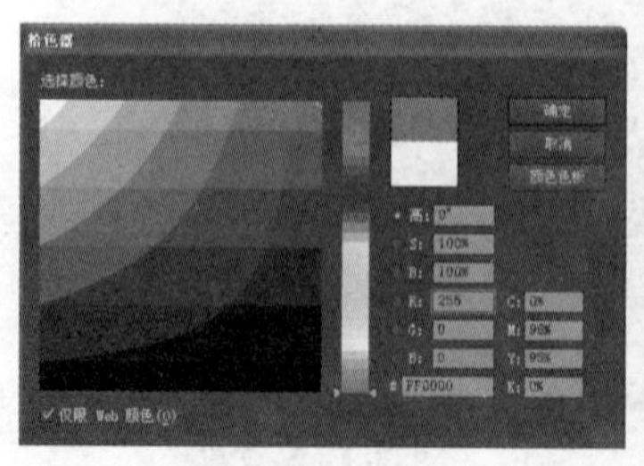
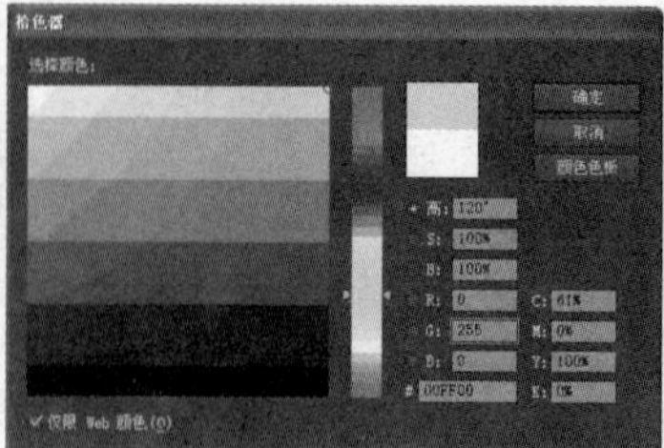
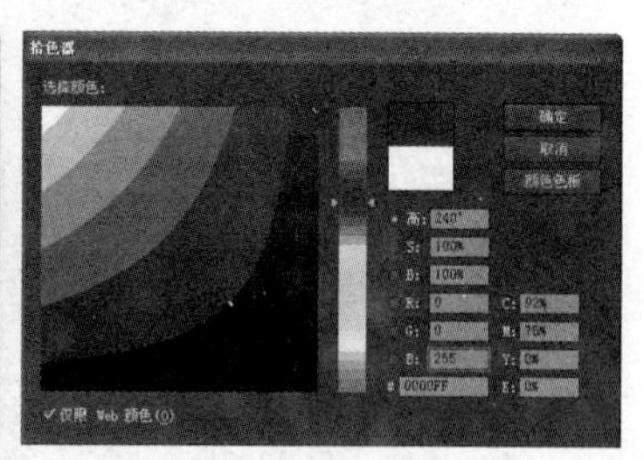

图 1-3　拾色器中 RGB 的颜色取色及色值

所有的扫描仪、显示器、投影设备、电视、电影屏幕等都依赖于这种加色模式，但是，这种模式的色彩超出了打印色彩的范围，因此，输出后颜色往往会偏暗一些。

2）CMYK 模式

CMYK 模式是基于油墨印刷色的成色模式，又称印刷四分色，也属于自然色彩模式。CMYK 颜色模式在本质上与 RGB 颜色模式没有什么区别，只是产生色彩的原理不同，在 RGB 颜色模式中由光源发出的色光混合生成颜色，而在 CMYK 颜色模式中由光线照到含有不同比例 C、M、Y、K 油墨的纸上，其部分光谱被吸收后，反射到人眼的光而产生不同的颜色。

CMYK 模式又称减色模式，该模式是以 C（Cyan：蓝）、M（Magenta：品红）、Y（Yellow：黄）、K（Black：黑色）为基本色，如图 1-4 所示，分别为拾色器中 CMYK 的颜色取色及色值。它表现的是白光照射到物体上，经物体吸收一部分颜色后反射而产生的色彩。例如，白光照射到蓝色的印刷品上时，我们之所以能看到它是蓝色，是因为它吸收了其他颜色而反射蓝色的缘故。

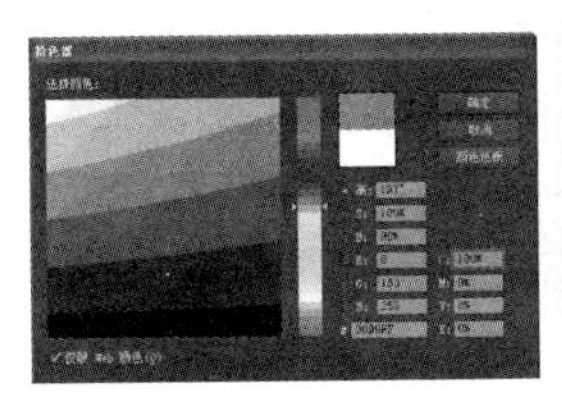
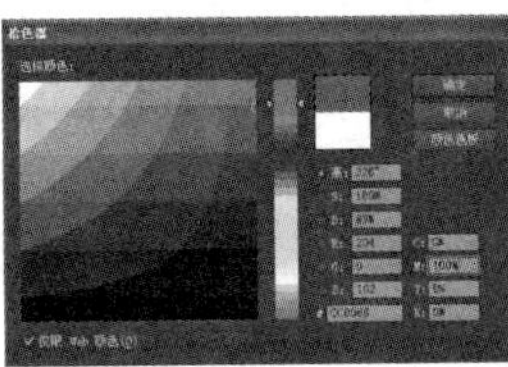
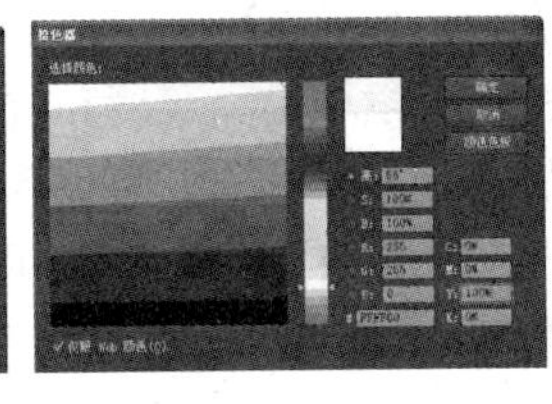
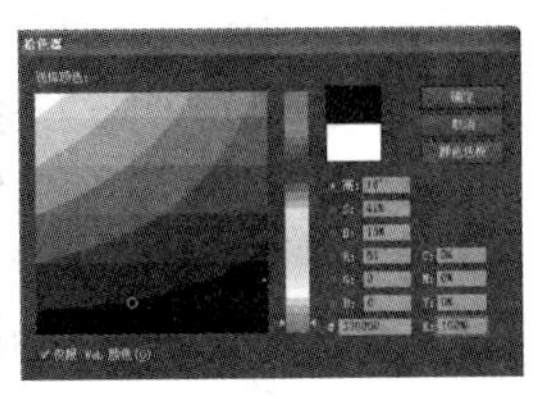

图 1-4　拾色器中 CMYK 的颜色取色及色值

在实际应用中，蓝、品红、黄三种颜色叠加很难产生纯黑色，因此，这种模式中引入了黑色（K）以表现真正的黑色。

CMYK 色彩模式被广泛应用于印刷、制版行业。各参数取值范围为 0%~100%（C：0%~100%，M：0%~100%，Y：0%~100%，K：0%~100%）。

【注意】：我们在实践应用中，如果是用作计算机显示或 Web 设计时，应选择 RGB 颜色模式进行创作，但是如果涉及作品需要印刷输出时，如书籍设计、样本设计文件等，颜色模式请务必设置成 CMYK 模式。印刷制版是通过 CMYK 四种颜色进行的，计算机软件会自动分色来分成四色，再通过 CMYK 四种油墨印刷；再者，许多 RGB 屏幕显示色，是没有办法付诸印刷或打印的，RGB 的颜色范围相对于 CMYK 颜色范围来说非常大，屏幕显示绚丽多彩，而 CMYK 的颜色范围相对小得多，也就是说在 RGB 颜色模式下打印时，某些颜色信息是缺失的，打印出来的色彩也会发生很多改变，偏色、缺色严重。

1.1.3　支持的文件格式

处理图形图像时要随时对文件进行存储，以便再打开修改或调到其他的图像软件中进行编辑，这就需要将图像存储为正确的图像格式。每一种文件格式通常会有一种或多种扩展名用来识别，Illustrator 支持多种文件格式，包括 AI、CDR 、PSD、EPS、JPG、BMP、TIFF、GIF 和 PDF 等，下面介绍一些常见的图像格式。

（1）AI：Illustrator 所生成的文件格式为 AI 格式文件，文件后缀名为【.ai】，是一种可修改的图形文件格式。它的优点是占用硬盘空间小，打开速度快，方便格式转换，是 Illustrator 软件专用文件格式。

（2）CDR：是著名绘图软件 CorelDRAW 的专用图形文件格式，文件后缀名为【.cdr】。由于 CorelDRAW 是矢量图形绘制软件，所以 CDR 格式的文件可以记录文件的属性、位置和分页等，但它在兼容度上比较差，所有 CorelDraw 应用程序中均能够使用，但其他图像编辑软件打不开此类文件。其功能可大致分为绘图与排版两大类。

（3）PSD：Photoshop 特有的图像文件格式，文件后缀名为【.psd】，是一种像素文件格式。PSD 格式可以将文件中创建的图层、通道、路径、蒙版完整地保存下来。因此，将文件存储为 PSD 格式时，可以通过调整首选项的设置，以最大限度地提高文件兼容性，同时，也方便在其他程序中快速读取文件，但占据的磁盘空间较大。

（4）EPS：文件后缀名为【.eps】，是跨平台的标准格式，主要用于矢量图形和栅格图像的存储，常用于打印或者印刷输出。Illustrator 可以另存为 EPS 格式文件。

（5）JPG：文件后缀名为【.jpg】或【.jpeg】，它是应用最广泛的一种可跨平台操作的压缩格式文件，支持 RGB、CMYK 及灰度等色彩模式。使用 JPG 格式保存的图像经过高倍率的压缩，可使图像文件变得较小，但会丢失掉部分不易察觉的数据，所以，在印刷时不宜使用此格式，但因为 JPG 能在高保真的情况下极度地压缩空间而受到广大用户追捧，目前来说是各种图像格式中使用率最高的图像格式。

（6）BMP：文件后缀名为【.bmp】，是 DOS 和 Windows 兼容计算机系统的标准 Windows 图像格式。BMP 格式支持 RGB、索引色、灰度和位图色彩模式。彩色图像存储为 BMP 格式时，每一个像素所占的位数可以是 1 位、4 位、8 位或 32 位，相对应的颜色也从黑白一直到真彩色。

（7）TIFF：文件后缀名为【.tif】，是一种应用非常广泛的位图图像格式，几乎被所有绘画、图像编辑和页面排版应用程序所支持。它是一种无损压缩格式，TIFF 格式便于应用程序之间和计算机平台之间图像数据交换，多用于桌面排版、图形艺术软件。因此，TIFF 格式是应用非常广泛的一种图像格式，可以在许多图像软件和平台之间转换。TIFF 格式除支持 RGB、CMYK 和灰度三种颜色模式外，还支持使用通道、图层和裁切路径的功能，可以将图像中裁切路径以外的部分，再置入排版软件（如 PageMaker）中时变为透明。

（8）PDF：文件后缀名为【.pdf】，是 Adobe 公司开发的用于 Windows、Mac OS、UNIX 和 DOS 系统的一种电子出版软件的文档格式，适用于不同的平台。该文件可以包含矢量和位图图形，还可以包含电子文档查找和导航功能，如电子链接。Adobe PDF 文件小而完整，任何使用免费 Adobe Reader®软件的用户都可以对其进行共享、查看和打印，因此，该格式是网络下载经常使用的文件。Adobe PDF 是对全球使用的电子文档和表单进行安全可靠的分发和交换的标准。Adobe PDF 在印刷出版工作流程中非常高效，它可以创建一个查看、编辑、组织和校样的小且可靠的文件。将复合图稿存储在 Adobe PDF 中，服务提供商可以直接输出为 Adobe PDF 文件，或使用各个来源的工具处理，用于后期处理任务，例如准备检查、凹印、拼版和分色。

（9）GIF：文件后缀名为【.gif】，是一种压缩格式，用来最小化文件大小和电子传递时间，因此，常常用于保存作为网页数据传输的图像文件。GIF 文件不支持 Alpha 通道，最大缺点是最多只能处理 256 种色彩，不能用于存储真彩色的图像文件。但 GIF 格式支持透明背景，可以较好地与网页背景融合在一起。GIF 图像的简单动画效果可以丰富网页内容。

（10）PNG：文件后缀名为【.png】，PNG 的原名为可移植性网络图像，是网络上接受的最新图像文件格式，可用于网页的无损压缩和显示图像。PNG 能够提供长度比 GIF 小 30%的无损压缩图像文件，同时支持 24 位和 48 位真彩色图像，并产生无锯齿状边缘的背景透明效果。

1.2　工作界面构成

Illustrator CC 工作区主要包含菜单栏、工具箱、工具属性栏、控制面板、绘图窗口、滚动条、状态栏等，如图 1-5 所示。

（1）菜单栏：包含了 Illustrator CC 的九个主菜单，每个菜单下都有自己的下一级子菜单，通过选择这些命令可以完成基本操作。

图 1-5　Illustrator CC 工作界面

（2）工具箱：集成了 Illustrator CC 中最主要的工具按钮，是最基本的绘图工具和编辑工具，大部分工具还有其展开式工具栏，其中包括了与该工具功能相类似的工具，可以更方便、快捷地进行绘图与编辑。

（3）工具属性栏：当选择工具箱中的一个工具后，会在工作界面中出现该工具的属性栏。

（4）控制面板：浮动在窗口中的功能控制面板，在 Illustrator CC 中发挥和菜单一样的功能，而且打开一次之后可以多次使用。Illustrator CC 中的控制面板缺省时都是成组出现，通过单击控制面板右上角的最小化按钮将其折叠起来，具有很大的灵活性。

（5）绘图窗口：是创建和编辑图形的位置，可以配合使用工具、面板、菜单命令等来创建和处理文档和文件。

（6）滚动条:当屏幕中无法完全显示图像的全部时，通过对滚动条的拖曳来实现对整个文档的全部浏览。

（7）状态栏：显示当前工作区域所使用的工具、画板名称、缩放比例等。

1.2.1　工具箱

Illustrator CC 的工具箱内包括了大量具有强大功能的工具，如图 1-6 所示，这些工具可以使用户在绘制和编辑图像的过程中制作出更加精彩的效果。要显示或隐藏工具箱，可以选择菜单栏中的【窗口】→【工具】命令，要正确熟练地使用工具箱中的各种工具按钮，必须注意以下事项。

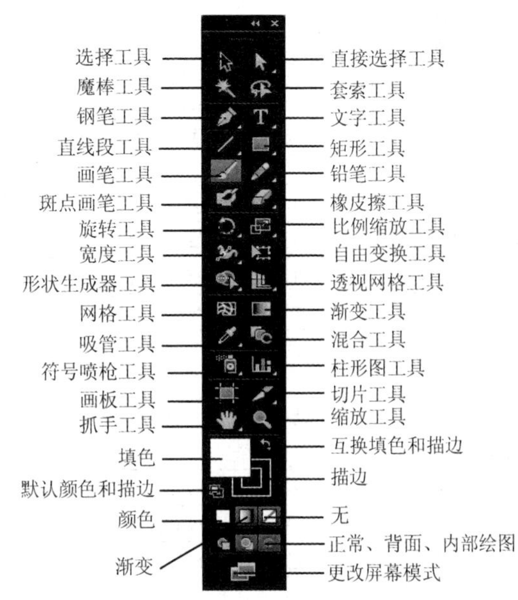

图 1-6　工具箱

（1）选择工具时，选择该工具并释放鼠标按钮，此后，如果没有选择另外的工具按钮，可以一直使用该工具。

（2）使用基本绘图工具时，在工作区中单击，可以弹出相应的对话框，在对话框中可以对工具的属性进行精确的设置。

（3）工具按钮的右下角如果有一个白色的小三角，表示该工具按钮包含有弹出式的工具栏。要使用弹出的工具栏中的工具按钮，单击鼠标左键并按下不放，拖动到弹出式工具栏中相应的工具按钮上并松开鼠标即可，选中后此工具按钮会成为当前工具按钮并显示在工具箱中。如果同时按住【Alt】键单击该图标，则隐藏工具将会按照排列顺序循环显示。

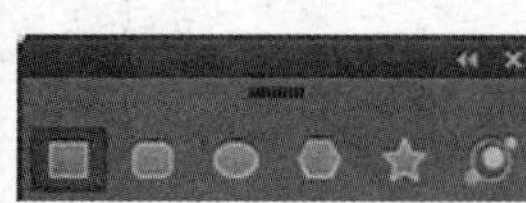

图 1-7　调出隐藏工具箱

（4）如果在文档操作过程中感觉隐藏工具用起来不方便，还可以将这些隐藏工具调出来，这是 Illustrator CC 的人性化设置。如图 1-7 所示，选择工具箱中的【矩形工具】按钮，将光标移动到弹出菜单的右侧小三角处，然后释放鼠标，即可调出单独的【矩形工具】组面板，还可以单击面板顶部的双箭头，转换停放方向。

表 1-1 列出了工具箱中各工具按钮的名称和主要功能。

表 1-1　工具栏的组件与主要功能

工具按钮名称	主要功能简介
选择工具	使用选取工具可以选择单个对象、多个对象
直接选择工具组	选取整条路径或是一条路径中的特定控制点，包含了 2 种工具：分别为直接选择工具和编组选择工具
魔棒工具	可通过单击对象来选择具有相同的颜色、描边粗细、描边颜色、不透明度或混合模式的对象
套索工具	根据图形的轮廓和颜色块的轮廓选择图形，用于处理位图图形
钢笔工具组	绘制曲线，包括 4 个工具：钢笔工具、添加锚点工具、删除锚点工具、转换锚点工具
文字工具组	在文字工具的弹出式工具栏中包含了 6 种不同类型的文本工具，包括文字工具、区域文字工具、路径文字工具、直排文字工具、直排区域文字工具、直排路径文字工具
直线段工具组	包括 5 个工具：直线段工具、弧形工具、螺旋线工具、矩形网格工具、极坐标网格工具
矩形工具组	使用矩形工具可以绘制基本图形和光晕效果。包括 6 个工具：矩形工具、圆角矩形工具、椭圆工具、多边形工具、星形工具、光晕工具
画笔工具	用来绘制具有不同宽度和不同图案的艺术线条
铅笔工具组	使用铅笔工具可以绘制自由形状的曲线，包括 3 个工具：铅笔工具、平滑工具、路径橡皮擦工具，比如，【平滑工具】能够使选定的图形对象的线条接合处变得光滑起来，【擦除工具】能够擦除选定路径中的部分路径
斑点画笔工具	可绘制填充的形状，以便与具有相同颜色的其他形状进行交叉和合并
橡皮擦工具组	包括 3 个工具：橡皮擦工具、剪刀工具、美工刀工具
旋转工具组	将选定的对象旋转或镜像，包括 2 个工具：旋转工具、镜像工具
比例缩放工具	此工具可以将选定的对象变窄或是拉长等变形，包括 3 个工具：比例缩放工具、倾斜工具、整形工具
宽度工具组	包括 8 个工具：宽度工具、变形工具、旋转扭曲工具、缩拢工具、膨胀工具、扇贝工具、晶格化工具、皱褶工具
自由变换工具	使用鼠标自由调整选定对象的大小、长宽比例、方向等
形状生成器组	包括 3 个工具：形状生成器工具、实时上色工具、实时上色选择工具
透视网格工具组	包括 2 个工具：透视网格工具、透视选区工具
网格工具	绘制矩形网格和圆形图像网格
渐变工具	创建用途十分广泛的渐变填充
吸管工具组	使用滴管工具可以从其他已经存在于图形中的对象中获取颜色，可以是填充色、描边颜色，包括 2 个工具：吸管工具、度量工具
混合工具	在两个图形对象之间生成混合效果
符号喷枪工具组	包括 8 个工具：符号喷枪工具、符号移位器工具、符号紧缩器工具、符号缩放器工具、符号旋转器工具、符号着色器工具、符号滤色器工具、符号样式器工具

续表

工具按钮名称	主要功能简介
柱形图工具组	使用图表工具以及弹出工具栏中的各种图表形式，能够创建各种各样的图表，包括 9 个工具：柱形图工具、堆积柱形图工具、条形图工具、堆积条形图工具、折线图工具、面积图工具、散点图工具、饼图工具、雷达图工具
画板工具	可创建用于打印或导出的单独画板
切片工具组	包括 2 个工具：切片工具、切片选择工具
抓手工具组	使用抓手工具可以手工移动页面上的绘图工作区，包括 2 个工具：抓手工具和打印拼贴工具
缩放工具	放大或是缩小图形窗口的显示倍率
填色	显示当前使用的填充颜色或是指示选定的对象所用的填充颜色。当有多个选取对象，但是它们使用不同的填充颜色时，此工具中的编辑框将显示灰色并带有一个问号
描边	显示选定对象的描边颜色
互换填色和描边	将对象的填充颜色和描边颜色相互对调
默认填充和描边	可以将当前的填充颜色和描边颜色的设置变为默认的设置，即黑色描边和白色填充
颜色	显示选定对象的填充颜色为均匀填充，或者说是单色填充
渐变	将选定对象的填充颜色改为当前选定的渐变填充
无	确认选定对象无描边或是无填充
视图模式工具	共有三种视图模式可以供选择：基本视图模式能够以系统的默认设置显示工具箱、菜单栏和控制面板等组件；带菜单栏的全屏视图模式能够全屏幕地显示图形，其他组件中只显示菜单栏；全屏模式只显示图形而不显示菜单栏

1.2.2　控制面板

Illustrator CC 中提供了几十种面板，默认情况下，只有少数常用面板以图标方式折叠停放在工作区右侧，单击即可展开。控制面板使用起来相当方便，而且它们通常是成组出现，如图 1-8 所示，极大地方便了设计工作者对各种不同设计的处理操作。

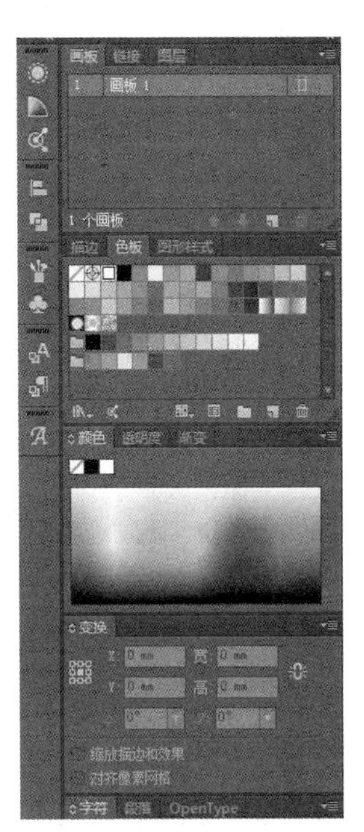

图 1-8　控制面板

通过选择【窗口】菜单中相应命令即可快速调用指定面板。通过拖曳的方式可以方便地拖出一个面板或面板组，在窗口中任意停放，也可以将两个或多个面板拼接起来组成一个新的面板组合，以方便暂时需要或使用习惯。

当面板拖离折叠停放区域时，会变成浮动状态，可以将其移动到工作区的任意位置，还可以将浮动的面板或面板组堆叠在一起，以便在拖动标题栏时将它们作为一个整体进行移动。面板分为【图层】面板和【符号】面板，可以将这两个面板进行自由组合，如图 1-9 所示。

面板组合有如下设置方法。

（1）上下拼接：选择【色板】面板标题栏（或名称标签），将其拖动到【颜色】面板下端，如图 1-10 所示，此时可见突出显示的蓝色平行条，释放鼠标，则两个面板垂直拼接到一起，成为一个粘接整体。拖动【颜色】面板标题栏，即可同时移动【色板】面板。在移动面板的同时按住【Ctrl】键可防止其拼接停放。

（2）左右拼接：选择【色板】面板标题栏（或名称标签），将其拖动至【颜色】面板名称左侧，如图 1-11 所示，可见突出显示的蓝色垂直条放置区域，释放鼠标，则两个面板平行拼接到一起，成为一个粘接整体。

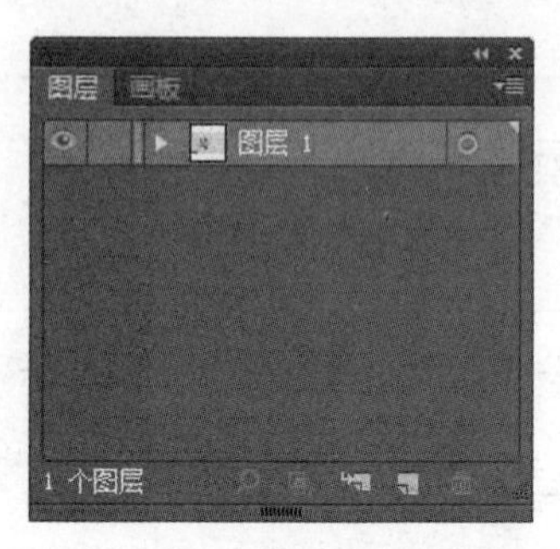

图 1-9　面板自由组合

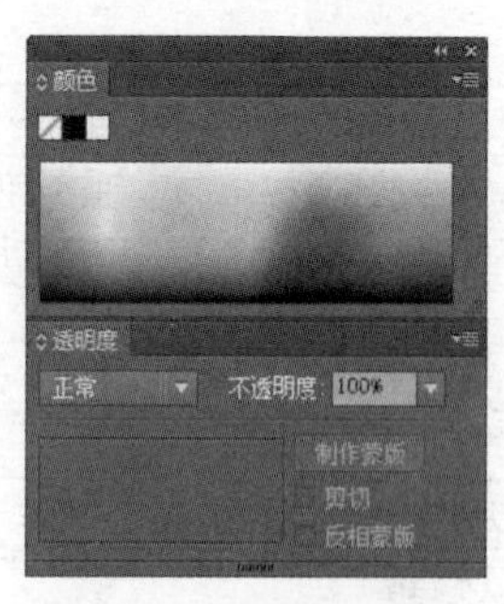

图 1-10　面板上下拼接

（3）嵌套面板组：选择【色板】面板标题栏（或名称标签），将其拖动到【颜色】面板名称标签右侧，如图 1-12 所示，可见突出显示的蓝色框架放置区域，释放鼠标，则两个面板标签拼接到一起，形成一个新的面板组。面板组与面板组之间也可以进行不同的堆叠拼接，方法与面板的堆叠方法相同。

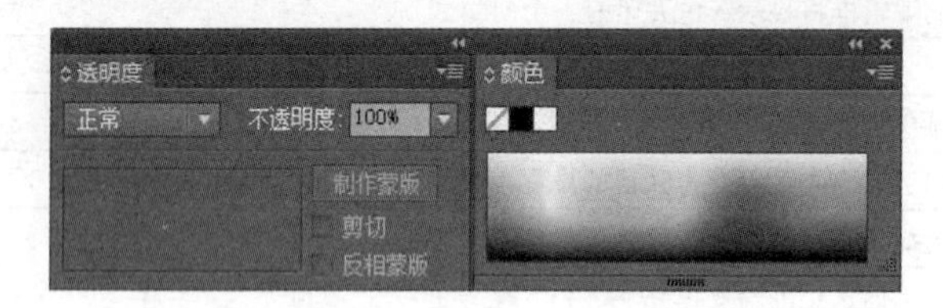

图 1-11　面板左右拼接

图 1-12　嵌套面板组

1.3　文件的基本操作

在开始设计和制作作品前，需要掌握一些基础的文件操作方法。下面将对新建、打开、保存和关闭文件的基本操作方法进行具体讲述。

1.3.1　新建文件

启动 Illustrator CC，在图形设计之前，首先要创建一个文档。

1）新建文档方法

选择【文件】→【新建】命令，也可以按下【Ctrl+N】快捷键，打开【新建文档】对话框，如图 1-13 所示。打开【新建文档】对话框后，在对话框中设置相关选项。下面来大致了解一下【新建文档】对话框中的相关选项设置。

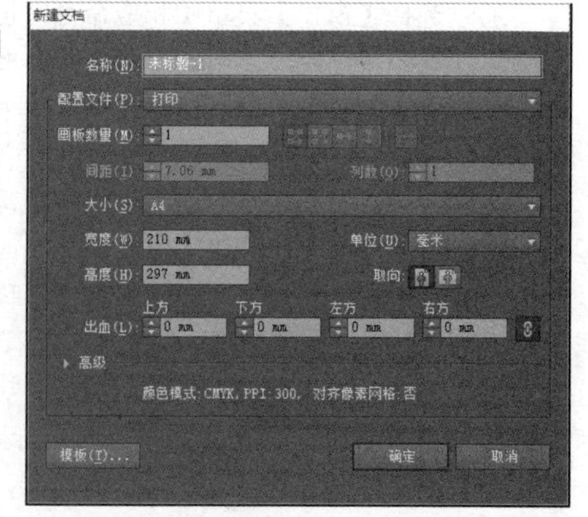

图 1-13　【新建文档】对话框

2）【新建文档】对话框中的相关选项设置

（1）名称：在【名称】右侧的文字框中可以输入新建文档的名称，默认状态下是【未标题-X】。

（2）配置文件：在【配置文件】下拉列表中可以选择预设的文档配置文件，包括打印、Web、设备、视频和胶片、基本 RGB 等，如图 1-14 所示。设计师可以根据需要的输出类型来选择新的文档配置文件以启动新文档，每个配置文件包含大小、颜色模式、单位、方向、透明度以及分辨率的预设参数。

下面对 Illustrator CC 提供的配置文件分别做一下讲述。

①【打印】：默认使用 A4 大小的画板，并提供各种其他预设打印大小，可从中进行选择。例如，名片、卡片、折页、宣传单页、画册等品种设计，最终稿件需要发送给服务商，输出到高端打印机，则使用此项配置文件。

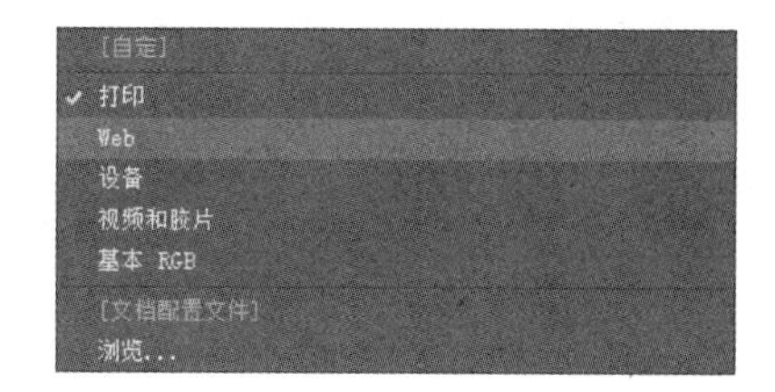

图 1-14　配置文件下拉选项

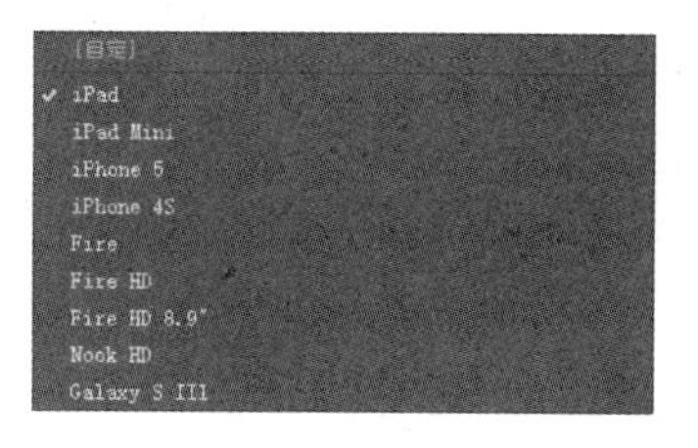

图 1-15　设备下拉选项

②【Web】：提供为输出到 Web 而优化的预设选项。

③【设备】：文件比较小，是为特定移动设备预设的 RGB 屏幕显示颜色文档。可以从【大小】选项菜单中选择设备所需大小，Illustrator CC 提供了适用于 iPad、iPhone、Xoom、Fire/Nook 和 Galsxy S 等设备的配置文档，如图 1-15 所示。

④【视频和胶片】：提供特定于视频和胶片的预设裁剪区域大小的文档。

⑤【基本 RGB】：默认使用 960px×560px 大小的画板，分辨率为 72 像素，与 Web 文档相似。

⑥【浏览】：可打开本地资源文件夹，选择已创建文档。

（3）画板数量：画板表示包含可打印图稿的区域，默认状态下为 1 个画板，最多可设置 100 个画板。当画板数量≥2 时，右侧会出现相关设置选项，包括【按行设置网格】、【按列设置网格】、【按行排列】、【按列排列】、【更改为从右至左的版面】，单击【更改为从右至左的版面】，相关的选项包括【按行从右至左设置网格】、【按列从右至左设置网格】、【按行从右至左排列】、【按列排列】、【更改为从左至右的版面】。

①【按行设置网格】：在指定数目的行中排列多个画板。从【列数】菜单中选择列数。如果采用默认值，则会使用指定数目的画板创建尽可能方正的外观。

②【按列设置网格】：在指定数目的列中排列多个画板。从【行数】菜单中选择行数。如果采用默认值，则会使用指定数目的画板创建尽可能方正的外观。

③【按行排列】：将画板排列成与 X 轴平行的一个直行。

④【按列排列】：将画板排列成与 Y 轴平行的一个直列。

⑤【更改为从右到左排列】/【更改为从左到右排列】：切换以上网格设置的顺序。

（4）【间距】、【列数】：指定各相邻画板之间的默认距离，该设置同时应用于水平间距和垂直间距。当画板数量大于 1 时，这两个选项才能够使用，在【间距】文本框中可以输入其间距的数值。

（5）【大小】：为所有画板指定预置大小。可以在下拉列表中选择系统预先设定的文件尺寸，也可以在右边的【宽度】和【高度】选项中自定义文件尺寸。

（6）【宽度和高度】：用于显示预置画板大小的宽度和高度，也可以手动输入修改数值，以完成自定义画板大小的设置。

（7）【单位】：在其下拉菜单中可选择不同的度量单位，如毫米、厘米、像素等。

（8）【取向】：设置画板的方向。画板的取向有纵向和横向两种选择。

（9）【出血】：指定画板每一侧的出血位置。在右侧有上方、下方、左方、右方四个文本框，在其中可以输入需要保留的出血值，单击【使所有设置相同】按钮，则设置的出血值都为相同的值，以上方的值为准。

出血即为出血位，是印刷中的重要部分，是指成品印刷品在裁切的时候所裁掉的周边部分，一般的出血设置尺寸为 3mm，就是在设计时沿成品的实际尺寸加大 3mm 的边，其主要作用是保护成品裁切时，有色彩的地方在非故意的情况下，能做到色彩完全覆盖到要表达的地方。

（10）【高级选项】：高级选项是与文档相关的更多选项，单击高级文字左侧的右方向三角按钮，即可向下打开高级选项部分，再次单击向下三角按钮，则返回折叠状态。

①【颜色模式】：可选 RGB 颜色模式或 CMYK 颜色模式。

②【栅格效果】：提供了 3 种栅格效果，以此显示具有栅格化（像素化）外观的图稿。它不会真正对内容进行栅格化，而是显示模拟的预览，该选项为文档指定分辨率，当需要将文档输出到高端打印机时，则该文档会以预设分辨率输出，默认情况下【打印】配置文件将这个选项设置为【高（300ppi）】。从输出设备的角度来说，理论上，图像的分辨率越高，所打印出来的图像也越细致、精密。

③【预览模式】：为文档设置预览模式，也可以选择菜单栏【视图】相关命令改变此选项。

④【使创建对象与像素网格对齐】：选中此选项，则默认情况下任何新绘制的对象都具有像素对齐属性。因为此选项对于用来显示 Web 设备的设计非常重要，所以默认情况下已为此类文档启用此选项。

（11）模板：选择【模板】按钮，可打开【从模板新建】对话框，如图 1-16 所示，选择合适的模板，即可从模板中新建文档。也可以选择【文件】→【从模板新建】菜单命令打开。

在【新建文档】对话框中，设置好相关选项，单击【确定】按钮，即可创建一个新的文档。如图 1-17 所示为新创建的 CMYK 颜色模式打印文档窗口。

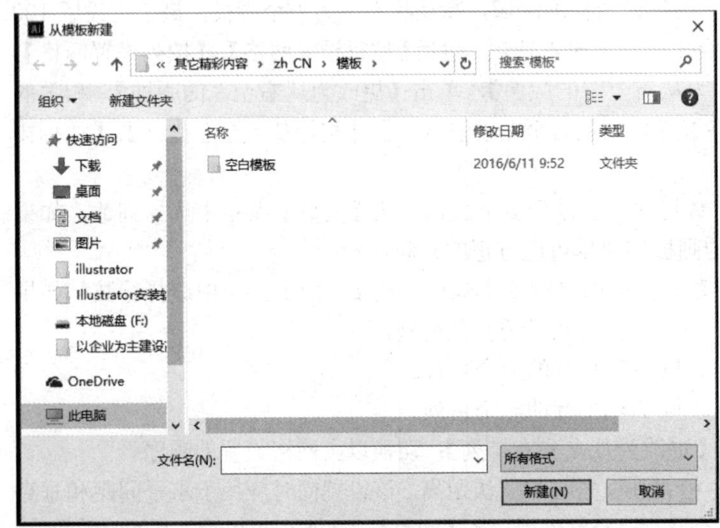

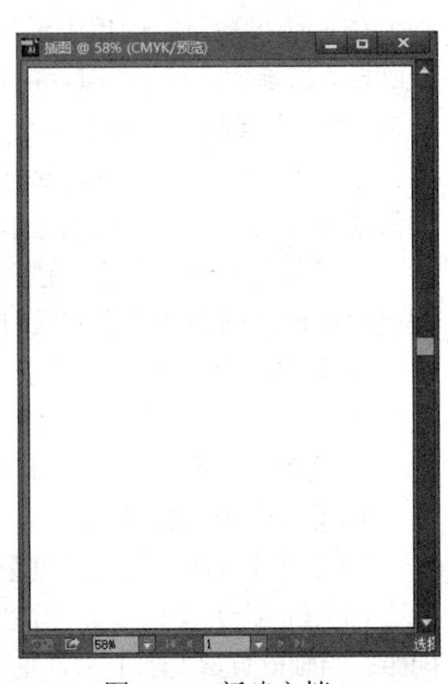

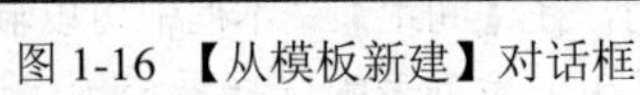
图 1-16 【从模板新建】对话框　　图 1-17　新建文档

1.3.2　打开文件

如果希望打开之前保存在硬盘或其他存储介质中的文件时，则可以按照如下步骤进行操作。

选择【文件】→【打开】菜单命令，或按【Ctrl+O】快捷键，即可打开【打开】对话框，找到所需要的 AI 图形文件存放地址，然后选择文件，如图 1-18 所示为【打开】对话框，单击【打开】按钮，即可打开该文件，如图 1-19 所示。

【注意】：在没有打开文档的工作界面中，双击空白工作区，也可打开【打开】对话框。要打开已有 AI 或 EPS 文件，也可以找到该文件的保存路径，然后双击该文件即可打开。

1.3.3　保存文件

当新建文件后，可以立即对其进行保存，而且在绘制图稿的过程中都应该养成随时保存的习惯，以免因各种原因（如断电、死机、错误重启等）造成不必要的损失。新建文件后，可以通过选择菜单栏中的【文件】→【存储】命令或【文件】→【存储为】命令来实现。

图 1-18 【打开】对话框

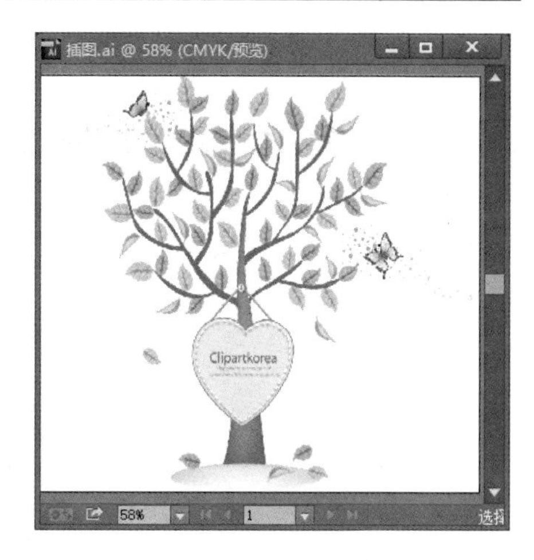

图 1-19 打开的文档

【存储】命令将会使更新后的文件在同一文档中保存更新，而【存储为】命令则保留原文件，将修改更新后的文件保存为一个新的文件。具体操作如下。

（1）选择【文件】→【存储】命令存储文档或选择【文件】→【存储为】命令，即可弹出【存储为】对话框，如图 1-20 所示。

【保存在】：该列表框中可以选择文件存储位置。

【文件名】：该文字输入框中可以输入被保存文件的名称。

【保存类型】：该下拉列表框中可选择文件的扩展名，也就是文件的保存格式，默认格式为【Adobe Illustrator（*.AI）】。可将图稿存储为 AI、PDF、EPS、AIT、SVG 和 SVGZ 六种基本文件格式。

（2）单击【保存】按钮，就会弹出【Illustrator 选项】对话框，如图 1-21 所示。

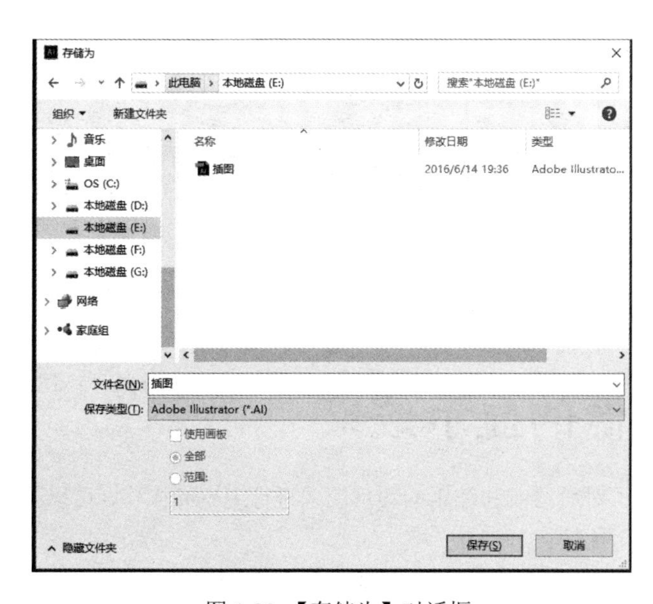

图 1-20 【存储为】对话框

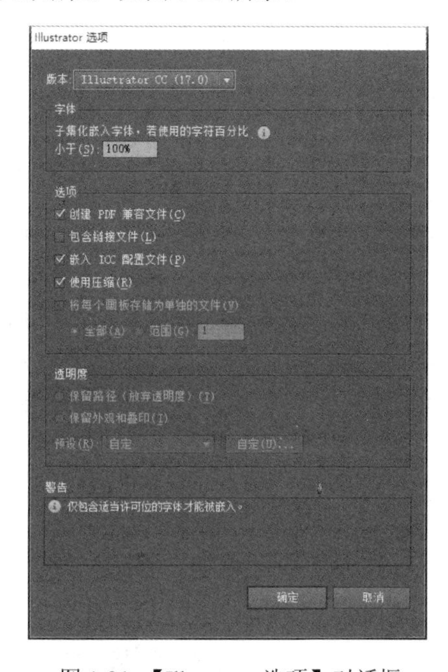

图 1-21 【Illustrator 选项】对话框

【版本】：在该列表框中可以选择 Illustrator CC 及其他旧版格式类型。旧版格式并不能支持当前版本中的所有功能。在保存低版本文件时，请务必阅读对话框底部的警告信息，这样可以明确数据将如何更改。

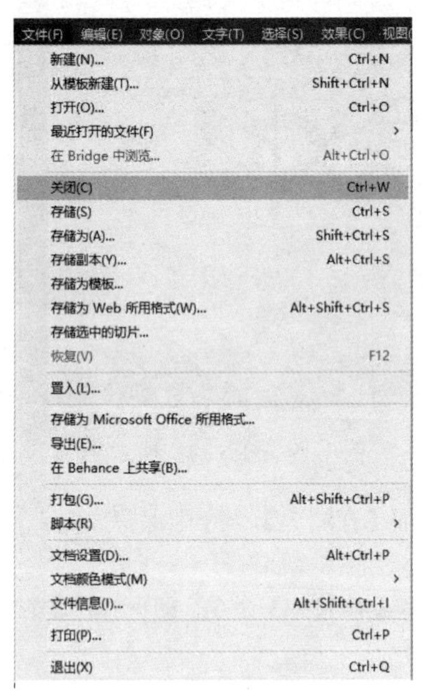

图 1-22　关闭菜单命令

【子集化嵌入字体，若使用的字符百分比小于】：指定何时根据文档中使用的字体的字符数量嵌入完整字体（相对于文档中使用的字符）。

【创建 PDF 兼容文件】：在 Illustrator 文件中存储文档的 PDF 演示。如果希望 Illustrator 文件与其他 Adobe 应用程序兼容，就需要选择此选项。

【包含链接文件】：嵌入与图稿链接的文件。

【嵌入 ICC 配置文件】：创建色彩受管理的文件。

【使用压缩】：在 Illustrator 文件中压缩 PDF 数据。使用压缩将增加存储文档的时间。

【将每个画板存储为单独的文件】：如果文档中有多个画板，选中此复选框，会将所选择的画板存储为单独的文件，如图 1-22 所示。选择【全部】选项，可将文档中的所有画板，各自单独存储文件；选择【范围】选项，可将指定的画板存储为单独的文件。

【保留路径（放弃透明度）】：可放弃透明度效果，并将透明图稿重置为 100%不透明度和【正常】混合模式。

【保留外观和叠印】：可保留与透明对象不相互影响的叠印，原本与透明对象相互影响的叠印将自动拼合。

（3）单击【确定】按钮，即可保存文件。

1.3.4　关闭文件

选择【文件】→【关闭】命令，如图 1-22 所示，也可以直接单击文件选项卡右上方的×按钮，还可以按下【Ctrl+W】快捷键。

若当前文档已经编辑过，但选择关闭之前却没有保存，则会弹出警示对话框，询问是否在关闭之前存储对该文档所做的更改，如图 1-23 所示。如果要存储对文档的更改，单击【是】按钮；如果不想存储对文档的更改，则单击【否】按钮；如果文档还需要继续编辑，不希望关闭文档或者关闭文档为失误性操作，可以单击【取消】按钮，返回文档窗口继续进行编辑操作。

图 1-23　警示对话框

1.4　图像的显示效果

在绘制和编辑图形图像的过程中，为了对所绘制和编辑的图形图像进行观察和操作，可以根据需要随时调整图形图像的显示模式和显示比例。

1.4.1　选择视图模式

在 Illustrator CC 中，图形对象有四种显示的状态，即【预览】、【轮廓】、【叠印预览】、【像素预览】。

【预览】：系统默认的模式，在预览显示的状态下，图形会显示出全部的色彩、描边，文本、置入图像等构成信息，如图 1-24 所示。

【轮廓】：可将当前所显示的图形以无填充、无颜色、无画笔效果的原线条状态显示。该模式下可以单独查看轮廓线，大大地节省了图像运算的速度，提高了工作效率。【轮廓】模式下图像显示效果如图 1-25 所示。如果当前图像为其他模式，可以选择【视图】→【轮廓】命令（快捷键为【Ctrl+Y】)，将图像视图切换到【轮廓】模式，再次选择【视图】→【预览】命令（快捷键为【Ctrl+Y】)，将图像视图切换到【预览】模式。

【叠印预览】：可以显示接近油墨混合的效果，如图 1-26 所示。如果当前图像为其他模式，选择【视图】→【叠印预览】命令(组合键为【Alt+Shift+Ctrl+Y】)，将切换到【叠印预览】模式。

【像素预览】：可以将绘制的矢量图像转换为位图显示。这样可以有效控制图像的精确度和尺寸等。转换后的图像在放大时会看见排列在一起的像素点，如图 1-27 所示。如果当前图像为其他模式，选择【视图】→【像素预览】命令(组合键为【Alt+Ctrl+Y】)，将切换到【像素预览】模式。

图 1-24 【预览】模式

图 1-25 【轮廓】模式

图 1-26 【叠印预览】模式

图 1-27 【像素预览】模式

1.4.2 放大、缩小显示图像

1）使用工具

选择【缩放工具】，在工作区中单击，即可放大图像，按住【Alt】键再使用【缩放工具】单击，可以缩小图像。用户也可以选择【缩放工具】后，在需要放大的区域拖拽出一个虚线框，如图 1-28 所示，然后释放鼠标即可放大选中的区域。

图 1-28　局部放大图像

2）使用【视图】命令

在 Illustrator CC 中的【视图】菜单中，提供了几种图像浏览的方式。

（1）选择【视图】→【放大】命令（快捷键为【Ctrl+ +】)，即可将图像放大一级。

（2）选择【视图】→【缩小】命令（快捷键为【Ctrl+ –】)，即可将图像缩小一级。

（3）选择【视图】→【画板适合窗口大小】命令（快捷键为【Ctrl+0】)，可将当前画板按照屏幕尺寸进行缩放。

图 1-29 【导航器】面板

（4）选择【视图】→【全部适合窗口大小】（快捷键为【Alt+Ctrl+0】）命令，可查看窗口中的所有内容。

（5）选择【视图】→【实际大小】（快捷键为【Ctrl+1】）命令，可以以 100%比例显示文件。

3）使用【导航器】面板

在 Illustrator CC 中，通过【导航器】面板，不仅可以很方便地对工作区中所显示的图形对象进行移动观察，还可以对视图显示的比例进行缩放调节。通过选择【窗口】→【导航器】命令，即可显示或隐藏【导航器】面板，如图 1-29 所示。

1.4.3 全屏显示图像

全屏显示图像，可以更好地观察图像的完整效果。全屏显示图像有以下三种方法。

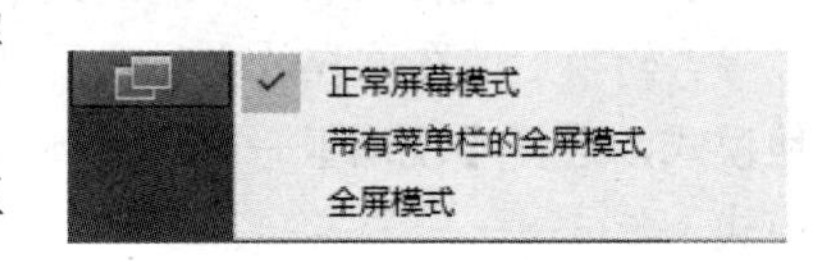

图 1-30 更改屏幕模式

单击工具箱下方的【更改屏幕模式】按钮，可以在三种模式之间相互转换，如图 1-30 所示，即【标准屏幕模式】、【带有菜单栏的全屏模式】、【全屏模式】。反复按快捷键【F】，可切换不同的屏幕显示模式，或是按【Esc】键结束屏幕模式的切换。可以选择以下模式之一。

图 1-31 标准屏幕模式

（1）【标准屏幕模式】：这种屏幕模式包括标题栏、菜单栏、工具箱、工具属性栏、控制面板、浮动面板、状态栏、绘图窗口的标题栏，如图 1-31 所示。

（2）【带有菜单栏的全屏模式】：这种屏幕模式包括菜单栏、工具箱、工具属性栏、控制面板，如图 1-32 所示。

（3）【全屏模式】：这种屏幕模式只显示页面，如图 1-33 所示。

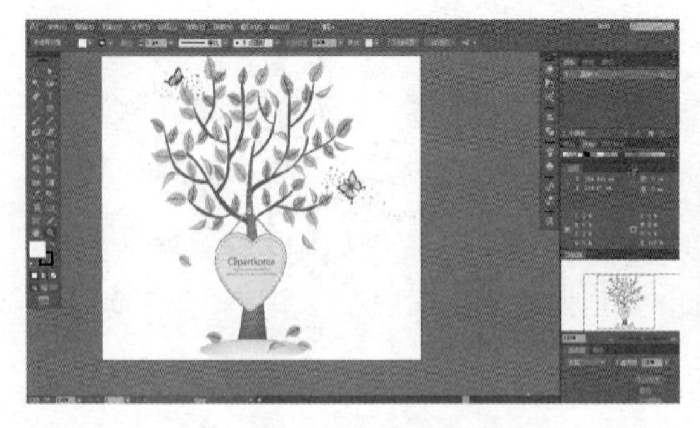
图 1-32 带有菜单栏的全屏模式

图 1-33 全屏模式

1.5 辅助功能的使用

Illustrator CC 提供了标尺、参考线和网格等，都属于辅助工具，它们不能编辑对象，但却可以帮助用户更好地完成编辑任务。

1.5.1　标尺

标尺可以帮助用户在窗口中精确地放置对象和测量对象。启用标尺后，当移动光标时，标尺内的标记会显示光标的精确位置。

1）显示、隐藏标尺

选择【视图】→【标尺】→【显示标尺】命令(快捷键为【Ctrl+R】),显示出标尺，效果如图 1-34 所示。如果要将标尺隐藏，可以选择【视图】→【标尺】→【隐藏标尺】命令(快捷键为【Ctrl+R】)，将标尺隐藏。

图 1-34　显示标尺

2）设置标尺显示单位

如果需要设置标尺的显示单位，可选择【编辑】→【首选项】→【单位】命令，弹出【首选项】对话框，如图 1-35 所示，可以在【常规】选项的下拉列表中设置标尺的显示单位。

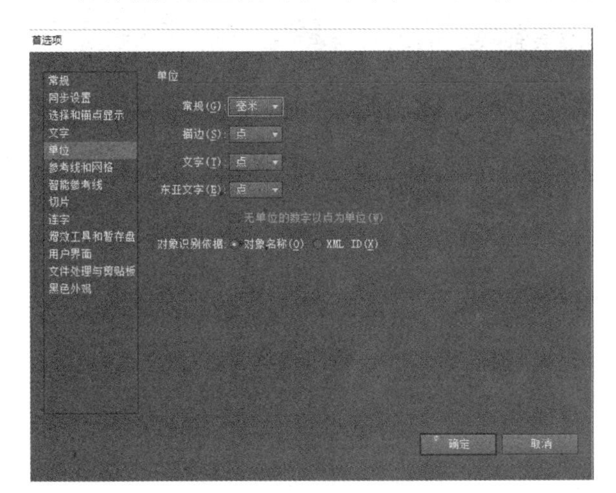

图 1-35　设置标尺显示单位

3）设定标尺原点

通常标尺原点设在图像区域的左下角，也可以根据需要，单击水平标尺与垂直标尺的交点并拖曳到页面中，释放鼠标，即可将坐标原点设置在此处。如果想要恢复标尺原点的默认位置，双击水平标尺与垂直标尺的交点即可。

1.5.2　参考线

参考线可以帮助用户准确定位和度量对象，这也是设计图稿时经常使用的一种辅助工具。可以用鼠标从标尺上拖移出水平或垂直参考线，参考线只是一种设计时的辅助工具，不会被打印出来。

1）创建参考线

创建参考线的方法有以下三种。

（1）如果没有显示标尺，先选择【视图】→【显示标尺】命令，然后从水平或垂直标尺上拖移出参考线，如图 1-36 所示。

（2）在绘图窗口中的路径上单击鼠标右键，然后从弹出的快捷菜单中单击【建立参考线】命令，即可创建参考线。

2）显示、隐藏参考线

要显示和隐藏参考线，选择【视图】→【参考线】→【显示参考线】或是【视图】→【参考线】→【隐藏参考线】命令。

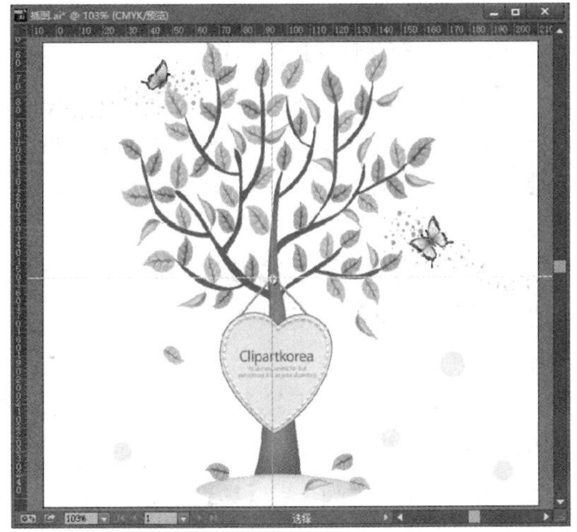

图 1-36　显示参考线

3）锁定、释放、删除参考线

（1）要锁定、释放参考线，选择【视图】→【参考线】→【锁定参考线】或是【视图】→【参考线】→【释放参考线】命令，可将参考线锁定，或是将锁定的参考线恢复为常规的图形对象。

（2）要删除参考线，可按【Delete】键或是【Backspace】键，也可选择【视图】→【参考线】→【清除参考线】命令。

1.5.3　网格

网格显示在插图窗口中的图稿后面，不会被打印出来，但是可帮助对齐对象。选择【视图】→【显示网格】命令（快捷键为【Ctrl+’】），网格会显示出来，如图 1-37 所示。如果要隐藏网格，选择【视图】→【隐藏网格】命令即可（快捷键为【Ctrl+’】）。

如果需要设置网格的颜色、样式、间隔等属性，选择【编辑】→【首选项】→【参考线和网格】命令，弹出【首选项】对话框，如图 1-38 所示。

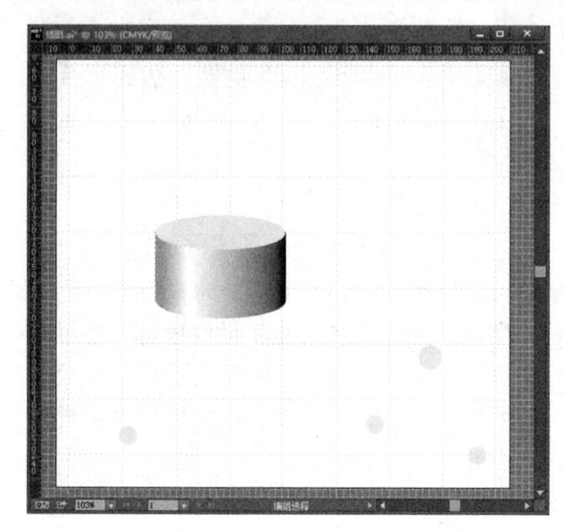

图 1-37　显示网格

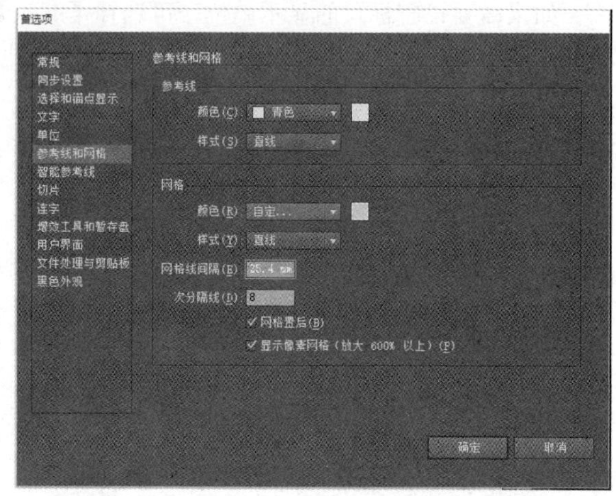

图 1-38　【首选项】对话框

1.6　综合训练——绘制信纸

（1）按【Ctrl+N】快捷键，新建一个文档，名称为【第一章 信纸】，宽度为【210mm】，高度为【297mm】，颜色模式为【CMYK】，如图 1-39 所示，单击【确定】按钮。

（2）双击工具箱中的【填色工具】，弹出【拾色器】对话框，在对话框中将颜色设置成【黄色】（CMYK 的值为 8、15、74、0），如图 1-40 所示，单击工具箱中的【描边色工具】，并单击其下方的【无】按钮，设置【描边色】为无。

（3）选择【矩形工具】，单击页面，弹出【矩形】对话框，在对话框中输入宽度为【210mm】、高度为【297mm】，如图 1-41 所示，绘制一个和页面等大的矩形，如图 1-42 所示，将矩形与画布对齐。

（4）双击【填色工具】，弹出【拾色器】对话框，在对话框中将颜色设置成【白色】（CMYK 的值为 0、0、0、0）。

（5）选择【椭圆工具】，按住鼠标左键以对角线方向拖动鼠标，绘制适合大小的椭圆后松开鼠标，选择【直接选择工具】，单击椭圆形的下方中间的节点，在属性栏中单击【将所有锚点转换为尖角】按钮，如图 1-43 所示，将椭圆形下方调整为尖角，如图 1-44 所示。

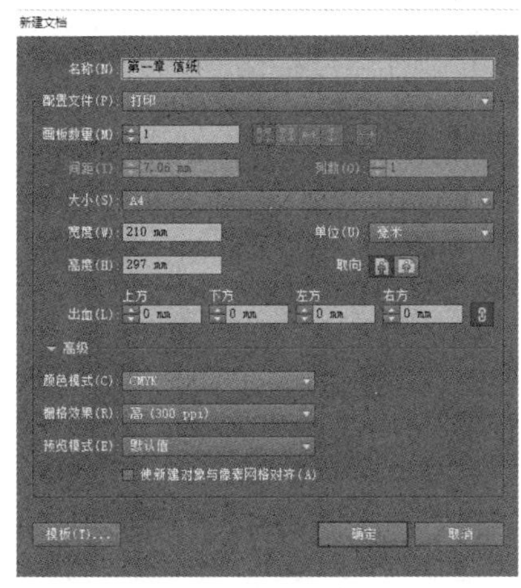

图 1-39 【新建文档】对话框

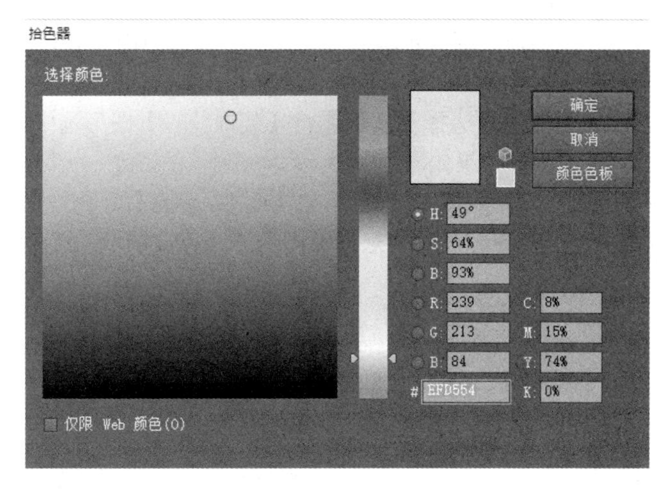

图 1-40 【拾色器】对话框

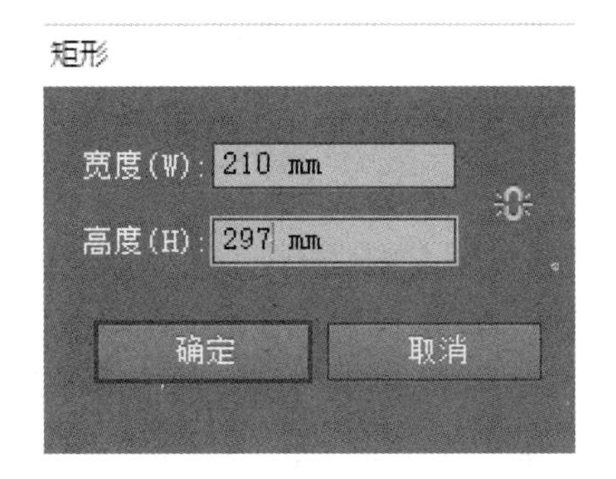

图 1-41 【矩形】对话框

图 1-42　背景矩形

图 1-43　显示网格

（6）使用【选择工具】单击椭圆形，选择【旋转工具】，按住【Alt】键将旋转中心点放置图像下方，将弹出【旋转】对话框，将旋转角度设置为【60°】，如图 1-45 所示，单击【复制】按钮，复制一个椭圆形，按快捷键【Ctrl+D】四次，得到如图 1-46 所示的效果。

图 1-44　椭圆形

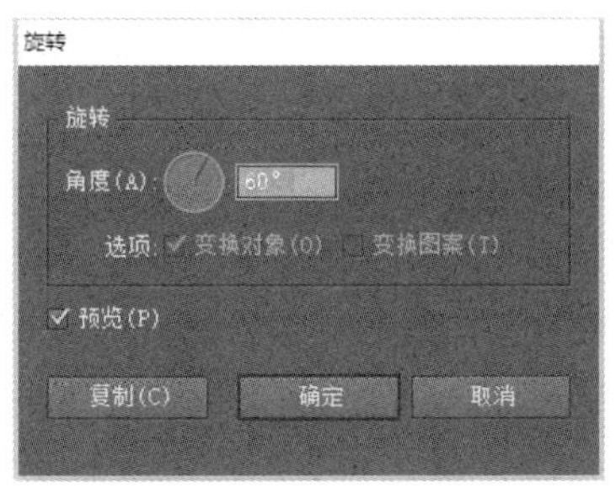

图 1-45 【旋转】对话框

图 1-46 复制椭圆形

（7）参照上面的步骤再次绘制一个黄色的椭圆形，效果如图 1-47 所示，完成【装饰花卉】的绘制。

（8）使用【选择工具】将【装饰花卉】图形选中，按住【Alt】键，进行移动复制多个，并调节大小，效果如图 1-48 所示。

（9）选择【矩形工具】，单击页面，弹出【矩形】对话框，在对话框中输入宽度为【180mm】、高度为【240mm】，并填充为浅黄色（CMYK 的值为 7、10、39、0）），如图 1-49 所示。

图 1-47 【装饰花卉】的效果

图 1-48 复制【装饰花卉】

图 1-49 绘制矩形

（10）接下来再使用【椭圆工具】绘制三个椭圆形，填充的颜色为【浅黄色】（CMYK 的值为 11、8、25、0），效果如图 1-50 所示。

（11）将【描边色】设置为【深黄色】（CMYK 的值为 49、46、82、0），选择工具箱中的【直线段工具】，按住【Shift】键，绘制一条直线，按住【Alt+Shift】键，垂直移动复制一条线段，并按快捷键为【Ctrl+D】，复制多条线段，效果如图 1-51 所示。

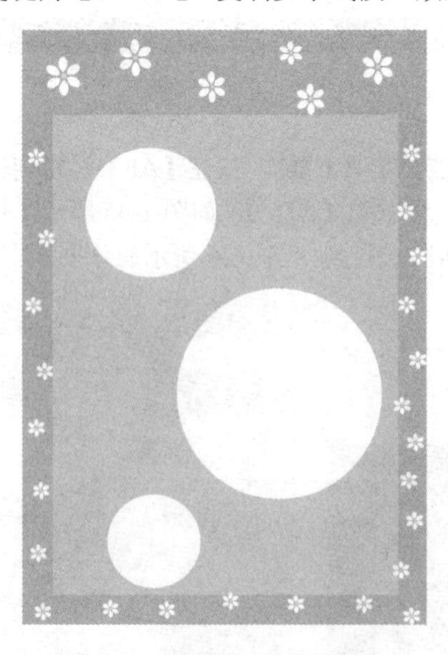

图 1-50 绘制的三个椭圆形

图 1-51 绘制的直线

（12）按【Ctrl+S】快捷键，保存绘制的文件，从而完成信纸的绘制。

（13）选择【文件】→【退出】命令，退出软件使用程序。

1.7　课后练习——绘制装饰背景

【知识要点】：使用【矩形工具】绘制信纸背景，【渐变工具】填充背景，【椭圆工具】绘制花卉和圆形，如图 1-52 所示。

图 1-52　装饰背景

第 2 章　图形的绘制与编辑

本章将介绍 Illustrator CC 基本图形工具的使用方法，包括绘制线条、基本图形、手绘图形、绘制路径等，并详细讲解对象的编辑方法。通过本章内容的学习，用户可以掌握基本图形的绘制以及编辑的方法，为进一步学习 Illustrator CC 奠定良好的基础。

2.1　绘 制 线 条

在平面设计中，直线与弧线是经常使用的线型，Illustrator CC 提供的线条工具有【直线段工具】、【弧线工具】、【矩形网格工具】、【极坐标网格工具】。下面将详细介绍这些工具的使用方法。

2.1.1　绘制直线

使用【直线段工具】可以绘制出水平、垂直和任意方向的直线。

（1）使用鼠标拖动绘制直线。选择【直线段工具】，在页面中需要的位置单击鼠标并按住鼠标左键不放，拖曳光标到需要的位置，释放鼠标左键，可以绘制出一条任意角度的直线，效果如图 2-1 所示。

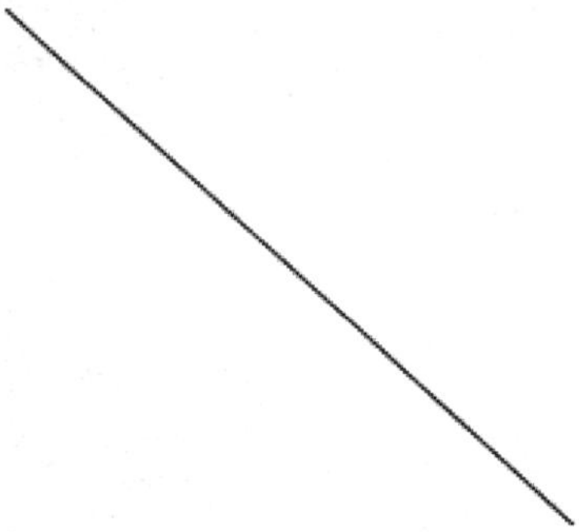

图 2-1　绘制的直线

【技巧提示】:

① 按住【Shift】键，绘制出水平、垂直或 45° 直线。

② 按住【Alt】键，在页面中需要的位置单击鼠标并按住鼠标左键不放，拖曳光标到需要的位置，释放鼠标左键，绘制出以鼠标单击点为中心的直线(由单击点向两边扩展)，效果如图 2-2 所示。

③ 按住【～】键，在页面中需要的位置单击鼠标并按住鼠标左键不放，拖曳光标到需要的位置，释放鼠标左键，绘制出多条直线（系统自动设置)，效果如图 2-3 所示。

（2）使用对话框绘制直线。选择【直线段工具】，在希望线段开始的地方单击，将弹出【直线段工具选项】对话框，在对话框中指定线的长度和角度。如果希望以当前填充颜色对线段填色，请选择【线段填色】，如图 2-4 所示，设置完成后，单击【确定】按钮。

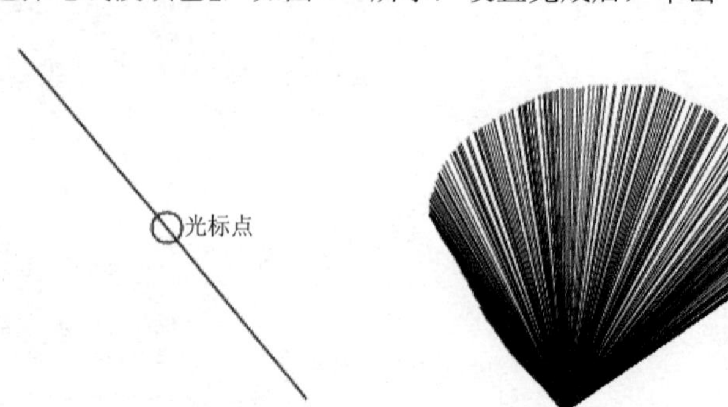

图 2-2　按住【Alt】键绘制的直线　　图 2-3　按住【～】键绘制的直线

图 2-4 【直线段选项】对话框

2.1.2　绘制弧线

使用【弧形工具】可以绘制出弧形线段，绘制弧线与直线方式相似，可以通过两种方式来实现。

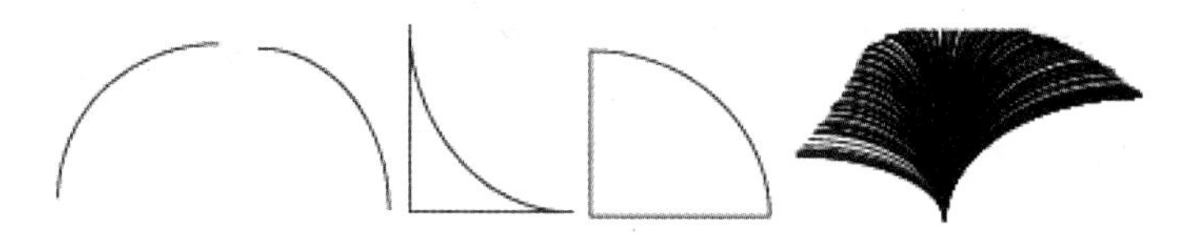

图 2-5　弧线段

（1）使用鼠标拖动绘制弧线。选择【弧形工具】，在页面中需要的位置单击鼠标并按住鼠标左键不放，拖曳光标到需要的位置，释放鼠标左键，绘制出一段弧线。也可在绘制弧线的同时，配合其他键绘制出如图 2-5 所示的效果。

【技巧提示】：

① 按住【Shift】键，可以绘制出四分之一圆弧的线。

② 按住【F】键，可以绘制翻转的弧线。

③ 按住【X】键，可以绘制基于轴线的弧线。

④ 按住【C】键，可以绘制封闭的弧线。

⑤ 按住【～】键，可以绘制多条弧线。

（2）使用对话框绘制弧线。选择【弧形工具】，在希望线段开始的地方单击，将弹出【弧线段工具选项】对话框，如图 2-6 所示，设置弧线段的主要参数，完成后单击【确定】按钮。

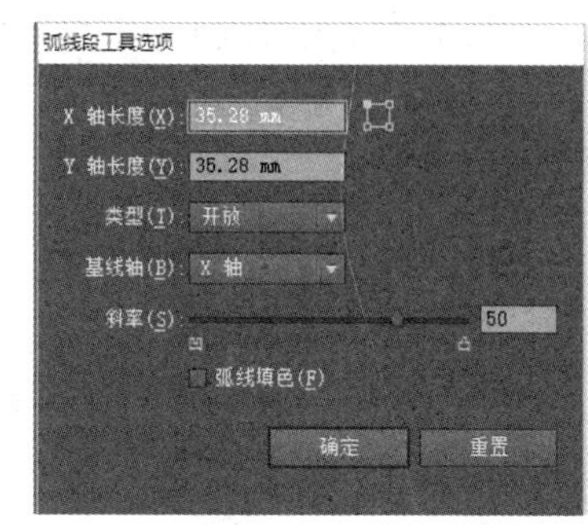

图 2-6 【弧线段工具选项】对话框

【弧线段工具选项】对话框含义如下。

①【X 轴长度】、【Y 轴长度】：这两个选项分别用于指定弧线的宽度和高度指定弧线宽度。

②【类型】：下拉列表可以指定让对象为开放路径还是封闭路径。

③【基线轴】：下拉列表可以指定弧线基线轴。

④【斜率】：可以指定弧线斜率的方向。对凹入（向内）斜率输入负值，对凸起（向外）斜率输入正值，斜率为 0 将创建直线。

⑤【弧线填色】：选中该复选框，可以使用当前填充颜色为弧线填色。

2.1.3　绘制螺旋线

使用【螺旋线工具】可以绘制出顺时针和逆时针方向的螺旋线。

（1）使用鼠标拖动绘制螺旋线。选择【螺旋线工具】，在页面中需要的位置单击鼠标并按住鼠标左键不放，拖曳光标到需要的位置，释放鼠标左键，绘制出螺旋线，效果如图 2-7 所示。

【技巧提示】：

① 按住【Ctrl】键，可以更改螺旋线的衰减度。

② 按住【～】键，可以绘制多条螺旋线，效果如图 2-8 所示。

（2）使用对话框绘螺旋线。【螺旋线工具】，在页面中需要的位置单击，将弹出【螺旋线】对话框，如图 2-9 所示，设置螺旋线的主要参数，设置完成后，单击【确定】按钮。

【螺旋线】对话框含义如下。

①【半径】：可以指定从中心到螺旋线最外点的距离。

②【衰减】：可以指定螺旋线的每一螺旋相对于上一螺旋应减少的量。

③【段数】：可以指定螺旋线具有的线段数。螺旋线的每一完整螺旋由四条线段组成。

图 2-7 螺旋线

图 2-8 多条螺旋线

图 2-9 【螺旋线】对话框

④【样式】：可以指定螺旋线方向。

2.1.4 绘制矩形网格

使用【矩形网格工具】可以绘制指定行列数或是正方形网格。

（1）使用鼠标拖动绘制矩形网格。选择【矩形网格工具】，在页面中需要的位置单击并按住鼠标左键不放，拖曳光标到需要的位置，释放鼠标左键，绘制出一个矩形网格，效果如图 2-10 所示。

【技巧提示】：

① 按住【Shift】键，可以绘制正方形网格，效果如图 2-11 所示。

② 按住【～】键，可以绘制多个矩形网格。

（2）使用对话框绘制矩形网格。选择【矩形网格工具】，在页面中需要的位置单击，将弹出【矩形网格工具选项】对话框，如图 2-12 所示，设置矩形网格的主要参数，设置完成后，单击【确定】按钮。

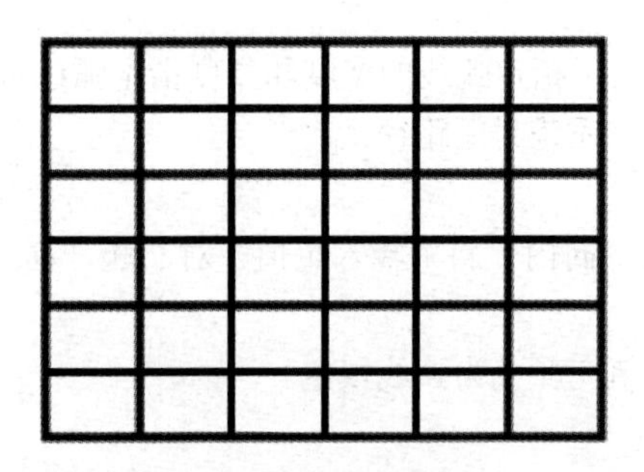

图 2-10 矩形网格

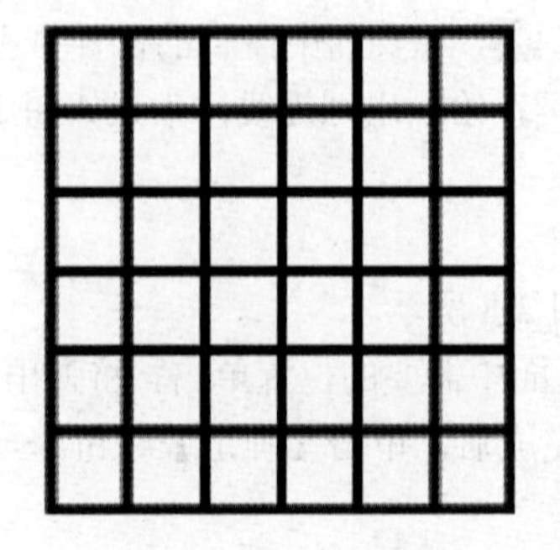

图 2-11 正方形网格

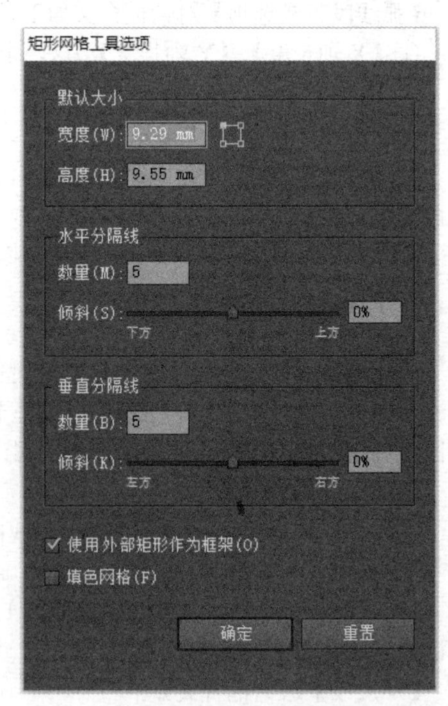

图 2-12 【矩形网格工具选项】对话框

【矩形网格工具选项】对话框含义如下。

①【默认大小】：该选项组可以指定整个网格的宽度和高度。

②【水平分隔线】：该选项组可以指定希望在网格顶部和底部之间出现的水平分隔线数量。【倾斜】值决定水平分隔线倾向网格顶部或底部的程度。

③【垂直分隔线】：该选项组可以指定希望在网格左侧和右侧之间出现的分隔线数量。【倾斜】值决定垂直分隔线倾向于左侧或右侧的方式。

④【使用外部矩形作为框架】：选中该复选框，则以单独矩形对象替换顶部、底部、左侧和右侧线段。

⑤【填色网格】：选中该复选框，则以当前填充颜色填色网格，否则，填色设置为无。

2.1.5　绘制极坐标网格

使用【极坐标网格】可以绘制指定同心圆分割线和径向分割线的椭圆形或圆形网格线。

（1）使用鼠标拖动绘制极坐标网格。选择【极坐标网格工具】，在页面中需要的位置单击并按住鼠标左键不放，拖曳光标到需要的位置，释放鼠标左键，绘制出一个极坐标网格，效果如图 2-13 所示。

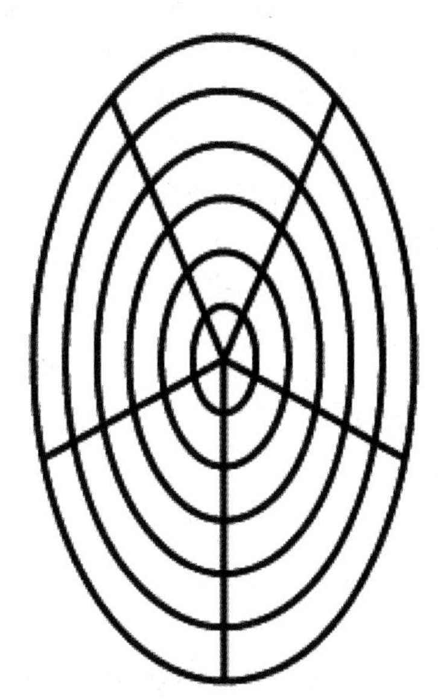

图 2-13　极坐标网格

【技巧提示】：

① 按住【Shift】键，可以绘制圆形极坐标网格，效果如图 2-14 所示。

② 按住【～】键，可以绘制多个极坐标网格。

（2）使用对话框绘制矩形网格。选择【矩形网格工具】，在页面中需要的位置单击，将弹出【矩形网格工具选项】对话框，如图 2-15 所示，设置矩形网格的主要参数，设置完成后，单击【确定】按钮。

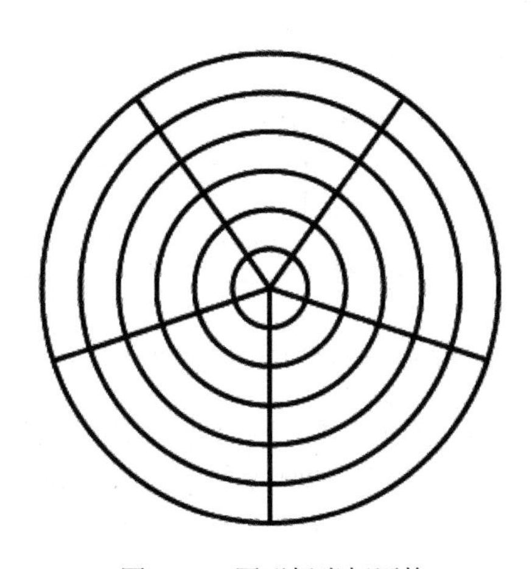

图 2-14　圆形极坐标网格

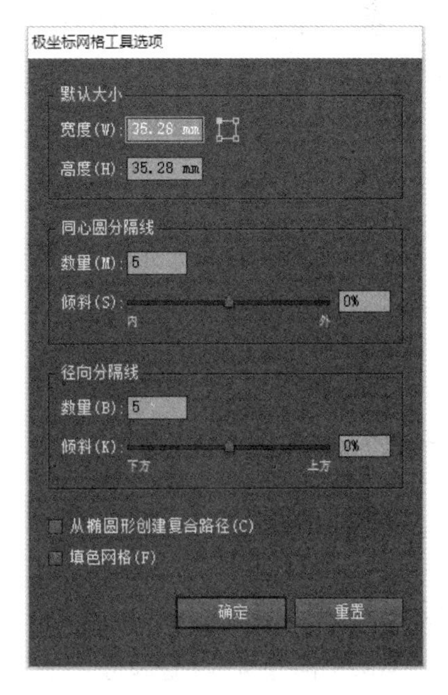

图 2-15　【极坐标网格工具选项】对话框

【极坐标网格工具选项】对话框含义如下。

①【默认大小】：该选项组可以指定整个网格的宽度和高度。

②【同心圆分隔线】：该选项组可以指定希望出现在网格中的圆形同心圆分隔线数量。【倾斜】值决定同心圆分隔线倾向于网格内侧或外侧的方式。

③【径向分隔线】：该选项组可以指定希望在网格中心和外围之间出现的径向分隔线数量。【倾斜】值决定径向分隔线倾向于网格逆时针或顺时针的方式。

④【从椭圆形创建复合路径】：选中该复选框，将同心圆转换为独立复合路径并每隔一个圆填色。

⑤【填色网格】：选中该复选框，则以当前填充颜色填色网格，否则，填色设置为无。

2.2　绘制基本图形

在 Illustrator CC 中，含有多种绘制基本图形的工具，例如矩形、多边形、星形等，这些基本图形的绘制方法有两种，一种是使用绘图工具做拖动操作，根据用户的拖动范围创建图形；另一种是使用绘图工具做单击操作，会弹出相应工具的对话框，通过设置对话框中的参数可以精确地创建图形。

2.2.1　绘制矩形、圆角矩形和椭圆形

使用【矩形工具】、【圆角矩形工具】或是【椭圆工具】可以绘制出矩形、正方形、圆角矩形、椭圆或圆形。

（1）使用鼠标绘制。选择【矩形工具】（快捷键【M】）、【圆角矩形工具】或是【椭圆工具】，在页面中需要的位置单击并按住鼠标左键拖动，当基本形达到所需大小时，释放鼠标左键，即可绘制出基本形，效果如图 2-16 所示。

【技巧提示】：

① 按住【Shift】键，可以绘制出正方形、圆角正方形、圆形，效果如图 2-17 所示。

② 按住【Alt】键，可以绘制出以鼠标按下点为中心向四周延伸的矩形、圆角矩形或是椭圆。

③ 按住【Alt+Shift】键，可以绘制出以鼠标按下点为中心向四周延伸的正方形、圆角正方形、圆形。

④ 按住【～】键，可以绘制多个矩形、圆角矩形或是椭圆。

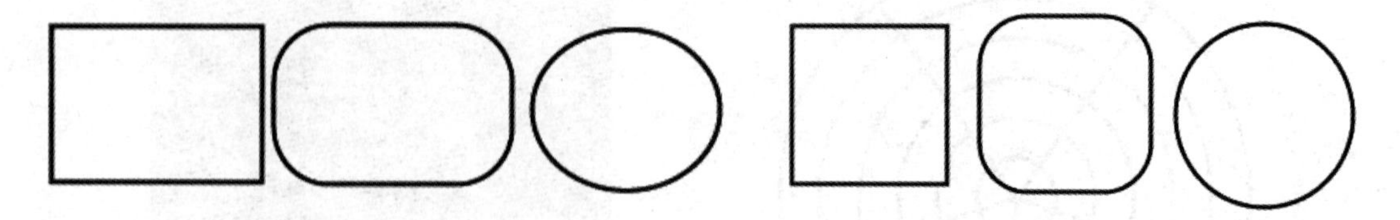

图 2-16　绘制基本形　　　　图 2-17　绘制的方形、圆角正方形、圆形

（2）使用对话框绘制基本形。选择【矩形工具】（快捷键【M】）、【圆角矩形工具】或是【椭圆工具】，在页面中需要的位置单击，将弹出【矩形】、【圆角矩形】或是【椭圆】对话框，如图 2-18 所示，【宽度】选项可以设置基本形的宽度大小，【高度】选项可以设置基本形的高度大小，设置完成后，单击【确定】按钮。

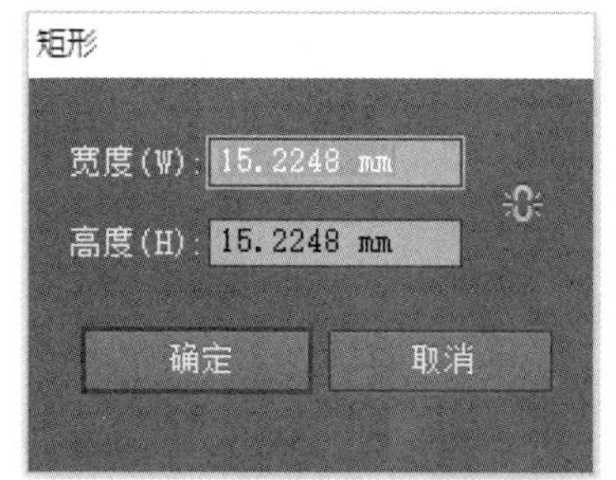

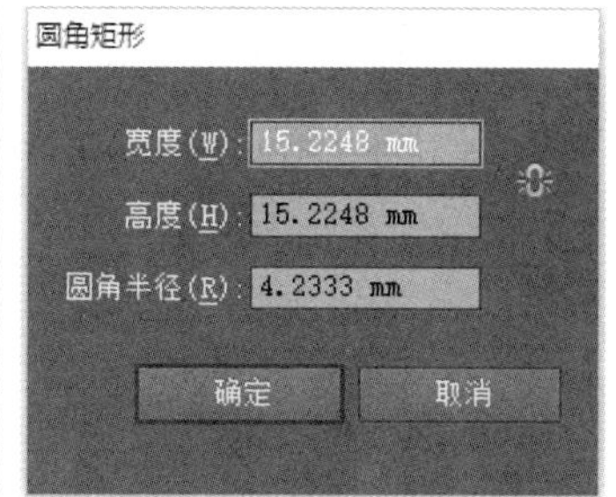

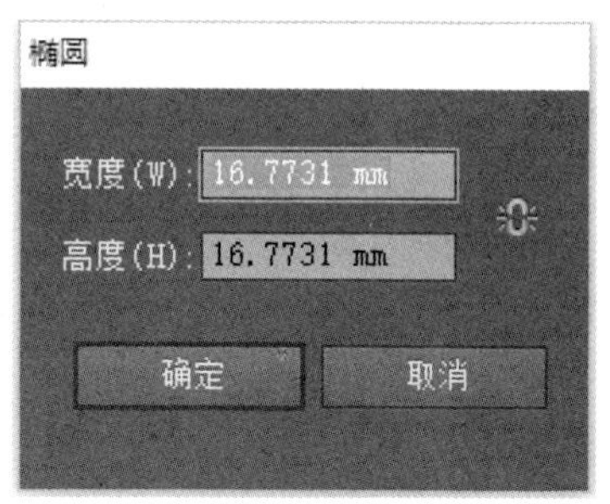

图 2-18 【矩形】、【圆角矩形】、【椭圆】对话框

2.2.2　绘制多边形

使用【多边形工具】可以绘制出各种样式的多边形。

(1) 使用鼠标绘制。选择【多边形工具】，在页面中需要的位置单击按住鼠标左键拖动，当多边形达到需要大小时，释放鼠标左键，即可绘制出多边形，效果如图 2-19 所示。

【技巧提示】:

① 按住【Shift】键，可以绘制出正立的多边形，效果如图 2-20 所示。

② 按住【~】键，可以绘制多个多边形。

③ 如果在拖动鼠标的同时按向上方向键，可以增加多边形的边数；如果按向下方向键，则可以减少多边形的边数，最少为 3 条，即三角形。

(2) 使用对话框绘制多边形。选择【多边形工具】，在页面中需要的位置单击，将弹出【多边形】对话框，如图 2-21 所示，【半径】选项可以设置从多边形中心点到多边形顶点的距离，【边数】选项可以设置多边形的边数，设置完成后，单击【确定】按钮。

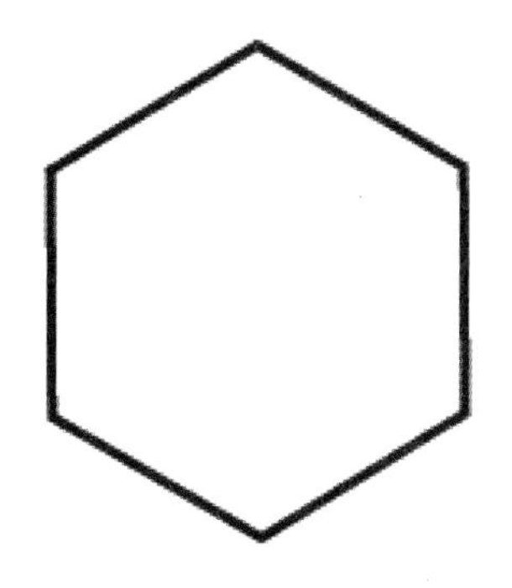

图 2-19　绘制多边形

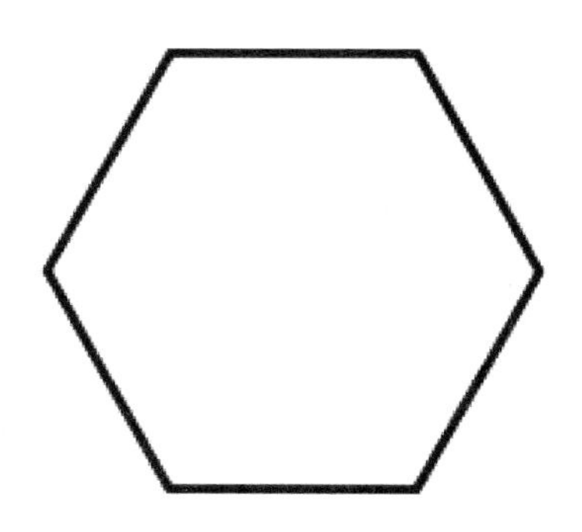

图 2-20　绘制的正立的多边形

图 2-21 【多边形】对话框

2.2.3　绘制星形

使用【星形工具】可以绘制出不同角度和大小的星形。

(1) 使用鼠标绘制。选择【星形工具】，在页面中需要的位置单击按住鼠标左键拖动，当星形达到需要大小时，释放鼠标左键，即可绘制出星形，效果如图 2-22 所示。

【技巧提示】:

① 按住【Shift】键，可以绘制出正立的星形，效果如图 2-23 所示。

② 按住【Alt】键，可以保持星形的边为直线。

③ 按住【~】键，可以绘制多个星形。

④ 如果在拖动鼠标的同时按向上方向键，可以增加星形的边数；如果按向下方向键，则可以减少星形的边数，最少为三边星形。

（2）使用对话框绘制多边形。选择【星形工具】，在页面中需要的位置单击，将弹出【星形】对话框，如图 2-24 所示。在对话框中，【半径 1】选项可以设置从星形中心点到各外部角的顶点的距离，【半径 2】选项可以设置从星形中心点到各内部角的端点的距离，【角点数】选项可以设置星形的边角数量，设置完成后，单击【确定】按钮。

图 2-22　绘制星形　　图 2-23　绘制的正立的星形

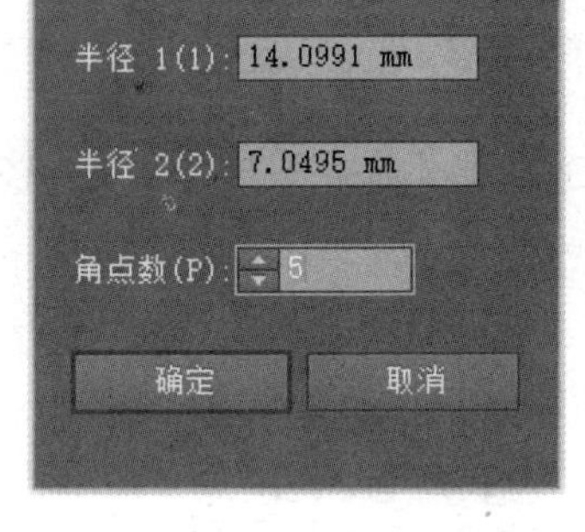

图 2-24 【星形】对话框

2.2.4 绘制光晕形

【光晕工具】可以制作出一种具有眩光特效效果，类似于镜头光晕的效果，可以用来制作镜头闪耀、阳光闪烁的效果，并且可为画面增添光线的效果等。

（1）使用鼠标绘制。选择【光晕工具】，在页面中需要的位置单击并按住鼠标左键不放，拖动鼠标到需要的位置，释放鼠标左键，可以设置放射线和光晕的位置和大小；然后，在其他需要的位置再次单击并拖动鼠标，释放鼠标左键，可以设置光环的位置，从而完成一个光晕图形的绘制，光晕结构如图 2-25 所示。

【技巧提示】：

① 按住【Ctrl】键，拖动鼠标可更改光晕大小。

② 按住【～】键，可以随意放置光环位置。

③ 按向上方向键，可以增加放射线和光环的数量；按向下方向键减少放射线和光环的数量。

（2）使用对话框绘制光晕。选择【光晕工具】，在页面中需要的位置单击，将弹出【光晕工具选项】对话框，如图 2-26 所示。设置各项参数，设置完成后，单击【确定】按钮。

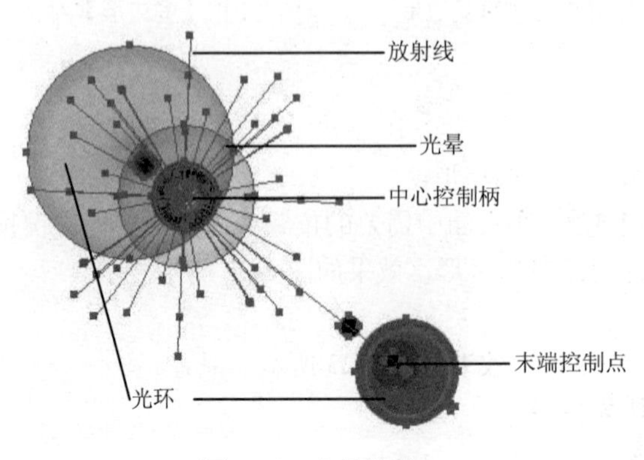

图 2-25　光晕结构

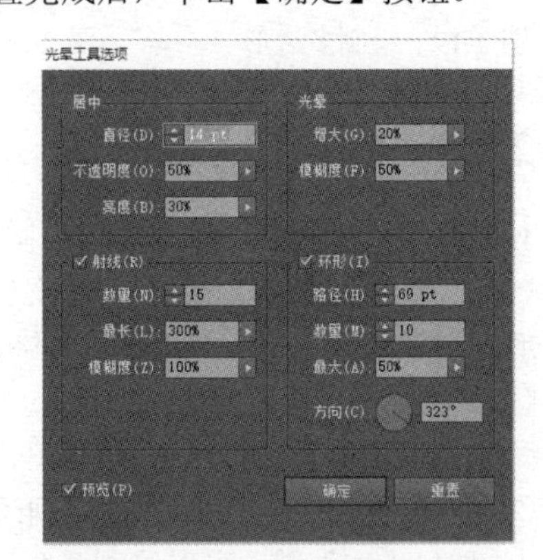

图 2-26 【光晕工具选项】对话框

【光晕工具选项】共有 4 个区域，其各项参数的功能如下。

①【居中】：该选项组可用于设置光晕的中心光环部分。其中，【直径】选项用来控制光晕中心的光环大小；【不透明度】选项用来控制光晕中心光环的透明程度；【亮度】选项用来控制光晕中心光环的亮度。

②【光晕】：该选项组可以用来设置光晕的外缘光环部分。其中，【增大】选项用来控制光晕外缘光环的放大 比例；【模糊度】选项用来控制光晕外缘光环放大的变动程度。

③【射线】：该选项组可以用来设置光晕中放射线的具体效果。其中，【数量】选项用来控制光晕效果中放射线的数量，【最长】选项用来控制光晕效果中放射线的最大长度；【模糊度】选项用来控制光晕效果中放射线的长度变化范围。

④【环形】：该选项组可以用来设置光环数量、大小、方向等。其中，【路径】选项用来控制光晕效果的中心与末端的距离；【数量】选项用来控制光晕效果中光环的数量；【最大】选项用来控制光晕效果中光环大小变化的范围；【方向】选项用来控制光晕效果的发射角度。

2.2.5　案例应用——绘制小火车

利用基础图形工具绘制小火车，效果如图 2-27 所示。

1）绘制地面及车体

（1）按【Ctrl+N】组合键，新建一个文档，宽度为【200mm】，高度为【160mm】，取向为【竖向】，颜色模式为【CMYK】，如图 2-28 所示，单击【确定】按钮。

图 2-27　小火车效果图

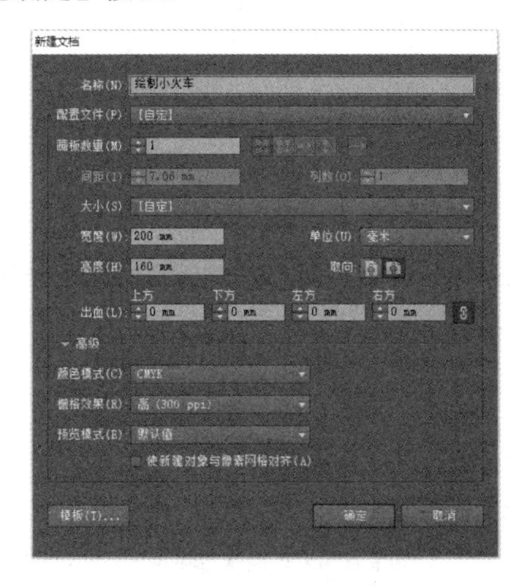

图 2-28 【新建文件】对话框

（2）选择【矩形工具】，在页面中绘制一个矩形。设置图形填充颜色为【黑色】（其 CMYK 的值分别为 0、0、0、100），并设置描边色为无，效果如图 2-29 所示。

（3）选择【椭圆工具】，在页面中绘制六个圆形作为小火车的车轱辘，设置最大的一个圆形填充颜色为【蓝色】（其 C、M、Y、K 值分别为 64、0、12、0），其他圆形为无填充色，如图 2-30 所示。

图 2-29　绘制的矩形

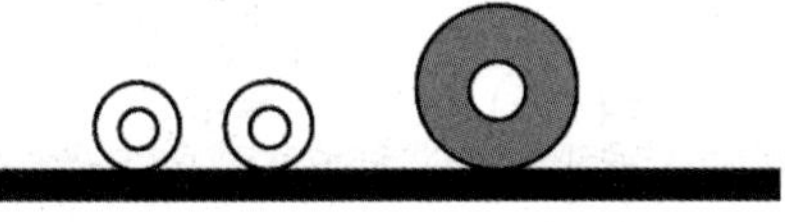

图 2-30　绘制的圆形

（4）选择【多边形工具】，在页面中绘制两个三角形，三角形的填充颜色为【绿色】（其C、M、Y、K值分别为61、0、93、0），再选择【直接选择工具】，选中三角形，调整三角形的形状，效果如图2-31所示。

（5）选择【矩形工具】，在页面中绘制两个矩形作为小火车的车体，设置图形填充颜色为【黄色】（其CMYK的值分别为0、0、100、0），效果如图2-32所示。

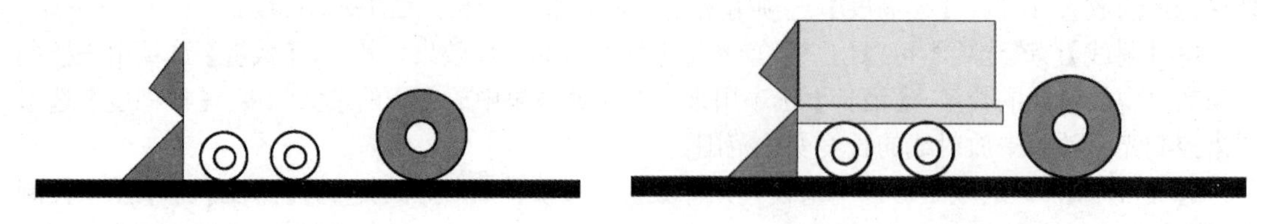

图2-31 绘制的三角形　　图2-32 绘制的矩形

2）绘制车头

（1）选择【矩形工具】，在页面中绘制一个矩形，设置图形填充颜色为【蓝色】（其C、M、Y、K值分别为64、0、12、0），再选择【添加锚点工具】，将矩形添加两个路径点，【直接选择工具】，选中矩形，调整矩形的形状，效果如图2-33所示。

（2）选择【圆角矩形工具】，在页面中绘制一个圆角矩形，设置图形填充颜色为【蓝色】（其C、M、Y、K值分别为64、0、12、0），效果如图2-34所示。

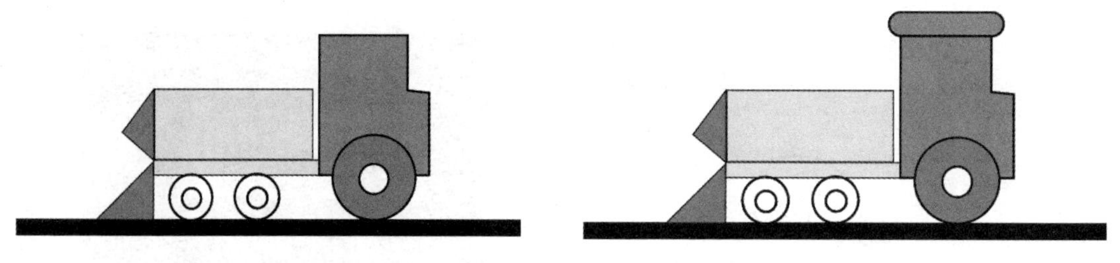

图2-33 绘制的矩形　　图2-34 绘制的矩形

（3）选择【星形工具】，在页面中绘制一个星形，设置图形填充颜色为【白色】，效果如图2-35所示。

3）绘制烟囱

（1）选择【矩形工具】，在页面中绘制两个矩形，设置图形填充颜色为【蓝色】（其C、M、Y、K值分别为64、0、12、0），再选择【直接选择工具】，选择其中的一个矩形，调整矩形的形状，效果如图2-36所示。

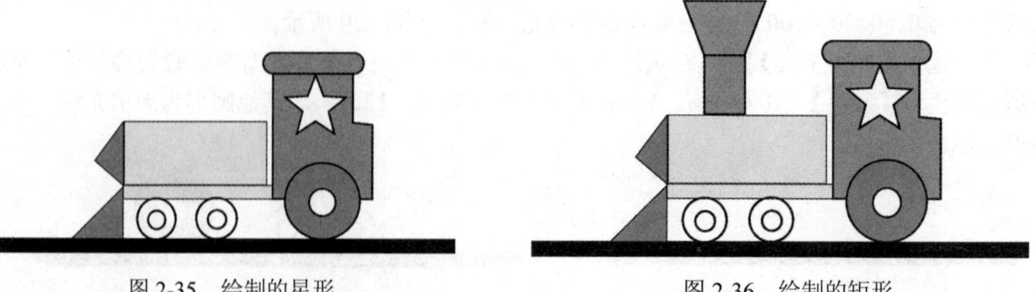

图2-35 绘制的星形　　图2-36 绘制的矩形

（2）选择【矩形网格工具】，在页面中绘制一个矩形网格，无填充颜色，效果如图 2-37

所示。

（3）选择【螺旋线工具】，同时按住【Ctrl】键，调节螺旋线的衰减度，在页面中绘制一个螺旋线，效果如图 2-38 所示。

图 2-37　绘制的矩形网格

图 2-38　绘制的螺旋线

2.3　绘制自由路径

Illustrator CC 中路径是最基本的元素，软件中提供了【画笔工具】、【铅笔工具】、【平滑工具】、【钢笔工具】、【路径橡皮擦】等工具，用户可以手动使用这些工具创建和编辑丰富的路径图形。

2.3.1　认识路径和锚点

在 Illustrator CC 中，使用矢量绘图工具绘制图形所产生的线条称为【路径】。路径是由一个或多个直线段或曲线段组成的。每个线段的起始点和结束点由【锚点】来标记，类似于固定导线的销钉。路径可以是闭合的，也可以是开放的。通过编辑路径的锚点，可以改变路径的形状，从而也就能改变矢量图形的形状。

1）路径的分类

路径分为开放路径和闭合路径、复合路径三种。

开放路径的两个端点没有连接在一起，中间有任意数目的定位点，如图 2-39 所示。

闭合路径是连续的，没有终点和起始点。可对其进行内部填充或描边填充，如图 2-40 所示。

复合路径由两个或多个开放或闭合路径组成，如图 2-41 所示。

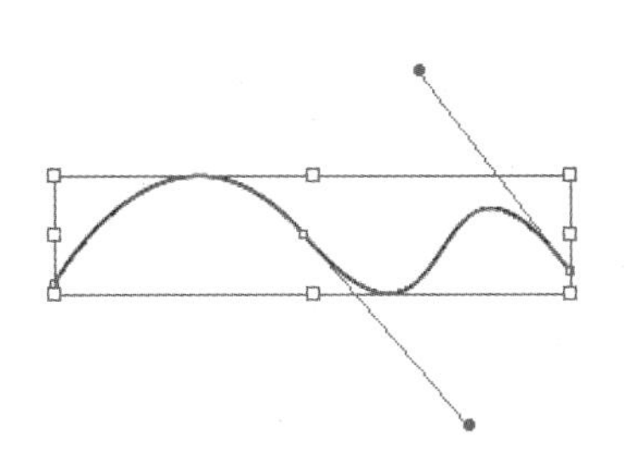

图 2-39　开放路径

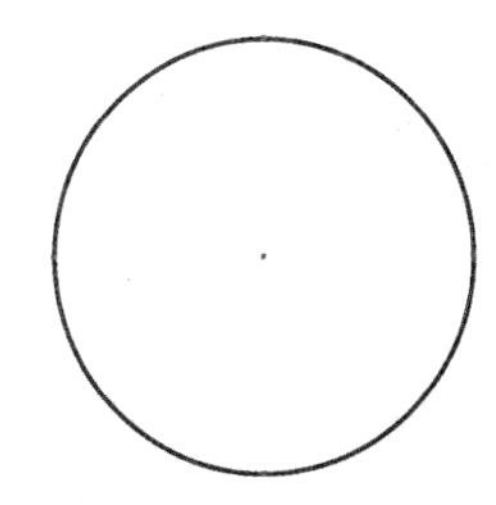

图 2-40　闭合路径

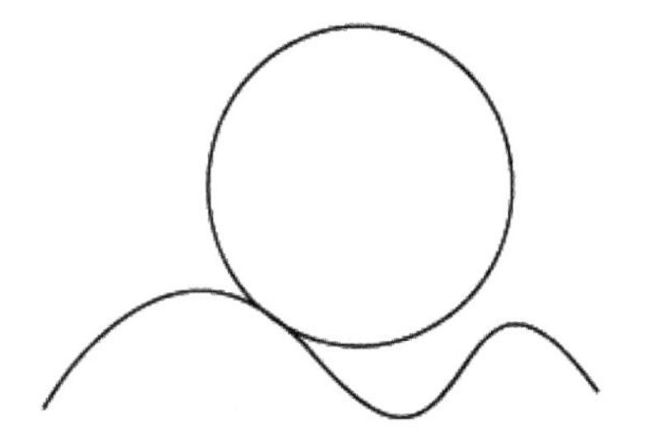

图 2-41　复合路径

2）路径的构成

路径是由多个节点组成的矢量线条，绘制的图形以轮廓线显示。放大或缩小图形对其没有影响，可以将一些不够精确的选择区域，转换为路径后再进行编辑和微调，然后再转换为选择区域进行处理，如图 2-42 所示为路径构成示意图，其中角点和平滑点都属于路径的锚点，即路径上的一些方形小点。当前被选中的锚点以实心方形点显示，没有被选中的以空心方形点显示。

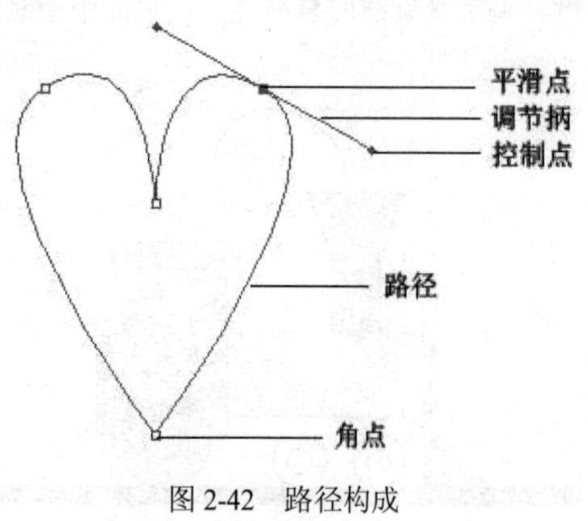

图 2-42 路径构成

3）锚点

锚点是构成直线或曲线的基本元素。在路径上可任意添加和删除锚点。通过调整锚点可以调整路径的形状，也可以通过锚点的转换来进行直线与曲线之间的转换。路径可以具有两类锚点：角点和平滑点。在角点，路径突然改变方向。在平滑点，路径段连接为连续曲线，可以使用角点和平滑点的任意组合绘制路径。如果绘制的点类型有误，也可随时更改。

平滑点是两条平滑曲线连接处的锚点。平滑点使路径不突然改变方向，每一个平滑点有两个相关联的控制把手，如图 2-42 所示。

角点是路径的转向点，路径将在转向点上改变方向。角点可以分为以下三种类型，如图 2-43 所示。

（1）直线角点：两个直线段相交成一个明显的角度，这种控制点没有控制把手。

（2）曲线角点：两条曲线点相交并突然改变方向，这种锚点有两条控制线。

（3）复合角点：直线段和曲线交点，这种锚点有一个独立的控制线。

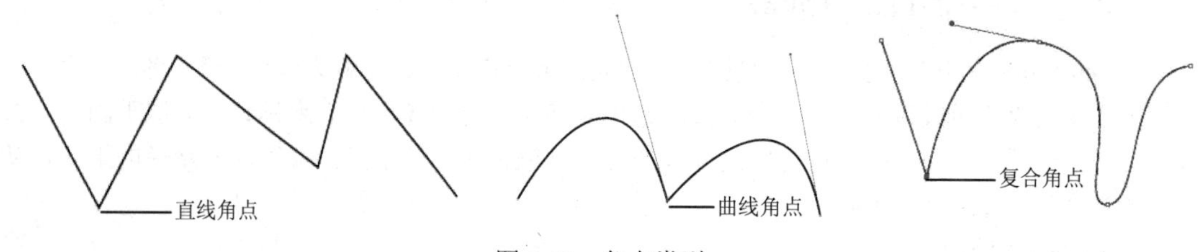

图 2-43 角点类型

2.3.2 使用钢笔工具

使用【钢笔工具】可以绘制任意的开放路径和闭合路径。

1）绘制直线段

使用【钢笔工具】可以绘制的最简单路径是直线。选择【钢笔工具】，在绘图页面中，单击鼠标左键确定直线的起点，移动鼠标到需要的位置，再次单击鼠标左键，以确定直线的终点，如图 2-44 所示。

【技巧提示】：

① 如果要绘制开放路径，在结束点时按住【Ctrl】键，并在空白处单击鼠标左键。

② 在绘制时，如果把握不准锚点具体的位置，按【空格】键可移动节点。

③ 若绘制错误的锚点，按【Ctrl+Z】键可返回到上一步操作。

2）绘制曲线段

选择【钢笔工具】，在绘图页面中单击鼠标左键确定直线的起点，移动鼠标到需要的位置，再次单击并按住鼠标左键拖曳鼠标，将出现一条曲线段，如图 2-45 所示。如果连续地单击并拖曳鼠标，可以绘制出一些连续平滑的曲线。

3）绘制闭合路径

选择【钢笔工具】，在绘图页面中单击鼠标左键确定直线的起点，移动鼠标继续绘制多个锚点，最后将鼠标光标接近起点，【钢笔工具】呈现形状时，单击鼠标即可绘制一个闭合路径，如图 2-46 所示。

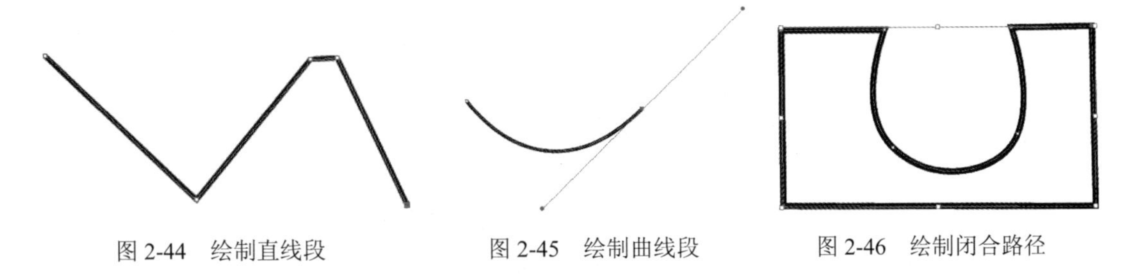

图 2-44　绘制直线段　　图 2-45　绘制曲线段　　图 2-46　绘制闭合路径

2.3.3　使用铅笔工具

使用【铅笔工具】可用于绘制开放路径和闭合路径，就像用铅笔在纸上绘图一样。这对于快速素描或创建手绘外观最实用。

(1) 选择【铅笔工具】，在绘图窗口指定路径开始的地方，任意拖动鼠标到线段的终止点，即可创建一条路径，如图 2-47 所示。

(2) 双击【铅笔工具】，将弹出【铅笔工具选项】对话框，如图 2-48 所示，设置铅笔的主要参数，单击【确定】按钮，即可创建一条路径。

【铅笔工具选项】对话框含义如下。

①【容差】：在【容差】选项组中，【保真度】选项可以调节绘制曲线上点的精确度。值越高，路径就越平滑，复杂度就越低；值越低，曲线与指针的移动就越匹配，从而将生成更尖锐的角度。【平滑度】选项可以调节绘制曲线的平滑度。

②【选项】：在【选项】选项组中，勾选【填充新铅笔描边】复选项，如果当前设置了填充颜色，绘制出的路径将使用该颜色；勾选【保持选定】复选项，绘制的曲线处于被选取状态，此选项默认为已选中；勾选【编辑所选路径】复选项，铅笔工具可以对选中的路径进行编辑。

③【范围】：该复选项将决定鼠标与现有路径必须达到多近距离，才能使用【铅笔】工具编辑路径。此选项仅在选择了【编辑所选路径】复选项时可用。

【技巧提示】：如果要绘制闭合路径，在结束点时按住【Alt】键。

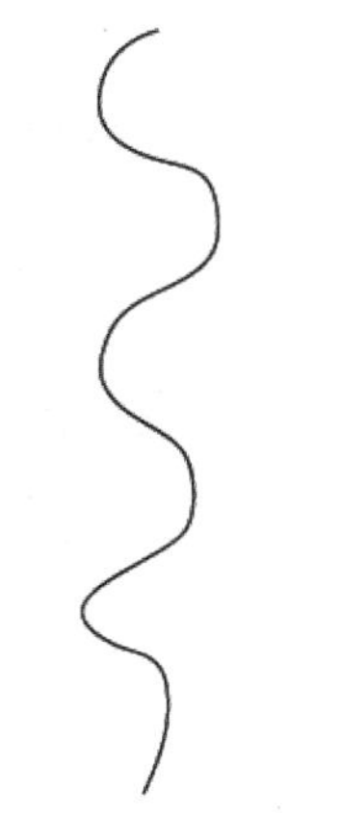

图 2-47　绘制路径

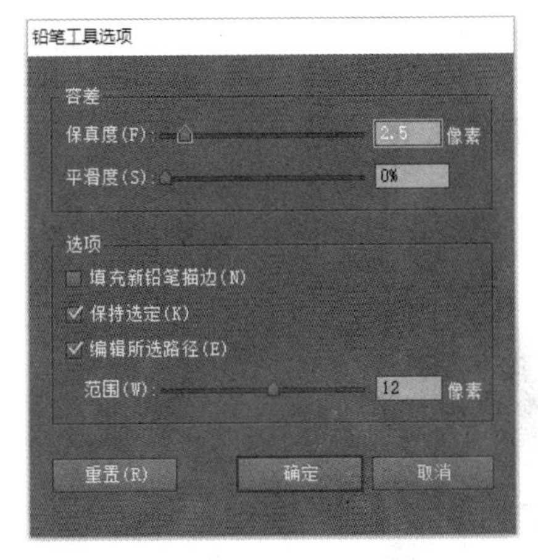

图 2-48　【铅笔工具选项】对话框

2.3.4 使用平滑工具

使用【平滑工具】可以将路径的尖锐曲线变得较为光滑。

绘制路径并选中绘制的路径，选择【平滑工具】，将鼠标指针移到需要平滑的路径旁，按住鼠标左键不放并在路径上拖曳，如图 2-49 所示，路径平滑后的效果如图 2-50 所示。

双击【平滑工具】，弹出【平滑工具选项】对话框，通过对话框，可以设置工具的参数，如图 2-51 所示，设置完成后，单击【确定】按钮。

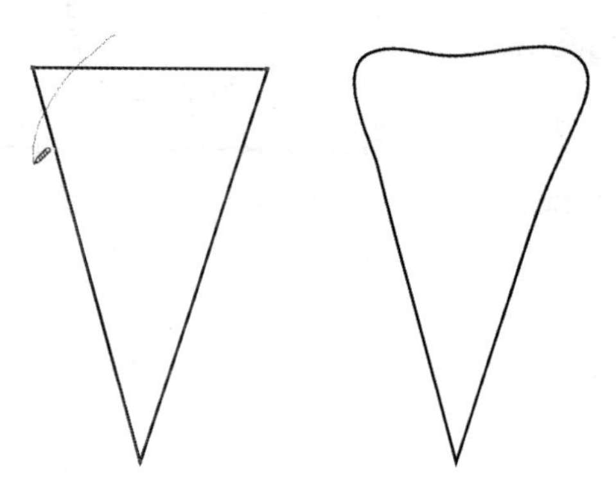

图 2-49 【平滑工具】的使用　图 2-50 绘制路径

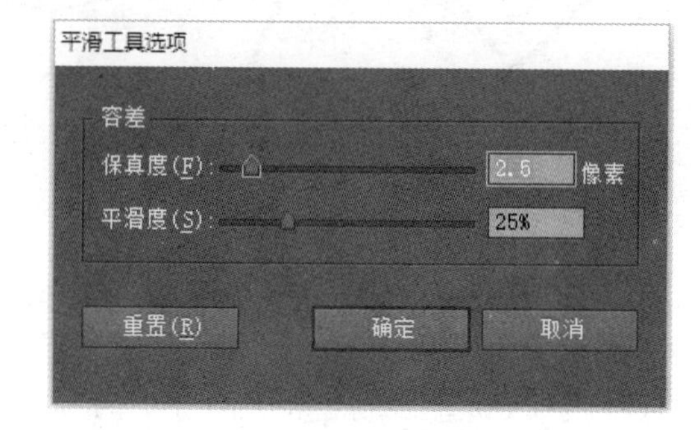

图 2-51 【平滑工具选项】对话框

2.3.5 使用路径橡皮擦和橡皮擦工具

使用【路径橡皮擦工具】和【橡皮擦工具】的方法相似，都是通过在路径上进行拖动来调整路径的形状。不同之处在于，使用【路径橡皮擦工具】擦除过的路径是开放的，而使用【橡皮擦工具】擦除过的路径是闭合的。

1）使用【路径橡皮擦工具】

在绘图页面选中想要擦除的路径，选择【路径橡皮擦工具】，将鼠标指针移到需要清除的路径旁，按住鼠标左键不放并在路径上拖曳，擦除路径后的效果如图 2-52 所示。

【技巧提示】:【路径橡皮擦工具】不能应用于文本对象和包含有渐变网格的对象。

2）使用【橡皮擦工具】

选择【橡皮擦工具】，拖动鼠标穿过路径区域，将删除拖动过的区域。双击【橡皮擦工具】，在弹出的【橡皮擦工具选项】对话框，可以设置角度、圆度和直径，如图 2-53 所示。

图 2-52 【路径橡皮擦工具】擦除的效果　图 2-53 【橡皮擦工具选项】对话框

2.3.6 使用【画笔工具】

【画笔工具】是一种随手绘画的工具，可以绘制出多种多样的精美线条和图形，还可以通过调节不同的刷头以达到不同的绘制效果。

1）使用画笔

（1）单击【画笔工具】或是按下【B】键，光标变为画笔形状。

（2）将光标移到绘图页面中，光标变为一支画笔的形状，单击并按住鼠标左键不放，拖曳鼠标进行线条的绘制，释放鼠标左键，线条绘制完成，如图 2-54 所示。

（3）如果要更改画笔样式，选取绘制的线条，在【画笔工具】选项栏中选择【画笔定义】下拉列表中选择画笔样式，如图 2-55 所示；或选择【窗口】→【画笔】命令，弹出【画笔】控制面板，如图 2-56 所示。

图 2-54 画笔效果

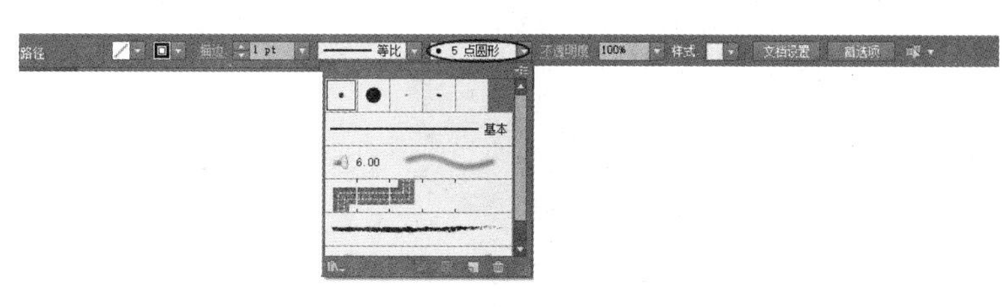

图 2-55 【画笔定义】下拉列表

（4）如果要更改画笔大小，选取绘制的线条，在【画笔工具】选项栏中选择【描边粗细】下拉列表中选择画笔大小，如图 2-57 所示；或选择【窗口】→【描边】命令，弹出【描边】控制面板，如图 2-58 所示，在控制面板中的【粗细】选项中选择或设置需要的描边大小。

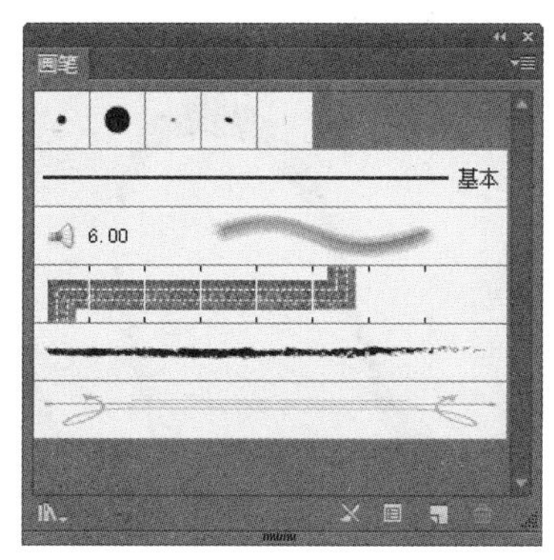

图 2-56 【画笔】控制面板

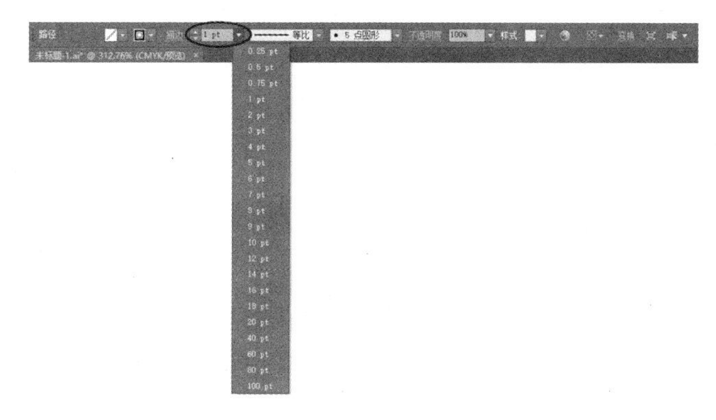

图 2-57 【描边粗细】下拉列表

2）使用【画笔工具选项】对话框

双击【画笔工具】，弹出【画笔工具选项】对话框，如图 2-59 所示。在对话框的【容差】选项组中，【保真度】选项可以控制绘制曲线上的点的精确度，【平滑度】选项可以控制绘制曲线的平滑度。在【选项】选项组中，勾选【填充新画笔描边】复选项，将填色应用于路径，该选项在绘制封闭路径时最有用；勾选【保持选定】复选项，确保在绘制路径之后是否让 Illustrator 保持路径的选中状态；勾选【编辑所选路径】复选项，【画笔工具】可以对选中的路径进行编辑。

3）使用画笔控制面板

选择【窗口】→【画笔】命令，弹出【画笔】控制面板。在控制面板中包含了各种各样的画笔类型，可以对其进行调用与编辑。

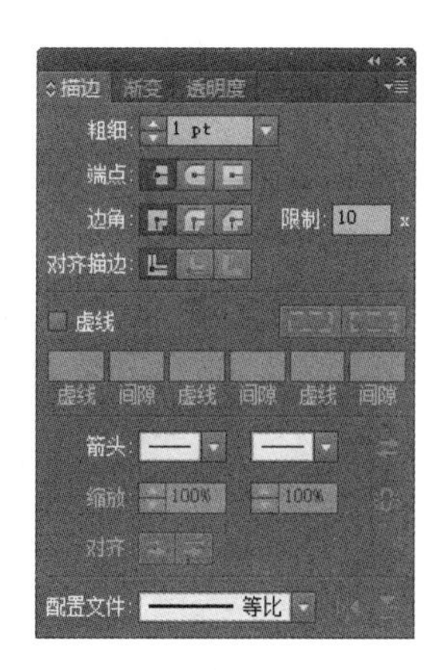

图 2-58 【描边】控制面板

（1）画笔类型的控制。Illustrator CC 包括书法、散点、艺术、图案和毛刷五种类型的画笔。

① 书法画笔。创建的描边类似于使用书法钢笔带拐角的尖绘制的描边以及沿路径中心绘制的描边。在系统默认状态下，书法画笔为显示状态，【画笔】控制面板的第一排为书法画笔，如图 2-60 所示。选择任意一种书法画笔，选择【画笔工具】，在页面中需要的位置单击并按住鼠标左键不放，拖曳鼠标进行线条的绘制，释放鼠标左键，线条绘制完成，效果如图 2-61 所示。

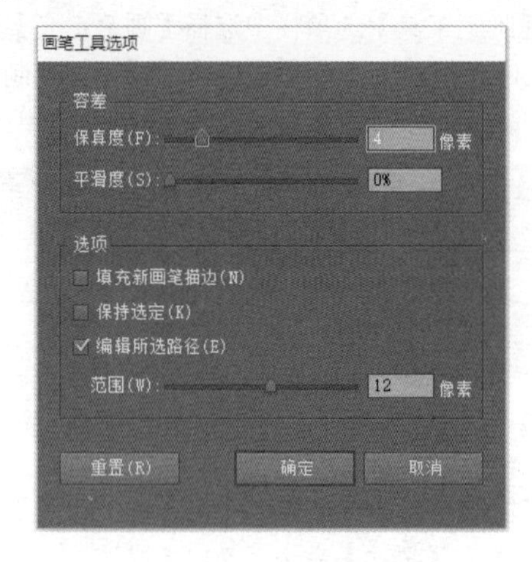

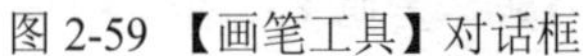

图 2-59 【画笔工具】对话框

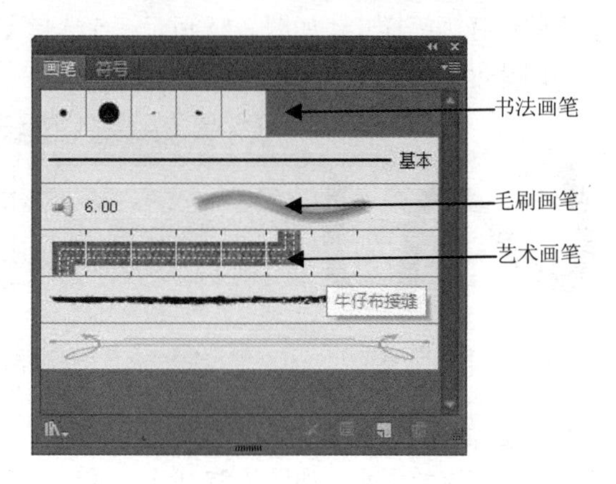

图 2-60 【画笔】控制面板

【画笔】控制面板中双击任意书法画笔，弹出【书法画笔选项】对话框，如图 2-62 所示。

【书法画笔选项】对话框含义如下。

【名称】：定义画笔的名称，最多 30 个字符。

【角度】：可以设置书法画笔的旋转角度。

【圆度】：该选项可以设置画笔的圆度。

【大小】：设置画笔的直径。

【变量】：如果从【角度】或【圆度】列表框中选择【随机】选项，就可以为【变量】输入一个值。

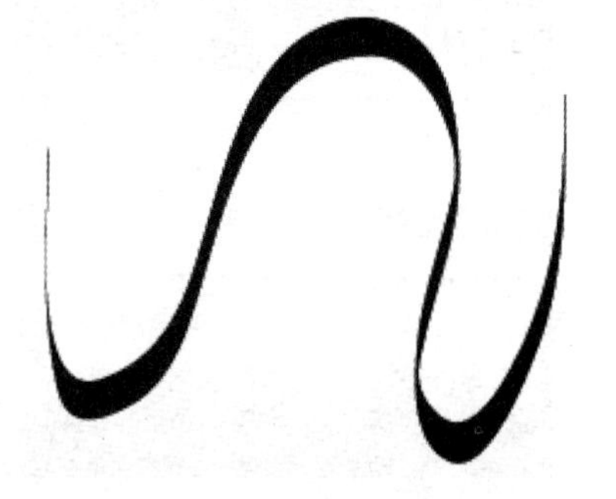

图 2-61 书法画笔效果

② 散点画笔。散点画笔将一个对象的许多副本沿着路径分布。单击【画笔】控制面板右上角的图标，将弹出其下拉菜单，在系统默认状态下【显示散点画笔】命令为灰色，选择【打开画笔库】命令，将弹出下拉子菜单，如图 2-63 所示。在弹出的子菜单中选择【装饰_散布】，

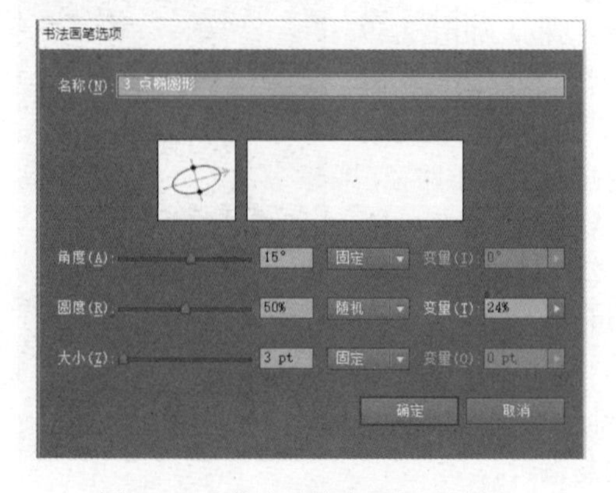

图 2-62 【书法画笔选项】对话框

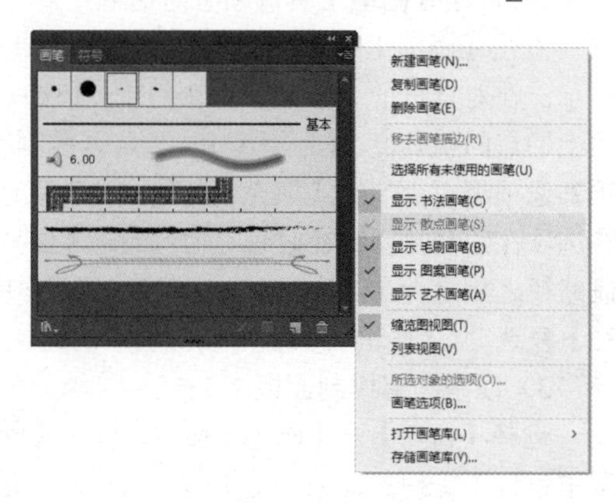

图 2-63 下拉列表

弹出相应的【装饰_散布】控制面板，如图 2-64 所示。在【画笔】控制面板中单击所需的画笔样式，画笔将会被加载到【画笔】控制面板中，如图 2-65 所示。选择任意一种散点画笔，再选择【画笔工具】，在页面上连续单击或拖曳鼠标，就可以绘制出需要的画笔效果，如图 2-66 所示。

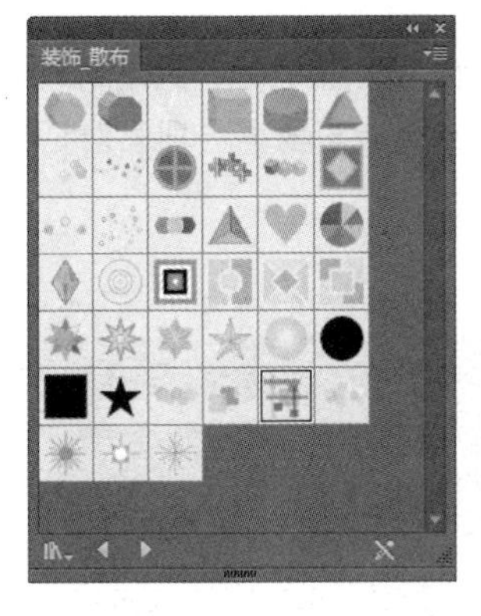

图 2-64 【装饰_散布】控制面板

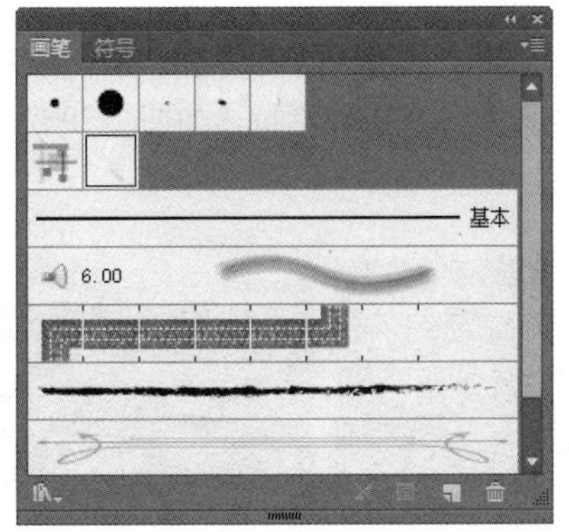

图 2-65 添加散点画笔

图 2-66 散点画笔效果

【画笔】控制面板中双击任意散点画笔，弹出【散点画笔选项】对话框，如图 2-67 所示。【散点画笔选项】对话框含义如下。

【名称】：定义画笔的名称，最多 30 个字符。

【大小】：控制对象的大小。

【间距】：该选项调整每个对象之间的间距。

【分布】：该选项调整路径两旁的对象，与路径的远近程度。设置的值越大，对象就离原始路径越远。

【旋转】：该选项调整对象从它的原始位置旋转的角度。

③ 艺术画笔。艺术画笔可沿路径长度均匀拉伸画笔形状（如粗炭笔）或对象形状。在【画笔】控制面板的第三排以下为艺术画笔。选择任意一种艺术画笔，选择【画笔工具】，在页面中需要的位置单击并按住鼠标左键不放，拖曳鼠标进行线条的绘制，释放鼠标左键，线条绘制完成，效果如图 2-68 所示。

图 2-67 【散点画笔选项】对话框

图 2-68 艺术画笔效果

【画笔】控制面板中双击任意艺术画笔，弹出【艺术画笔选项】对话框，如图 2-69 所示。【艺术画笔选项】对话框含义如下。

【名称】：定义画笔的名称，最多 30 个字符。

【宽度】：相对于原宽度调整图稿的宽度。

【画笔缩放选项】：在缩放图稿时保留比例。可用的选项有：按比例缩放、伸展以适合描边长度、在参考线之间伸展。

【方向】：该选项决定图稿相对于线条的方向。

【大小】：该选项在作品伸展时缩放作品。可以选择【等比】以保持对象比例不变。

【翻转】：该选项可以沿路径横向或纵向翻转对象。

【重叠】：若要避免对象边缘的连接和皱折重叠，可选择【重叠】调整按钮。

【着色】：选取描边颜色和着色方法。下拉列表有【无】、【淡色】、【淡色和暗色】及【色相转换】四个选项。

④ 图案画笔。绘制一种图案，该图案由沿路径重复的各个拼贴组成。在【画笔】控制面板中双击任意图案画笔，弹出【图案画笔选项】对话框，如图 2-70 所示。【图案画笔选项】对话框含义如下。

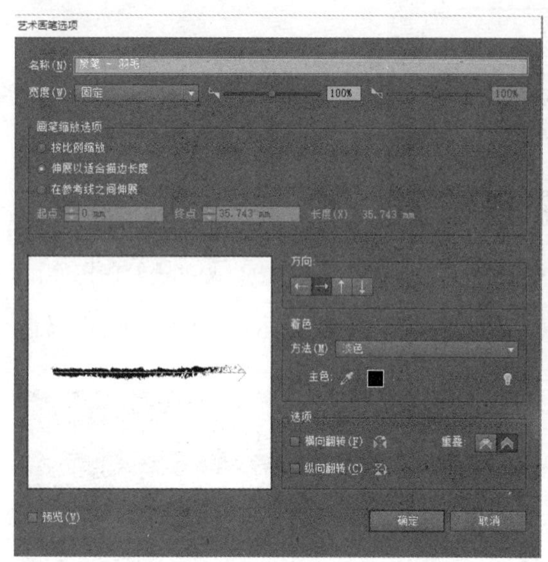

图 2-69 【艺术画笔选项】对话框

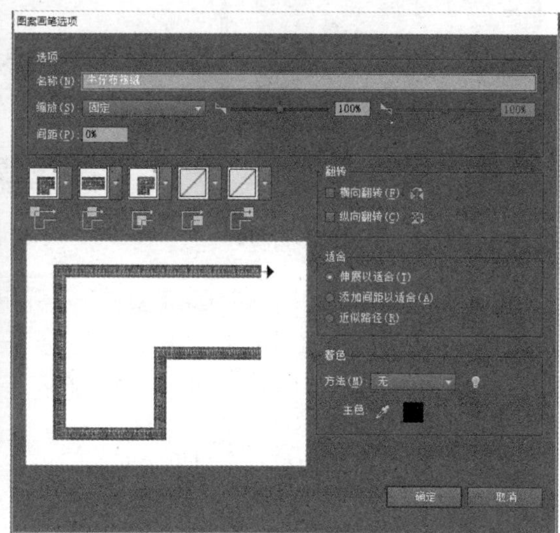

图 2-70 【图案画笔选项】对话框

【名称】：定义画笔的名称，最多 30 个字符。

【缩放】：相对于原始大小调整拼贴大小。

【间距】：调整拼贴之间的间距。

【拼贴】选择创建哪种拼贴方式。

【翻转】：沿路径横向或纵向翻转图案。

【适合】：在该选项组中，可以选择【伸展以适合】、【添加间距以适合】或【近似路径】。【伸展以适合】可以增长或缩短了一个拼贴以适合对象；【添加间距以适合】在拼贴之间添加空白，以近似地适合路径；【近似路径】不改变拼贴，使拼贴接近于原始的路径。

【着色】：选取描边颜色和着色方法。下拉列表有【无】、【淡色】、【淡色和暗色】及【色相转换】四个选项。

⑤ 毛刷画笔。使用毛刷创建具有自然画笔外观的画笔描边。毛刷画笔与其他四种画笔的用法类似，这里不再赘述。

（2）【画笔】控制面板

【画笔】控制面板底部有 5 个按钮，利用这些按钮可以对画笔进行管理。从左到右依次是【面笔库菜单】按钮、【移去画笔描边】按钮、【所选对象的选项】按钮、【新建画笔】按钮、【删除画笔】按钮。

【面笔库菜单】按钮：保存画笔或打开画笔库。

【移去画笔描边】按钮：将当前被选中的图形上的描边删除，而留下原始路径。

【所选对象的选项】按钮：选中图形上的画笔的选项对话框，在对话框中可以编辑画笔。

【新建画笔】按钮：创建新的画笔。

【删除画笔】按钮：删除面板中的画笔。

4）自定义画笔

除系统预设的画笔类型和编辑已有的画笔外，还可以创建自己喜欢的画笔。

① 选中想要制作成为画笔的图形对象，单击【画笔】控制面板下面的【新建画笔】按钮，或选择控制面板右上角的按钮，在弹出式菜单中选择【新建画笔】命令，弹出【新建画笔】对话框，如图 2-71 所示。

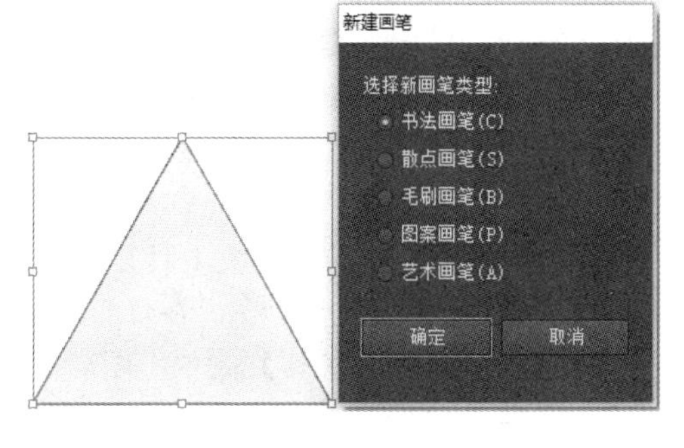

图 2-71 【新建画笔】对话框

② 使用鼠标拖拽图形对象到【画笔】控制面板中，可弹出【新建画笔】对话框，也可创建新画笔。

2.3.7　调整路径形状

在绘制路径的过程中，有时需要进行路径的编辑与调整，此时就需要用到增加、删除和转换锚点工具。

（1）添加锚点。绘制所需路径，选择【添加锚点工具】，在路径上需要添加锚点的地方单击即可，这样路径上就会增加一个新的锚点，效果如图 2-72 所示。

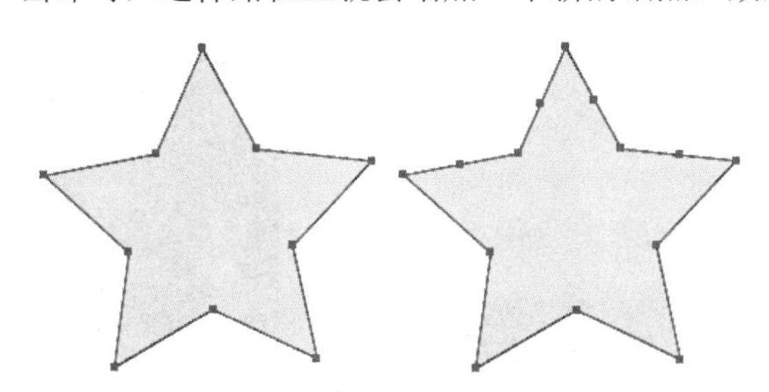

图 2-72　添加锚点

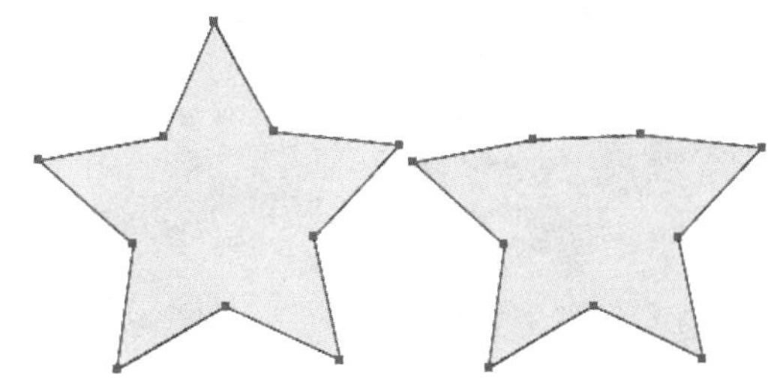

图 2-73　删除锚点

（2）删除锚点。绘制所需路径，选择【删除锚点工具】，在路径上需要删除锚点的地方单击，该锚点就会被删除，效果如图 2-73 所示。

（3）转换锚点。绘制所需路径，选择【转换锚点工具】，单击路径上的锚点，锚点就会由平滑和尖角进行相互转换，拖曳锚点可以编辑路径的形状。如图 2-74 所示是由尖角点转换为平滑点，并拖拽锚点形成的路径效果。

图 2-74　转换锚点

2.3.8　案例应用——绘制书签

利用路径操作工具绘制书签，效果如图 2-75 所示。

（1）按【Ctrl+N】快捷键，新建一个文档，名称为【第二章 书签】，宽度为【50mm】，高度为【120mm】，颜色模式为【CMYK】，单击【确定】按钮，如图 2-76 所示。

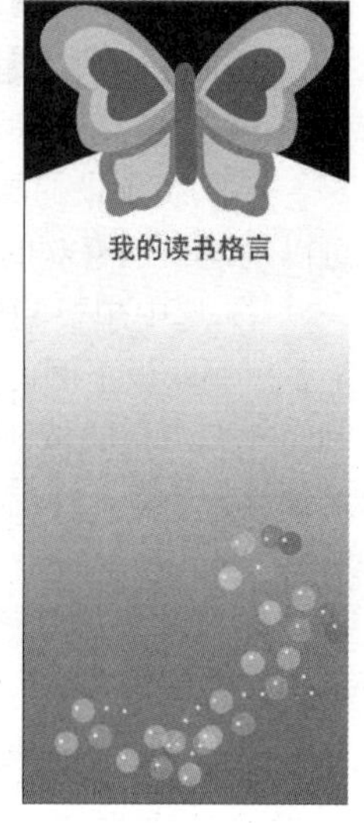

图 2-75　书签效果

（2）绘制背景。选择【矩形工具】，单击页面，弹出【矩形】对话框，在对话框中输入宽度为【50mm】、高度为【120mm】，如图 2-77 所示，绘制一个和页面等大的矩形，并将其填充为【黑色】，效果如图 2-78 所示，并将矩形与画布对齐。

（3）绘制蝴蝶。将【填色工具】设置为【蓝色】（CMYK 的值为 43、9、6、0），选择【钢笔工具】，在页面绘制如图 2-79 所示的图形 1。

（4）使用【选择工具】单击图形，按住【Ctrl】键，同时按住鼠标左键不放并拖动鼠标，复制图形 1，得到图形 2，调节图形 2 的大小，使用【直接选择工具】调整图形的形状，并将其填充为【黄色】（CMYK 的值为 16、0、83、0），形成如图 2-80 所示的效果。

（5）使用同样的方法，完成蝴蝶的一侧翅膀效果图形 3 的绘制，如图 2-81 所示。

【注意】：上半部分最上层图形颜色为紫色（CMYK 的值为 41、61、0、0），下半部分下层图形颜色为【蓝色】（CMYK 的值为 64、14、0、0），上层图形颜色为【黄色】（CMYK 的值为 16、0、83、0）。

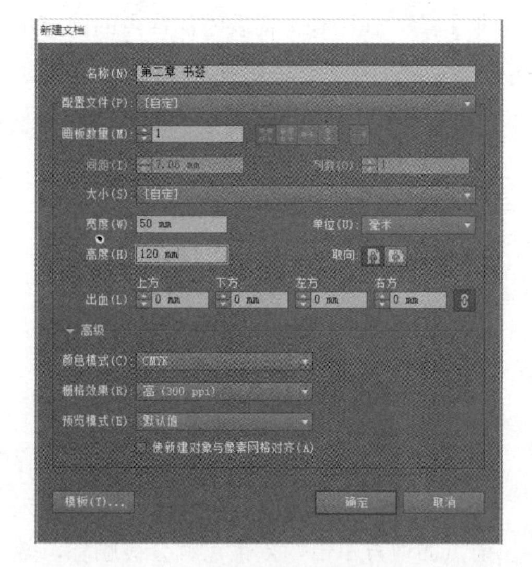

图 2-76　【新建文档】对话框

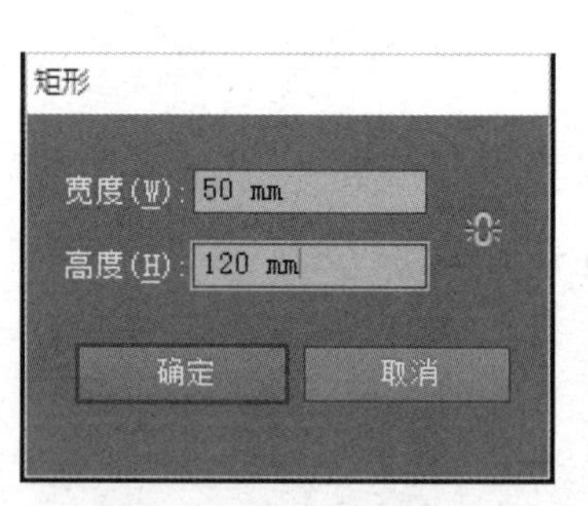

图 2-77　【矩阵】对话框

图 2-78　背景效果

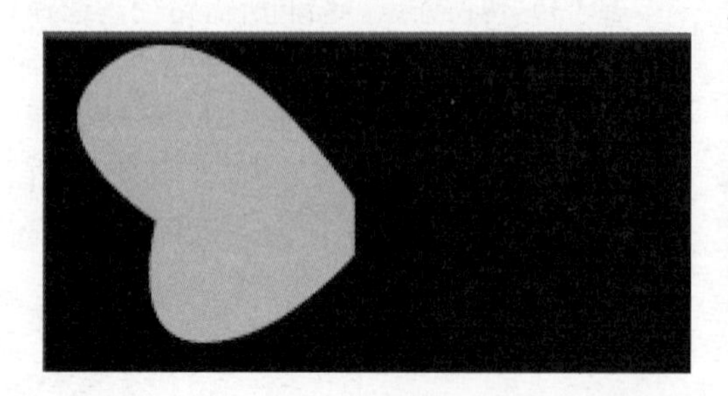

图 2-79　图形 1

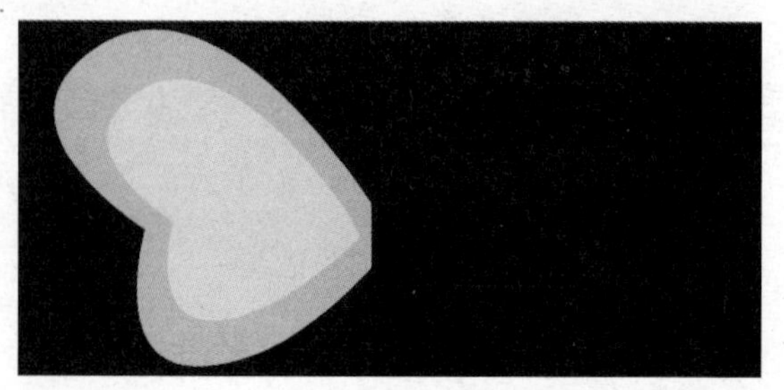

图 2-80　图形 2

（6）使用【选择工具】并按住【Shift】键单击，进行图形加选，单击鼠标右键，在出现的右键菜单中选择【编组】命令，如图 2-82 所示，将图形对象编组成一个对象。

（7）再次单击鼠标右键，在出现的右键菜单中选择【变换】→【对称】命令，弹出如图 2-83 所示【镜像】对话框，单击【复制】按钮，得到图形 4，按住鼠标左键并按住【Shift】键，将图形 4 进行水平移动，形成如图 2-84 所示的效果。

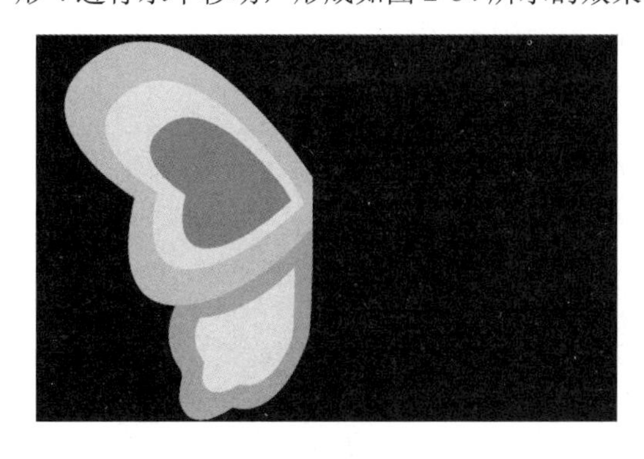
图 2-81　图形 3

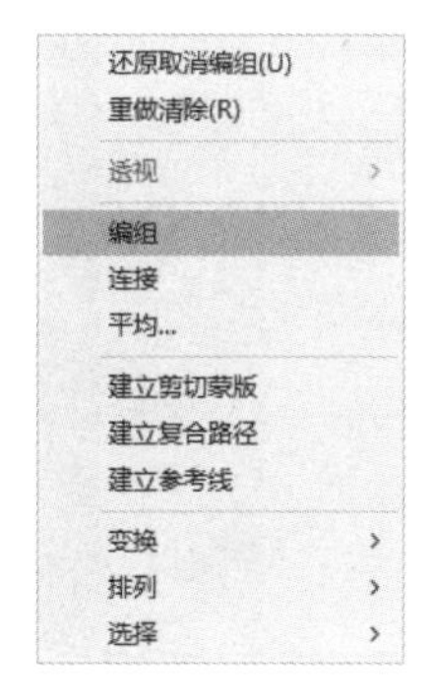

图 2-82　右键菜单

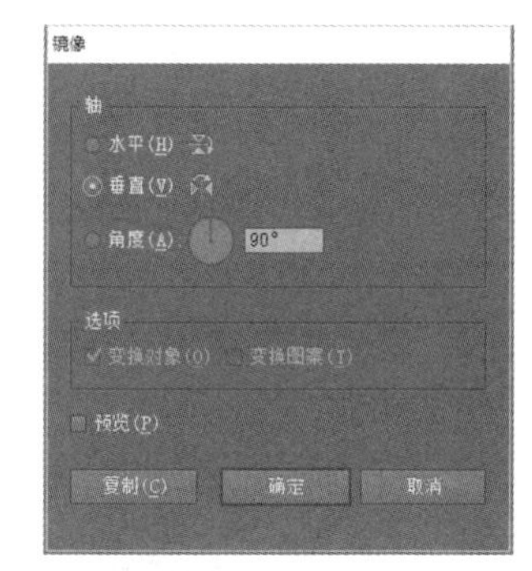

图 2-83　【镜像】对话框

（8）选择【钢笔工具】，绘制蝴蝶的腹部，并将其颜色填充为【紫色】（CMYK 的值为 8、76、0、0），如图 2-85 所示。

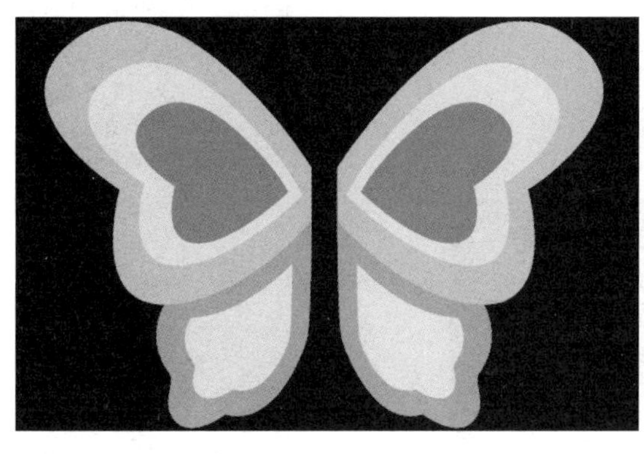
图 2-84　图形 4

图 2-85　腹部图形

（9）使用【选择工具】选择【背景图形】，按住【Ctrl+C】键复制图形，按住【Ctrl+V】键，粘贴图形，将复制出来的图形进行大小调节，并将其填充为由【白色】到【蓝色】的渐变效果，形成如图 2-86 所示的效果。

（10）将复制出来的图形使用【添加锚点工具】【删除锚点工具】进行锚点的编辑，形成如图 2-87 所示的效果。

【技巧提示】：

调节锚点时可以按【Ctrl+R】键将标尺调出辅助作图。

（11）按住【Ctrl+[】键，将图形进行【后移一层】的调整，形成如图 2-88 所示的效果。

（12）选择【文字工具】，在页面中单击鼠标左键，输入【我的读书格言】六个字，将其字体设置为【黑体】，颜色填充为蓝色（CMYK 的值为 93、78、0、0），如图 2-89 所示。

（13）选择【画笔工具】，打开【装饰_散布】画笔库，如图 2-90 所示，选择【气泡】画笔样式，在页面中拖拽鼠标左键，形成如图 2-91 所示的效果，从而完成书签的制作。

图 2-86 复制背景

图 2-87 编辑路径锚点

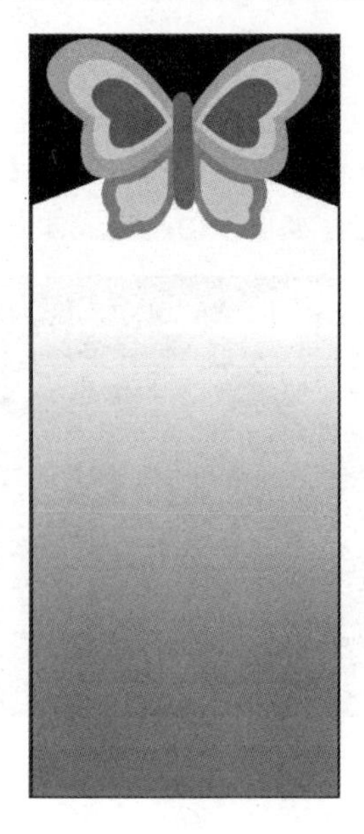
图 2-88 调整层次

图 2-89 输入文字

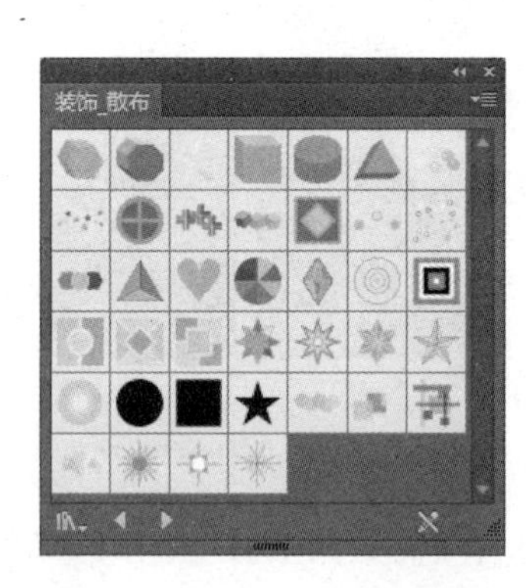

图 2-90 【装饰_散布】画笔库

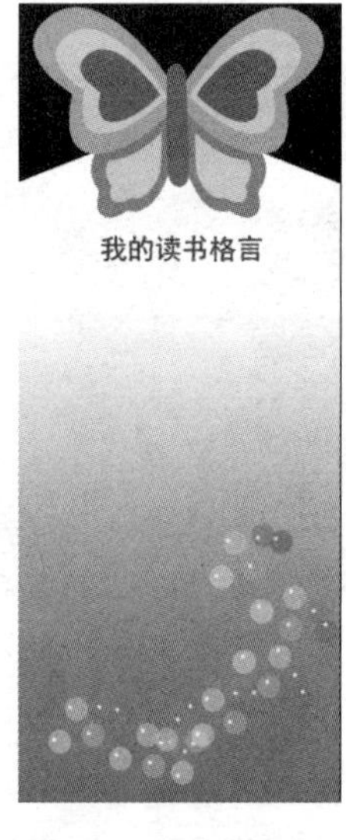

图 2-91 笔画效果

2.4 综合训练——绘制卡通插画

综合利用图形绘制与编辑工具进行卡通插画的绘制，效果如图 2-92 所示。

1）绘制背景

（1）按【Ctrl+N】快捷键，新建一个文档，名称为【第二章 卡通插画】，宽度为【297mm】，高度为【210mm】，颜色模式为【CMYK】，如图 2-93 所示，单击【确定】按钮。

（2）选择【矩形网格工具】，在页面中绘制一个矩形网格，将网格线的颜色填充为【蓝色】（CMYK 的值为 36、6、12、0），在【矩形网格工具】的属性栏中，将【描边】设置为【20pt】，【矩形网格工具】的属性栏如图 2-94 所示，形成的效果如图 2-95 所示。

图 2-92　卡通插画

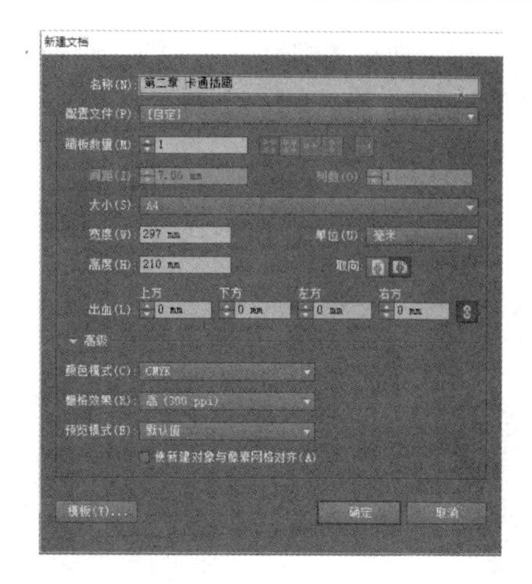

图 2-93 【新建文档】对话框

图 2-94 【网格工具】属性栏

（3）选择【画笔工具】，打开【装饰_散布】画笔库，选择【心形】画笔样式，在绘图页面单击鼠标左键，绘制一个心形图形，在【画笔工具】的属性栏中将【描边】设置为【12pt】，【画笔工具】的属性栏如图 2-96 所示，形成的效果如图 2-97 所示。

2）绘制 Kitty 猫

（1）选择【椭圆工具】，在页面中绘制两个椭圆形，下层椭圆填充颜色为【黑色】，上层椭圆填充颜色为【绿色】（其 C、M、Y、K 值分别为 73、0、100、0），无描边色，如图 2-98 所示。

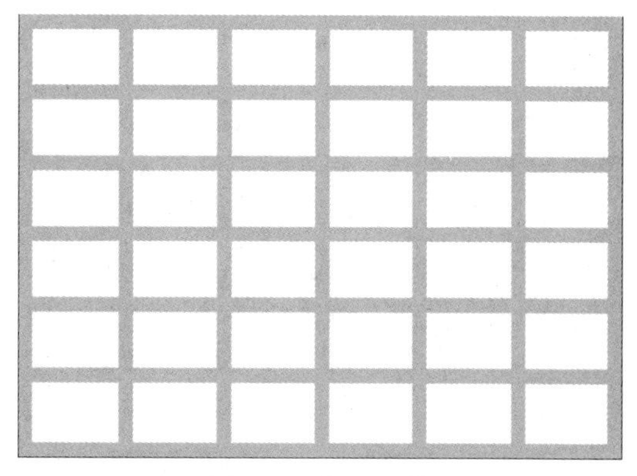

图 2-95　矩形网格

图 2-96 【画笔工具】属性栏

图 2-97　心形

图 2-98　绘制的椭圆形

（2）选择【钢笔工具】，绘制Kitty猫的头部、裙子和四肢，并将身体填充为【白色】，将裙子填充为【绿色】（CMYK的值为42、0、39、0），描边色为【黑色】，描边大小为【5pt】，如图2-99所示。

（3）选择【画笔工具】，使用默认笔刷样式绘制Kitty猫的胡须，效果如图2-100所示。

（4）选择【椭圆工具】，在页面中绘制三个椭圆形作为Kitty猫的眼睛和嘴，眼睛的填充颜色为【黑色】，嘴的填充颜色为【黄色】（其C、M、Y、K值分别为20、0、72、0），描边色为【黑色】，如图2-101所示。

图2-99 绘制的头部、裙子和四肢

图2-100 Hello Kitty的胡须

图2-101 Kitty猫的眼睛和嘴

（5）选择【钢笔工具】，绘制Kitty猫的头花，并将头花的颜色填充为【紫色】（CMYK的值为31、84、0、0），描边色为【黑色】，描边大小为【5pt】，如图2-102所示。

（6）使用【选择工具】并按住【Shift】键加选Kitty猫的所有图形，单击鼠标右键，在出现的右键菜单中选择【编组】命令，将图形对象进行编组成一个对象。

3）绘制小树及房子

（1）选择【椭圆工具】，在页面中绘制椭圆形，填充颜色为【黄色】（C、M、Y、K值分别为23、0、82、0），无描边色，如图2-103所示。

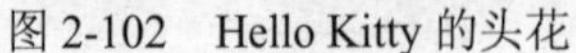

图2-102 Hello Kitty的头花

图2-103 小树椭圆形

（2）选择【铅笔工具】，绘制树干，效果如图2-104所示。

（3）使用【选择工具】并按住【Shift】键加选小树的所有图形，单击鼠标右键，在出现的右键菜单中选择【编组】命令，将图形对象编组成一个对象。

（4）按住【Alt】键，并按住鼠标左键，进行移动复制，复制出多棵小树，并调整其大小，形成如图 2-105 所示的效果。

图 2-104　小树

图 2-105　复制的多棵小树

4）绘制房子

（1）绘制房顶上的风车。选择【矩形网格工具】，单击绘图页面，弹出【矩形网格工具选项】对话框，设置成如图 2-106 所示参数值。将网格线的颜色填充为【黑色】，在【矩形网格工具】的属性栏中，将【描边】设置为【2pt】，形成的效果如图 2-107 所示。

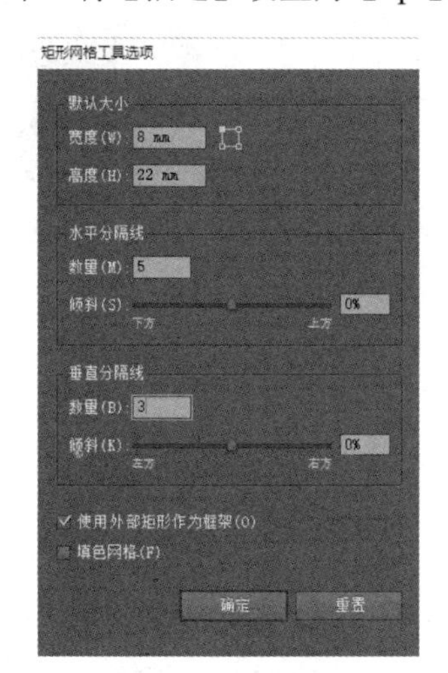

图 2-106　设置参数

图 2-107　房顶上的风车

（2）选择【直线段工具】，绘制一条直线，效果如图 2-108 所示。

（3）使用【选择工具】并按住【Shift】键加风车的一个风叶图形，单击鼠标右键，在出现的右键菜单中选择【编组】命令，将图形对象编组成一个对象。

（4）按住【Alt】键，并按住鼠标左键，进行移动复制，复制出多个，并调整其旋转角度，形成如图 2-109 所示的效果。

（5）选择【多边形工具】，在页面中单击鼠标左键，弹出【多边形工具】对话框，设置如图 2-110 所示的参数，单击【确定】按钮，绘制一个三角形作为房子的房顶，三角形的填充颜色为【黄色】（其 C、M、Y、K 值分别为 23、0、82、0），效果如图 2-111 所示。

（6）选择【矩形工具】，在页面中绘制三个矩形作为房体和窗框，大的矩形填充颜色为【暗红色】（其 CMYK 的值分别为 50、91、100、27），两个小的矩形填充颜色为【咖啡色】（其 CMYK 的值分别为 61、65、100、25），效果如图 2-112 所示 。

图 2-108　绘制风车柄

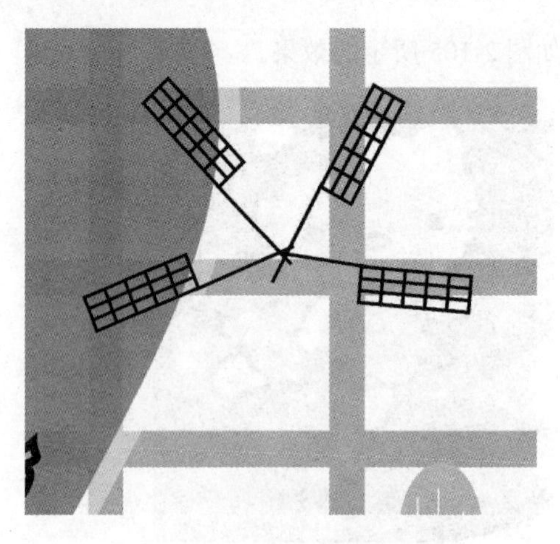

图 2-109　风车效果

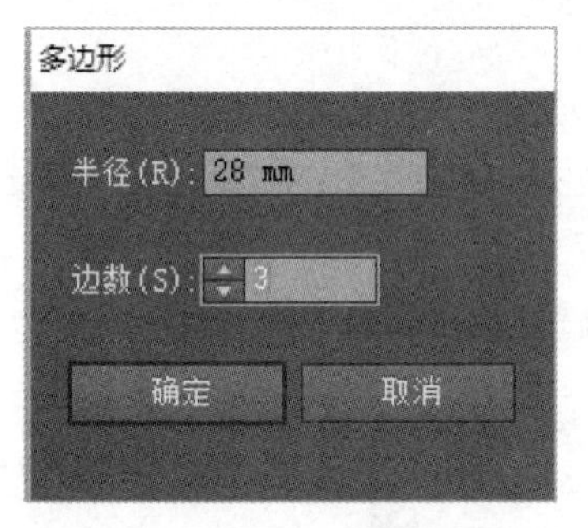

图 2-110　设置三角形参数

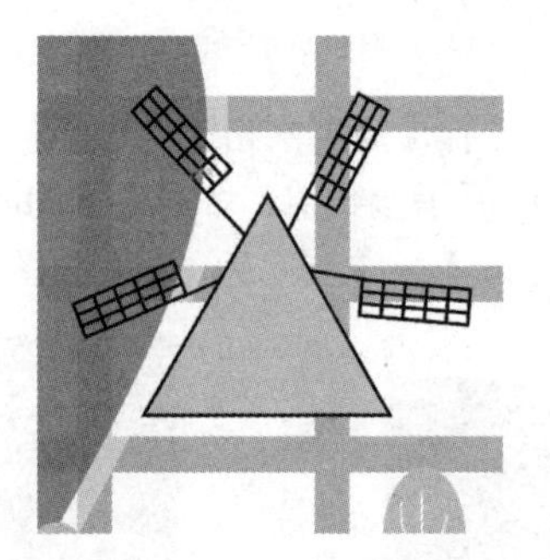

图 2-111　三角形效果

图 2-112　绘制的房体和窗框

（7）选择【圆角矩形工具】，在页面中绘制一个圆角矩形，设置图形填充颜色为【绿色】（其 C、M、Y、K 值分别为 48、9、94、0），按住【Ctrl+[】键，将图形进行【后移一层】的调整，形成效果如图 2-113 所示。

5）绘制气球

（1）选择【椭圆工具】，绘制一个大圆和一个小圆，大圆填充为【红色】（C、M、Y、K 值分别为 3、97、98、0），小圆填充为【白色】，并将两个圆旋转到合适的角度，如图 2-114 所示。

（2）将【填色】设置为【白色】，选择【钢笔工具】，绘制如图 2-115 所示的图形。

图 2-113　绘制的圆角矩形

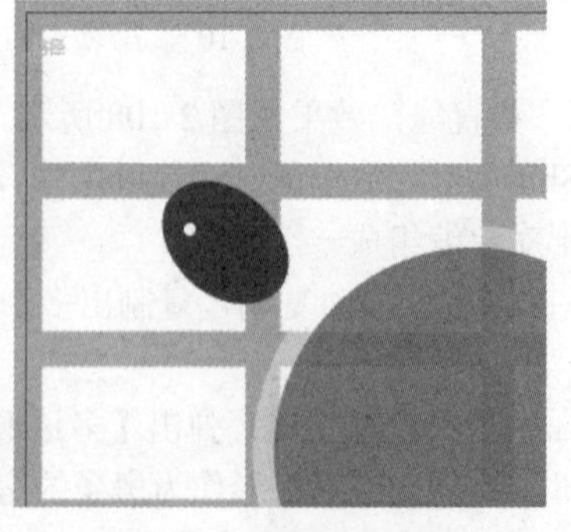

图 2-114　大圆和小圆

图 2-115　气球上的白色图案

（3）选择【多边形工具】，在页面中拖动鼠标左键绘制一个三角形，三角形的填充颜色为【红色】（C、M、Y、K 值分别为 3、97、98、0），效果如图 2-116 所示。

（4）选择【直线段工具】，绘制一条直线，效果如图 2-117 所示。

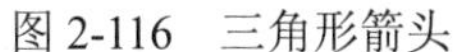

图 2-116　三角形箭头

图 2-117　气球拉线

（5）参照上面的步骤再次绘制一个黄色和一个蓝色的气球，效果如图 2-118 所示。

（6）按【Ctrl+S】快捷键，保存绘制的文件，从而完成卡通画的绘制，如图 2-119 所示。

（7）执行【文件】→【退出】命令，退出软件使用程序。

图 2-118　气球效果

图 2-119　插画效果

2.5　课后练习——绘制风景插画

【知识要点】：使用【矩形工具】绘制背景，【椭圆工具】绘制云彩，【椭圆工具】、【直线段工具】、【矩形工具】绘制树木，【直线段工具】、【矩形工具】、【多边形工具】绘制房子，如图 2-120 所示。

图 2-120　风景插画效果

第 3 章　对象的编辑与组织

Illustrator CC 功能包括对象选择、对齐和分布、编组、锁定与隐藏对象，以及对象的前后顺序、对齐与分布等许多特性。这些特性对组织图形对象是非常有用的。本章将主要介绍对象的排列、编组，以及控制对象等内容。通过对本章的学习，读者可以高效地对齐、分布、组合和控制多个对象，使对象在页面中更加有序，使工作更加得心应手。

3.1　对象的编辑

3.1.1　对象的选取

在编辑对象之前，首先应选择对象，Illustrator CC 中提供了五种选择工具，包括【选择工具】、【直接选择工具】、【编组选择工具】、【魔棒工具】和【套索工具】，可以一次选择一个对象、一条路径。

1）使用【选择工具】

（1）在工具箱中单击【选择工具】（快捷键为【V】），然后移动光标到需要选取的单个对象轮廓线上，单击即可选择单一对象。当对象被选中时，在选定的对象周围会出现一个矩形的区域（定界框），并且在选定对象的各个角点上会出现蓝色的空心小方块，如图 3-1 所示。

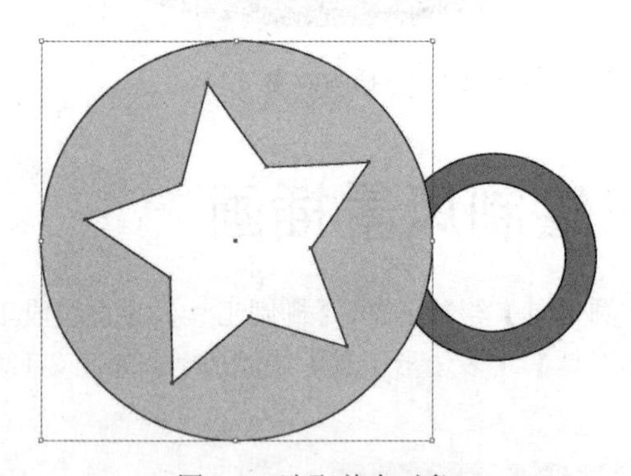

图 3-1　选取单个对象

图 3-2　框选对象

（2）使用【选择工具】圈选对象。在工具箱中单击【选择工具】，使用鼠标在绘图窗口要选取对象的外围单击并拖动鼠标，在屏幕上会显示出一个矩形的选框，如图 3-2 所示。继续拖动以使需要选择的所有对象的外缘与所拖出的矩形框相交，凡是有部分路径与矩形框相交的对象，在释放鼠标之后都将被选中，如图 3-3 所示，即可同时选择一个或多个对象。

【技巧提示】：

如果在绘图窗口中存在许多对象，而只需要选择其中的一部分对象，这时按住【Shift】键再单击选择对象，就能够非常准确地指定多个对象中先选定哪一个对象，最后选定哪一个对象，即使同时存在着多个对象时，也能够很方便地选定其中的全部或者部分对象。

2）使用【直接选择工具】

【直接选择工具】可以选定路径上的节点、路径内一系列具体的点或线段，并显示出路径上的所有方向线，以便调整。

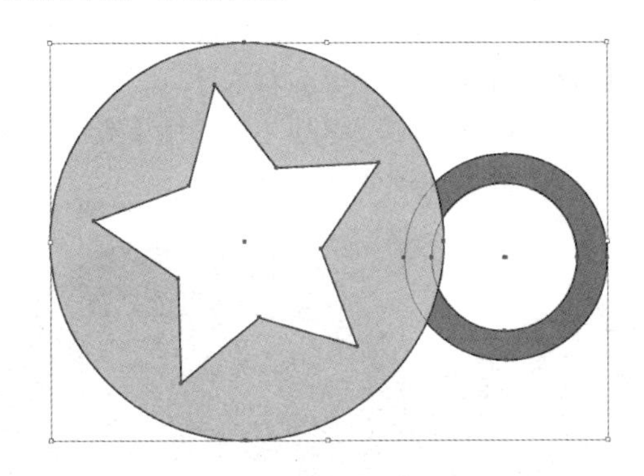

图 3-3　框选对象

图 3-4　选取整个对象

选择【直接选择工具】（快捷键为【A】），用鼠标单击对象可以选取整个对象，如图 3-4 所示。在对象的某个节点上单击，该节点将被选中，如图 3-5 所示。选中该节点不放，向下拖曳，将改变对象的形状，如图 3-6 所示。

【技巧提示】：

可以使用鼠标拖出一个圈选框，把要选定的路径或者路径上的节点选中，也可以按住【Shift】键，然后使用鼠标，在要选定的点或者路径上依次单击。

图 3-5　选择节点

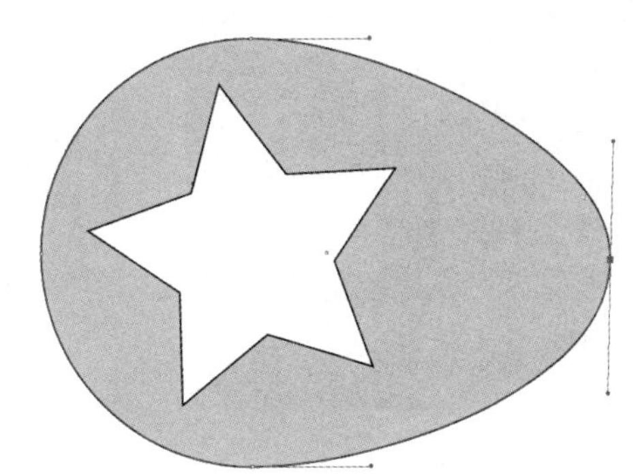

图 3-6　调节形状

3）使用【编组选择工具】

使用【编组选择工具】可以单独选择组合对象中的个别对象。操作方法与【直接选择工具】相似。

4）使用【魔棒工具】

使用【魔棒工具】可以选择具有相同笔画或填充属性的对象。选择【魔棒工具】（快捷键为【Y】），可以使用鼠标左键单击来选择对象，具有相同属性的所有对象都会被选中。

可以设置【魔棒工具】的选项，以便选择对象。通过双击【魔棒工具】或选择【窗口】→【魔棒】命令，就可以弹出【魔棒】控制面板，如图 3-7 所示。

【魔棒】控制面板中选项设置含义如下。

①【填充颜色】：选中该选项可将相同填充颜色的对象同时选中。

②【描边颜色】：选中该选项可将相同描边颜色的对象同时选中。

③【描边粗细】：选中该选项可将相同描边粗细的对象同时选中。

④【不透明度】：选中该选项可将相同不透明度的对象同时选中。

⑤【混合模式】：选中该选项可将相同混合模式的对象同时选中。

⑥【容差】：设置【填充颜色】、【描边颜色】、【描边粗细】和【不透明度】的容差。可以用像素为单位，在 0～255（对于 RGB 对象）和 0～100（对于 CMYK 对象）设置容差。设置低容差会导致选择与原始选中对象非常接近的对象，较高的容差可选择更多对象。

绘制两个图形，如图 3-8 所示，【魔棒】控制面板的设定如图 3-9 所示，使用【魔棒工具】单击左边的对象，那么填充相同颜色的对象都会被选中，效果如图 3-10 所示。

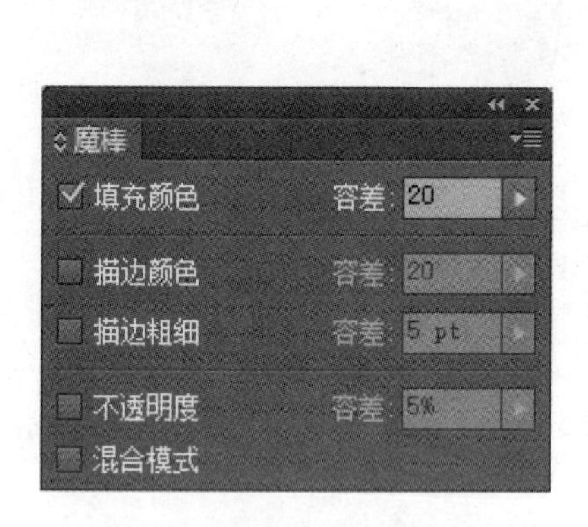

图 3-7 【魔棒】控制面板

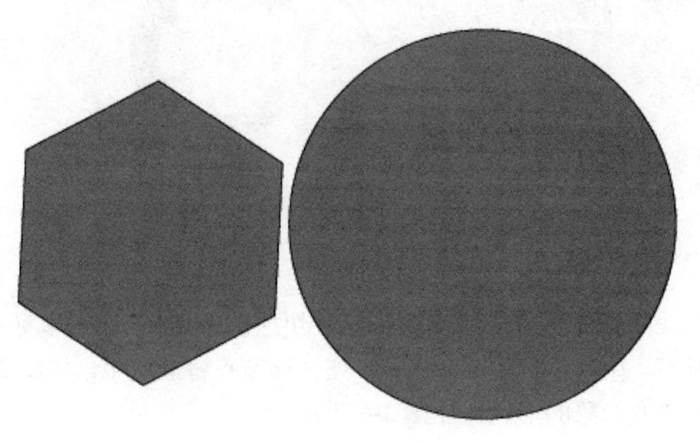

图 3-8　绘制图形

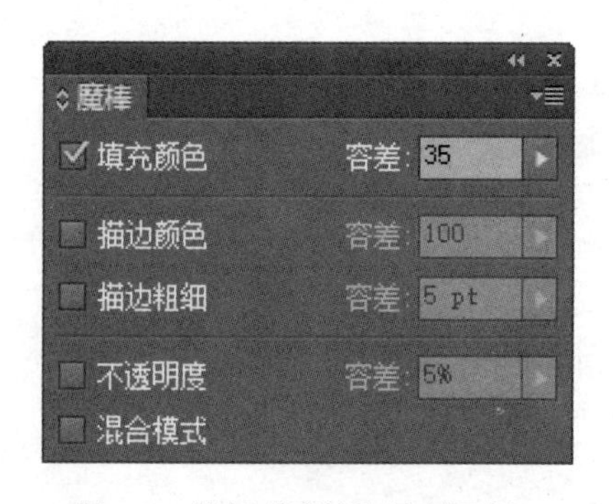

图 3-9　设置【魔棒】控制面板

图 3-10　选中的图形效果

5）使用【套索工具】

【套索工具】可以选择路径上独立的节点或线段，使用【套索工具】拖动时，经过轨迹上的所有路径将被同时选中。

（1）选择【套索工具】（快捷键为【Q】），在对象的外围单击并按住鼠标左键，拖曳鼠标绘制一个套索圈，释放鼠标左键，对象被选取，效果如图 3-11 所示。

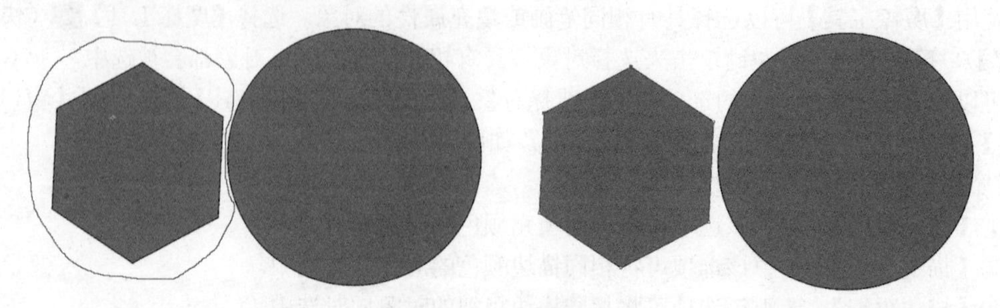

图 3-11　绘制套索圈

（2）选择【套索工具】，在绘图页面的对象外围，单击并按住鼠标左键，并且拖曳鼠标，鼠标经过对象将同时被选中，效果如图 3-12 所示。

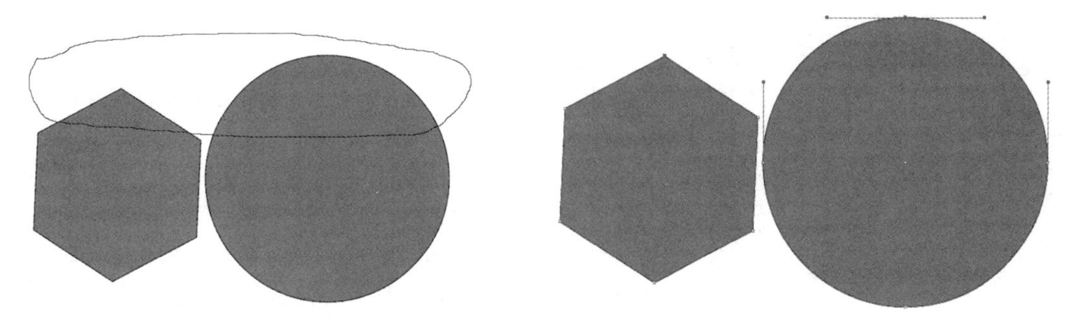

图 3-12　鼠标经过选中图形

3.1.2　对象的变换

常见的变换操作有移动、复制、旋转、倾斜、镜像和缩放等。

1）移动对象

在 Illustrator CC 中，选中对象后，可以根据不同的需要快速而精确地移动对象。

（1）使用工具箱中的工具和键盘移动对象。在对象上单击并按住鼠标的左键不放，拖曳鼠标到需要放置对象的位置，释放鼠标左键，即可完成对象的移动操作，效果如图 3-13 所示。选取要移动的对象，用键盘上的方向键可以微调对象的位置。

图 3-13　移动对象

（2）使用菜单命令移动对象。选择【对象】→【变换】→【移动】命令（快捷键为 Shift+Ctrl+M），弹出【移动】对话框，如图 3-14 所示。

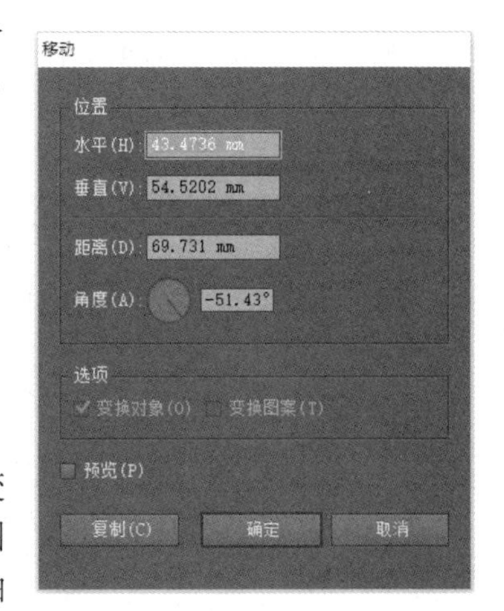

图 3-14　【移动】对话框

【移动】对话框的选项含义如下。

①【水平】：可以设置对象在水平方向上移动的数值。

②【垂直】：可以设置对象在垂直方向上移动的数值。

③【距离】：可以设置对象移动的距离。

④【角度】：可以设置对象移动或旋转的角度。

⑤【复制】：可以复制出一个移动对象。

（3）使用【变换】控制面板移动对象。选择【窗口】→【变换】命令（快捷键为 Shift+F8），弹出【变换】控制面板，如图 3-15 所示。在控制面板中，【X】参数选项可以设置对象在 X 轴的位置，【Y】参数选项可以设置对象在 Y 轴的位置。改变 X 轴和 Y 轴的数值，就可以移动对象。如果要改变参考点的设置，可以在输入数值之前，单击图标中的一个参考基准点。

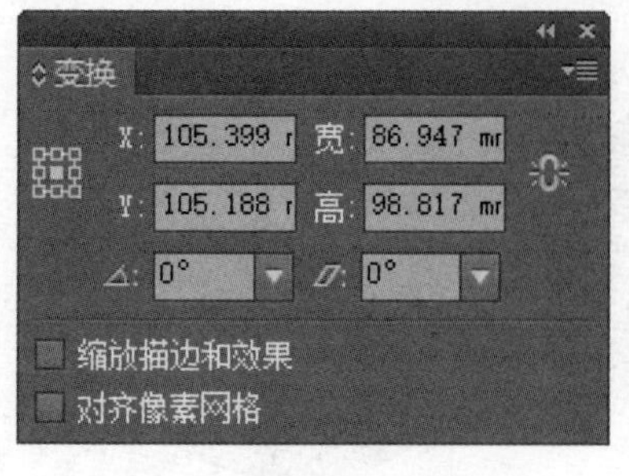

图 3-15 【变换】控制面板

2）旋转对象

在 Illustrator CC 中，可以使用多种方式进行对象的旋转操作。

（1）使用【选择工具】旋转对象。使用【选择工具】选取对象，将鼠标的指针移动到旋转控制手柄上，这时的指针变为旋转符号【】，单击并拖动鼠标旋转对象，旋转时对象会出现蓝色的虚线，指示旋转方向和角度，旋转到需要的角度后释放鼠标左键即可。

（2）使用【旋转工具】旋转对象。选取要旋转的对象，再选择【旋转工具】，然后到该对象的任意一点单击鼠标，该单击点就会被确定为图形对象的旋转中心点，按住鼠标左键不放，并沿圆周方向拖动鼠标就可以旋转该对象，如图 3-16 所示。

图 3-16　旋转对象

（3）使用菜单命令旋转对象。双击【旋转工具】或选择【对象】→【变换】→【旋转】命令，将显示【旋转】对话框，如图 3-17 所示，从中可在【角度】选项文本框中输入要旋转的精确角度，对象围绕着它的原点旋转，默认情况下，原点位于对象的定界框中心。单击【复制】按钮，可以在旋转的同时进行复制。

（4）使用【变换】控制面板旋转对象。选择【窗口】→【变换】命令（组合键为【Shift+F8】），弹出【变换】控制面板，如图 3-18 所示，在【旋转】选项中输入数值即可。

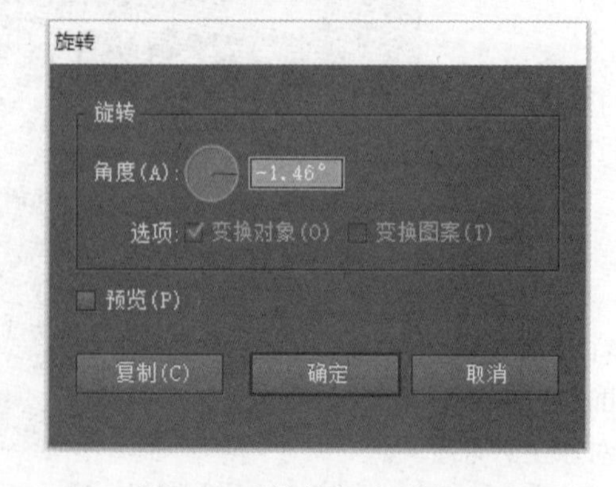

图 3-17 【旋转】对话框

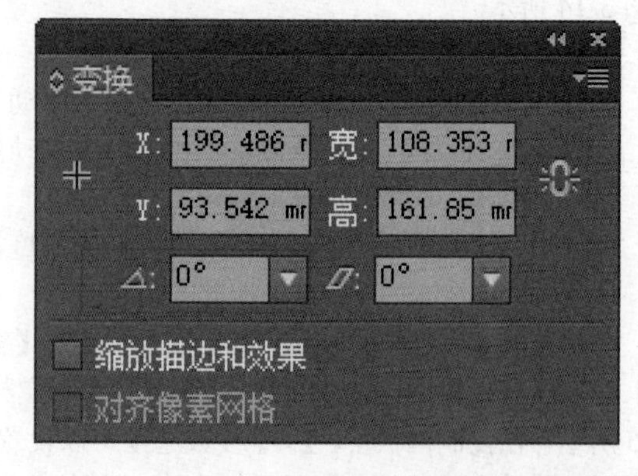

图 3-18 【变换】控制面板

3）镜像对象

在 Illustrator CC 中，可对所选对象按照指定的轴进行镜像操作。

（1）使用【镜像工具】镜像对象。选取镜像的对象（可选择多个）后，选择【镜像工具】（快捷键为【O】键），用鼠标左键单击确定镜像原点（如果不用鼠标左键单击，则采用默认中心点），围绕镜像原点单击鼠标左键并拖动，出现蓝色虚线，此时系统会显示镜像操作的预览图形，释放鼠标即可完成操作，如图 3-19 所示。

图 3-19　使用【镜像工具】

【操作提示】

在使用【镜像工具】进行对象的镜像操作时，按住【Alt】键可进行镜像并复制操作。

（2）使用【选择工具】镜像对象。首先使用【选择工具】选取对象，确保其边界框已经显示，如图 3-20 所示。按住鼠标左键，直接拖曳控制手柄到相对的边，直到出现对象的蓝色虚线，释放鼠标左键就可以得到不规则的镜像对象，效果如图 3-21 所示。

图 3-20　选取对象

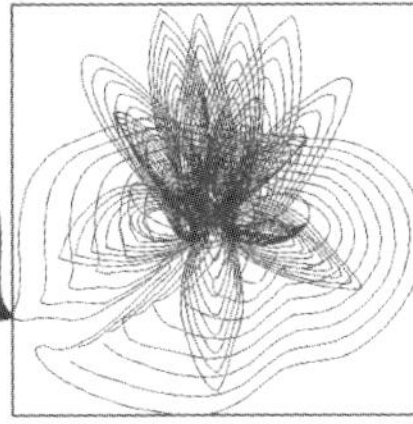

图 3-21　镜像对象

（3）使用菜单命令镜像对象。选择【对象】→【变换】→【对称】命令，弹出【镜像】对话框，如图 3-22 所示。

【镜像】对话框选项含义如下。

①【轴】：在该选项组中，选择【水平】单选项可以垂直镜像对象，选择【垂直】单选项可以水平镜像对象，选择【角度】单选项可以输入镜像角度的数值。

②【选项】：在该选项组中，选择【变换对象】选项，图案不会被镜像；选择【变换图案】选项，图案被镜像。

③【复制】：用于在原对象上复制一个镜像的对象。

4）缩放对象

在 Illustrator CC 中可以快速而精确地按比例缩放对象，使设计工作变得更轻松。它不但可以在水平或垂直方向放大和缩小对象，也可以同时在两个方向上对对象进行整体缩放，默认情况下的原点是对象的中心点。

（1）使用【选择工具】缩放对象。首先使用【选择工具】选取对象，确保其边界框已经显示。如图 3-23 所示，当光标变为双向箭头时，拖动边界框上的控制手柄即可进行缩放，也可单独沿水平或垂直方向缩放，效果如图 3-24 所示。

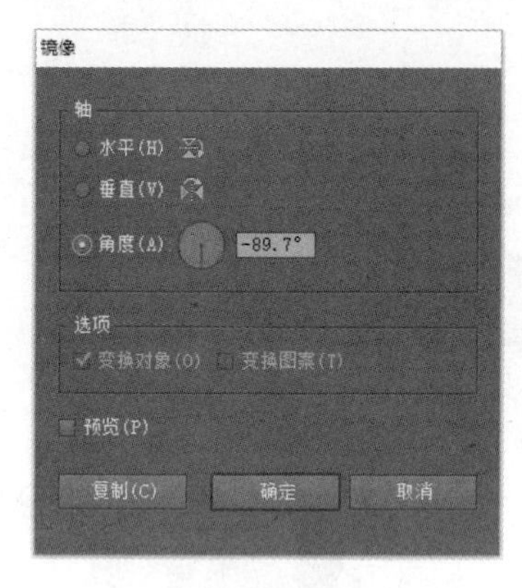

图 3-22 【镜像】对话框

图 3-23 选取对象

图 3-24 边界缩放

（2）使用【比例缩放工具】缩放对象。选取要进行缩放的对象，再选择【比例缩放工具】，对象的中心出现缩放对象的中心控制点，用鼠标在中心控制点上单击并拖曳，可以移动中心控制点的位置，用鼠标在对象上拖动可以缩放对象，如图 3-25 所示。

图 3-25 使用【比例缩放工具】

（3）使用【变换】控制面板成比例缩放对象。选择【窗口】→【变换】命令（组合键为【Shift+F8】），弹出【变换】控制面板，如图 3-26 所示。在控制面板中，【宽】选项可以设置对象的宽度，【高】选项可以设置对象的高度。改变宽度和高度值，就可以缩放对象。

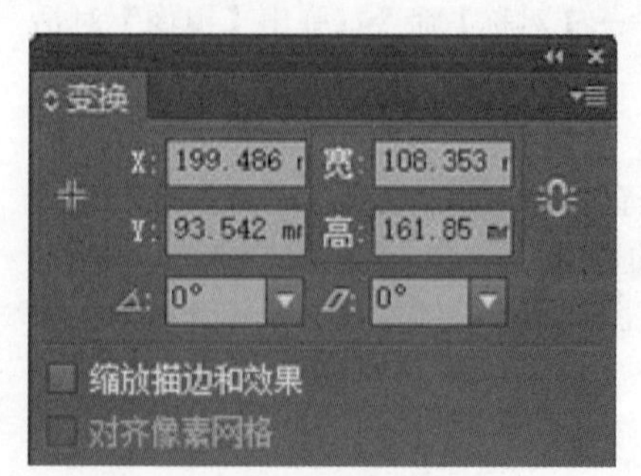

图 3-26 【变换】控制面板

（4）使用右键菜单命令缩放对象。在选取要缩放的对象上单击鼠标右键，弹出快捷菜单，选择【对象】→【变换】→【缩放】命令，弹出【比例缩放】对话框，如图 3-27 所示。

【比例缩放】对话框选项含义如下。

①【等比】：在文本框中可输入等比例缩放的百分比数值。

②【不等比】：可以调节对象不成比例缩放，【水平】选项可以设置对象在水平方向上的缩放百分比，【垂直】选项可以设置对象在垂直方向上的缩放百分比。

③【比例缩放描边和效果】：选中此项，笔画宽度也会随对象大小比例改变而进行缩放。

④【复制】：单击该按钮可以在缩放时进行复制。

⑤【预览】：进行效果预览。

5）倾斜对象

在 Illustrator CC 中，可以使用多种方式进行对象的倾斜操作。

（1）使用【倾斜工具】倾斜对象。选取要倾斜对象，再选择【倾斜工具】，用鼠标拖曳对象，倾斜时对象会出现蓝色的虚线，指示倾斜变形的方向和角度，倾斜到需要的角度后释放鼠标左键即可，效果如图 3-28 所示。

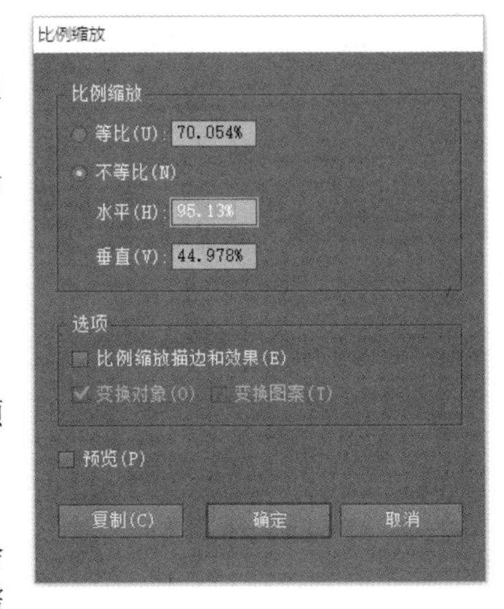

图 3-27 【比例缩放】对话框

图 3-28　用【倾斜工具】倾斜对象

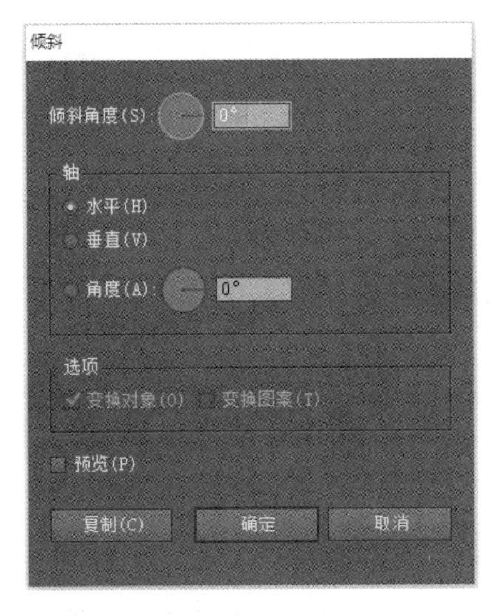

图 3-29 【倾斜】对话框

（2）使用菜单命令旋转对象。双击【倾斜工具】或选择【对象】→【变换】→【倾斜】命令，将显示【倾斜】对话框，如图 3-29 所示，从中可在【倾斜角度】选项文本框中输入对象要倾斜的精确角度。在【轴】选项组中，选择【水平】单选项，对象可以水平倾斜；选择【垂直】单选项，对象可以垂直倾斜；选择【角度】单选项，可以调节倾斜的角度。单击【复制】按钮，可以在倾斜的同时进行复制。

（3）使用【变换】控制面板旋转对象。选择【窗口】→【变换】命令（组合键为【Shift+F8】），弹出【变换】控制面板，如图 3-30 所示，在【倾斜】选项中输入数值即可。

6）整形对象

选取对象，再选择【整形工具】，按住【Ctrl】键可以自由变形，按住【Ctrl+Shift】键限制比例缩放。

7）自由变换对象

选取对象，再选择【自由变换工具】，在控制点上按住鼠标左键，将弹出浮动工具栏，共有四个按钮，分别为限制、自由变换、扭曲透视、自由透视，如图 3-31 所示，单击其按钮，就可以进行相应的变化调整。

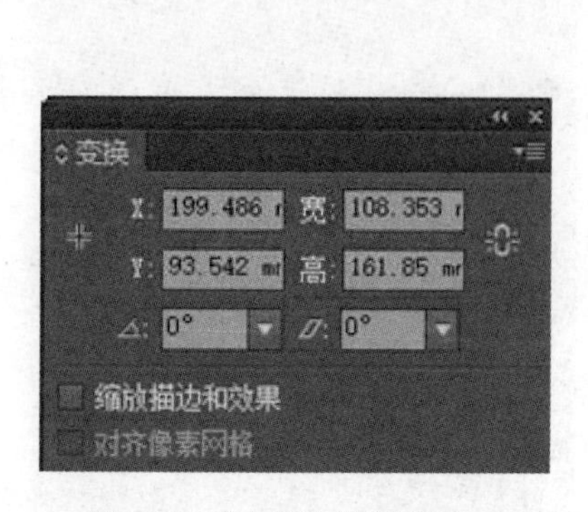

图 3-30 【变换】控制面板

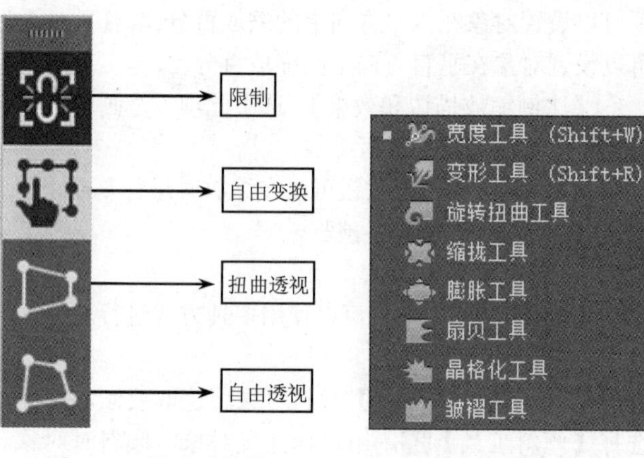

图 3-31 浮动工具栏

图 3-32 液化工具组

3.1.3 对象的扭曲变形

在 Illustrator CC 中，可以使用液化工具组使对象产生特殊的变形效果。液化工具组包括了八个液化变形工具，如图 3-32 所示。

1）使用【宽度工具】

选取对象，选择【宽度工具】，将鼠标指针放到对象中适当的位置，在对象上拖曳鼠标，就可以进行其宽度大小的调整，效果如图 3-33 所示。

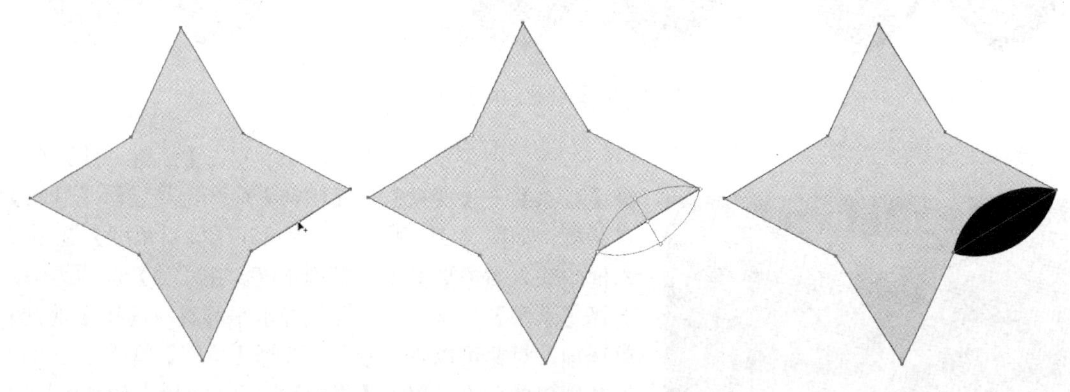

图 3-33 使用【宽度工具】

2）使用【变形工具】

【变形工具】可以使对象产生扭曲效果。选取对象，选择【变形工具】，将鼠标指针放到对象中适当的位置，在对象上按所需方向拖曳鼠标，就可以进行扭曲变形操作，效果如图 3-34 所示。

双击【变形工具】，将会弹出【变形工具选项】对话框，如图 3-35 所示。

【变形工具选项】对话框含义如下。

①【全局画笔尺寸】：在对话框中的【全局画笔尺寸】选项组中，【宽度】和【高度】选项可以设置画笔的大小。

②【角度】：可以设置画笔的角度。

③【强度】：可以设置对象的强度，值越大，效果应用越显著。

④【变形选项】：在【变形选项】选项组中，勾选【细节】复选项，可以控制变形时路径节点之间的距离，其数值越大，各节点之间的距离会越近；勾选【简化】选项，可以控制变形的简化程度。

⑤【显示画笔大小】：勾选该选项，在对对象进行变形时会显示画笔的大小。

⑥【重置】：单击该按钮，将会使对话框的所有设置恢复到默认状态。

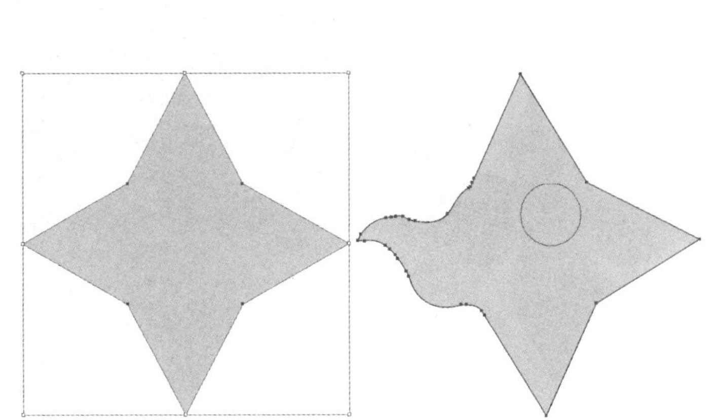

图 3-34　变形对象

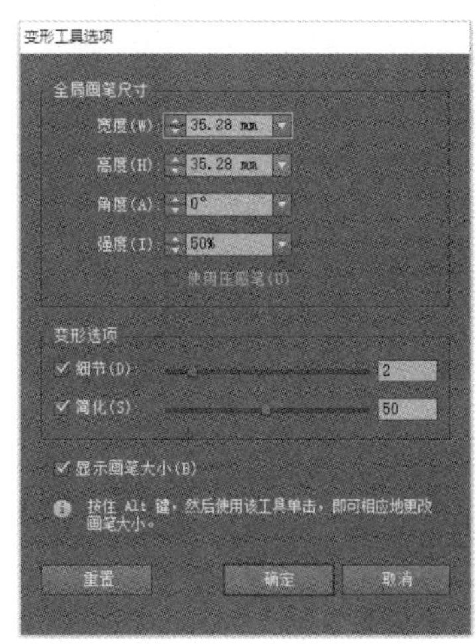

图 3-35 【变形工具选项】对话框

3）使用【旋转扭曲工具】

使用【旋转扭曲工具】可以使对象产生顺时针或逆时针旋转扭曲的效果。选取对象，选择【旋转扭曲工具】，将鼠标指针放到对象所需的变形位置，根据需要单击或向不同方向进行拖动，就可以将对象进行扭转变形操作，效果如图 3-36 所示。

双击【旋转扭曲工具】，弹出【旋转扭曲工具选项】对话框，如图 3-37 所示，与【变形工具选项】对话框相似，只是多了一个【旋转扭曲速率】选项，该选项可以控制扭转变形的度数，数值越大，变形越快。

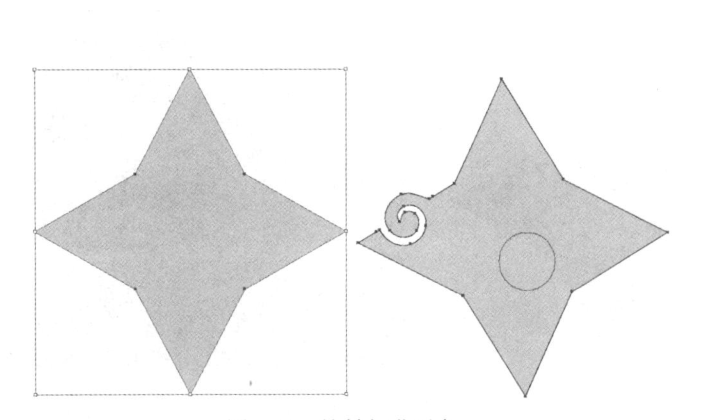

图 3-36　旋转扭曲对象

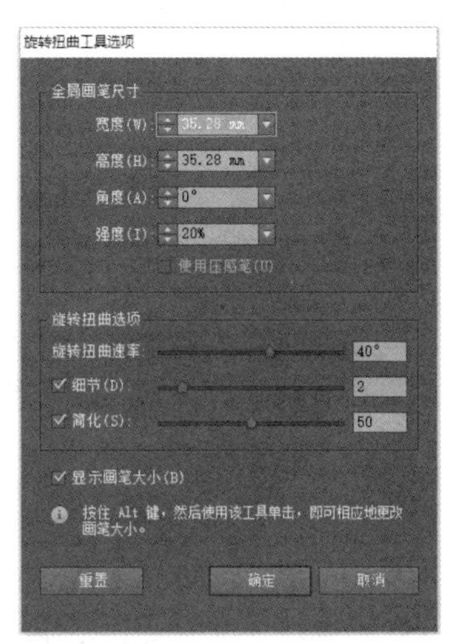

图 3-37 【旋转扭曲工具选项】对话框

4）使用【缩拢工具】

使用【缩拢工具】可以使画笔范围内的图形向中心收缩，产生缩拢变形的效果。选取对象，选择【缩拢工具】，将鼠标指针放到对象中所需的变形位置上拖曳鼠标，就可以将对象进行缩拢变形操作，效果如图 3-38 所示。

双击【缩拢工具】，弹出【收缩工具选项】对话框，如图 3-39 所示，与【变形工具选项】对话框相似，只是多了一个【收缩选项】选项组。在【收缩选项】选项组中，勾选【细节】复选项，可以控制变形的细节程度；勾选【简化】复选项，可以控制变形的简化程度。

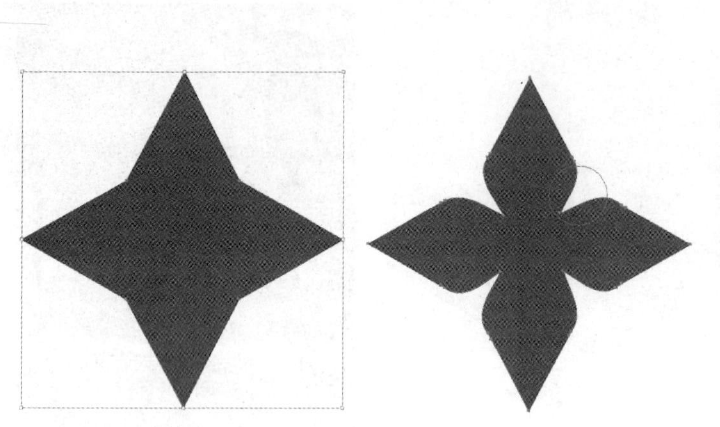

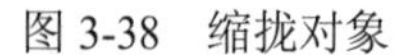

图 3-38 缩拢对象

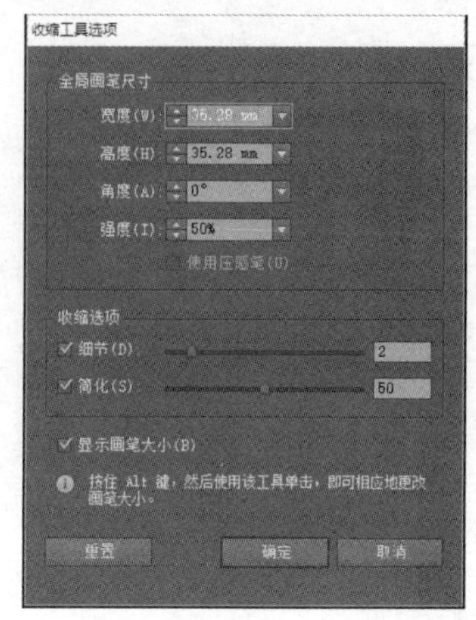

图 3-39 【收缩工具选项】对话框

5）使用【膨胀工具】

可使图形产生一种由内向外扩大的效果。选取对象，选择【膨胀工具】，将鼠标指针放到对象所需的变形位置上拖曳鼠标，就可以将对象进行膨胀变形操作，效果如图 3-40 所示。

双击【膨胀工具】，弹出【膨胀工具选项】对话框，如图 3-41 所示，与【变形工具选项】对话框相似，只是多了一个【膨胀选项】选项组。在【膨胀选项】选项组中，勾选【细节】复选项可以控制变形的细节程度；勾选【简化】复选项可以控制变形的简化程度。

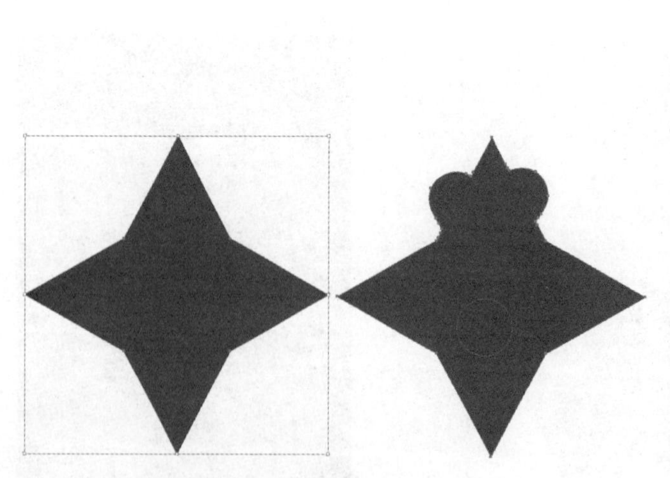

图 3-40 膨胀对象

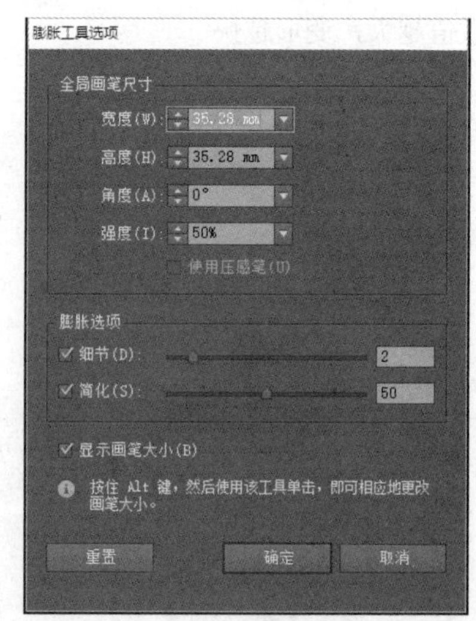

图 3-41 【膨胀工具选项】对话框

6）使用【扇贝工具】

使用【扇贝工具】可以使对象的轮廓变为刺毛的感觉。选取对象，选择【扇贝工具】，将鼠标指针放到对象所需的变形位置上拖曳鼠标，就可以将对象进行变形操作，效果如图 3-42 所示。

双击【扇贝工具】，弹出【扇贝工具选项】对话框，如图 3-43 所示。在【扇贝选项】选项组中，【复杂性】选项可以控制变形的复杂性；勾选【细节】复选项可以控制变形的细节程度；勾选【画笔影响锚点】复选项，画笔的大小会影响锚点；勾选【画笔影响内切线手柄】复选项，画笔会影响对象的内切线；勾选【画笔影响外切线手柄】复选项，画笔会影响对象的外切线。对话框中其他选项的功能与【变形工具选项】对话框中的选项功能相同。

图 3-42　扇贝化对象　　图 3-43　【扇贝工具选项】对话框

7）使用【晶格化工具】

使用【晶格化工具】可以使对象的轮廓产生一种晶格化的效果。选取对象，选择【晶格化工具】，将鼠标指针放到对象所需的变形位置上拖曳鼠标，就可以将对象进行变形操作，效果如图 3-44 所示。

双击【晶格化工具】，弹出【晶格化工具选项】对话框，如图 3-45 所示。对话框中选项的功能与【扇贝工具选项】对话框中的选项功能相同。

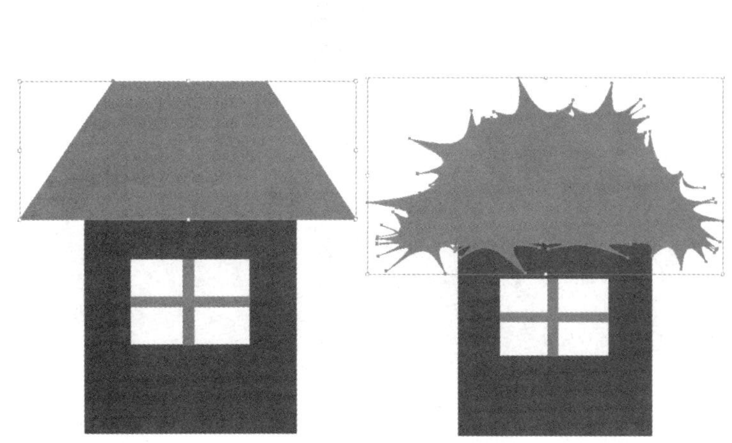

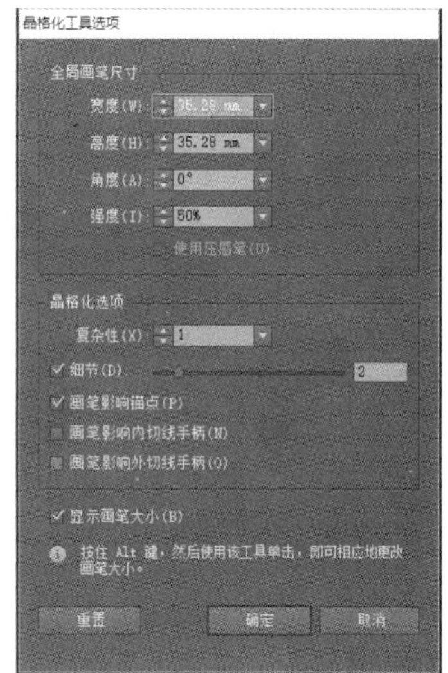

图 3-44　晶格化对象　　图 3-45　【晶格化工具选项】对话框

8）使用【皱褶工具】

使用【皱褶工具】可以为对象创建一种皱褶效果。选取对象，选择【皱褶工具】，将鼠标指针放到对象所需的变形位置上单击或拖曳鼠标，就可以将对象进行皱褶变形操作，效果如图3-46所示。

双击【皱褶工具】，弹出【皱褶工具选项】对话框，如图3-47所示，与【扇贝工具选项】对话框中的选项功能相同，只是多了一个【皱褶选项】选项组。在【皱褶选项】选项组中，【水平】选项可以控制变形的水平比例，【垂直】选项可以控制变形的垂直比例。

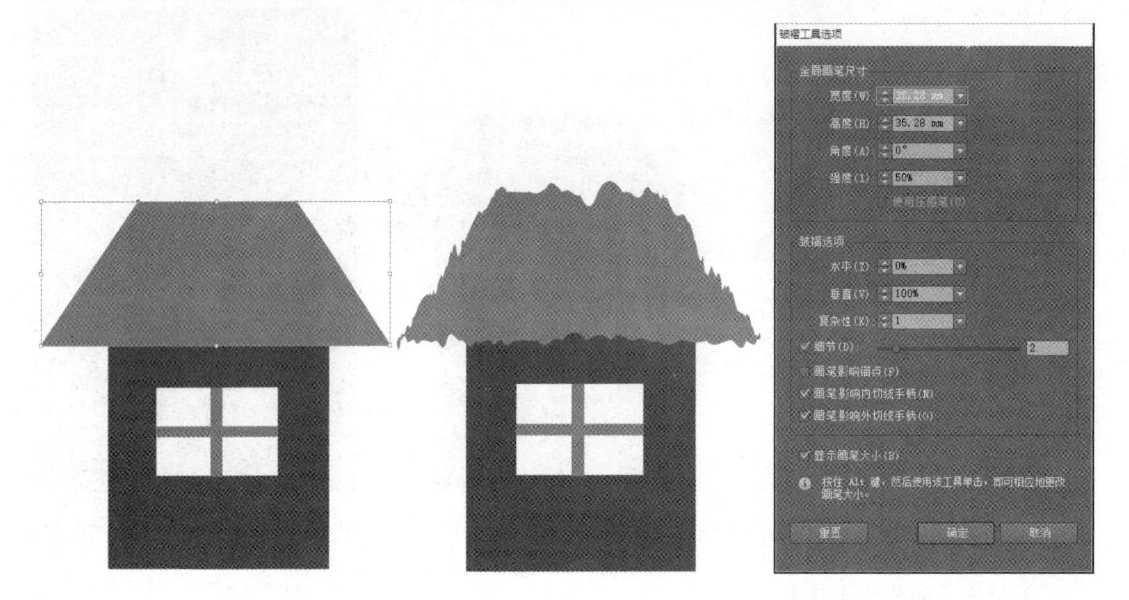

图3-46 皱褶化对象　　图3-47 【皱褶工具选项】对话框

3.1.4 复制、剪切和删除对象

1）复制对象

要想复制相同的对象时，可以使用复制的方法。在Illustrator CC中可以采取多种方法复制对象。

（1）使用【编辑】菜单命令复制对象。选取要复制的对象，效果如图3-48所示，选择【编辑】→【复制】命令（快捷键为【Ctrl+C】），对象的副本将被放置在剪贴板中。

选择【编辑】→【粘贴】命令（快捷键为【Ctrl+V】），对象的副本将被粘贴到要复制对象的旁边，复制的效果如图3-49所示。

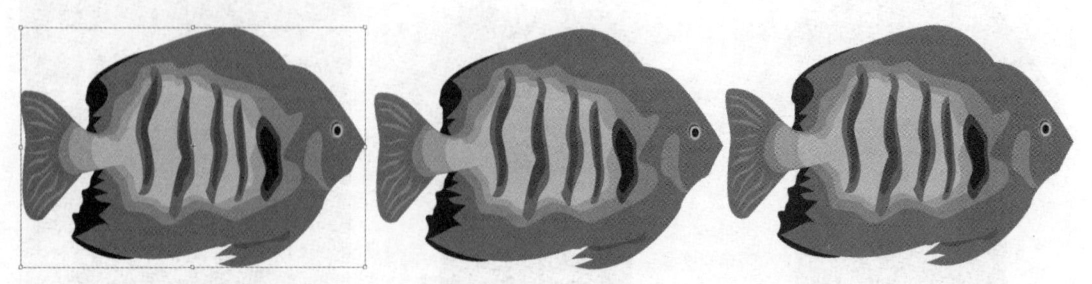

图3-48 选取对象　　图3-49 复制对象

（2）使用鼠标拖曳方式复制对象。选取要复制的对象，按住【Alt】键，在对象上拖曳鼠标，移动到需要的位置，释放鼠标左键，复制出一个图形对象，效果如图 3-50 所示。再次按【Ctrl+D】快捷键，将会按照上次复制的属性进行再复制，效果如图 3-51 所示。

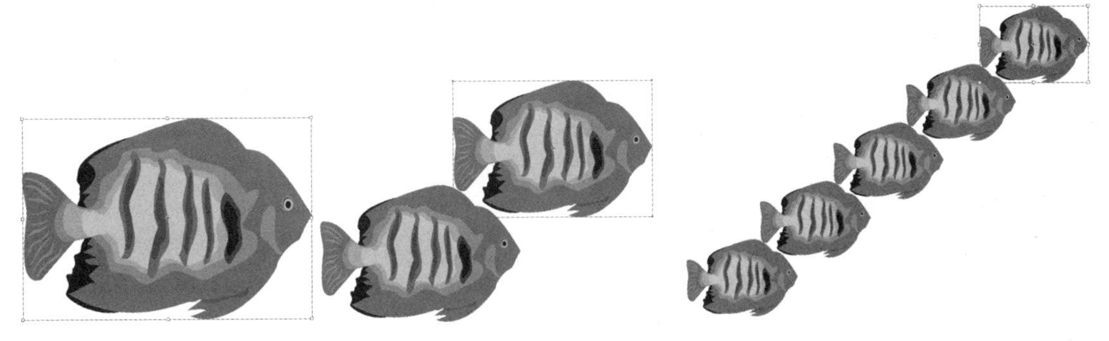

图 3-50　选取与复制对象　　图 3-51　再复制对象

2）剪切对象

选中要剪切的对象，选择【编辑】→【剪切】命令（组合键为【Ctrl+X】），对象将从页面中删除，并被放置在剪贴板中。

3）删除对象

选中要删除的对象，选择【编辑】→【清除】命令（快捷键为【Delete】）。如果想删除多个或全部的对象，首先要选取这些对象，再执行【清除】命令,就可以将选中的对象全部删除。

3.1.5　撤销和恢复对象的操作

在进行设计的过程中可能会出现错误的操作，下面介绍撤销和恢复对象的操作。

1）撤销对象的操作

选择【编辑】→【还原】命令（组合键为【Ctrl+Z】），可以还原上一次的操作。连续按组合键，可以连续还原原来操作的命令。

2）恢复对象的操作

选择【编辑】→【重做】命令（组合键为【Shift+Ctrl+Z】），可以恢复上一次的操作。如果连续按两次组合键，即恢复两步操作。

3.1.6　使用【路径查找器】控制面板编辑对象

在 Illustrator CC 中，可以将简单的图形通过【路径查找器】面板的运算来形成复杂的图形。选择【窗口】→【路径查找器】命令，可以打开【路径查找器】面板，如图 3-52 所示。如果单击该面板右上角向右的黑色箭头，可以弹出下拉式菜单，如图 3-53 所示，该菜单提供一些有关【路径查找器】面板操作的选项。

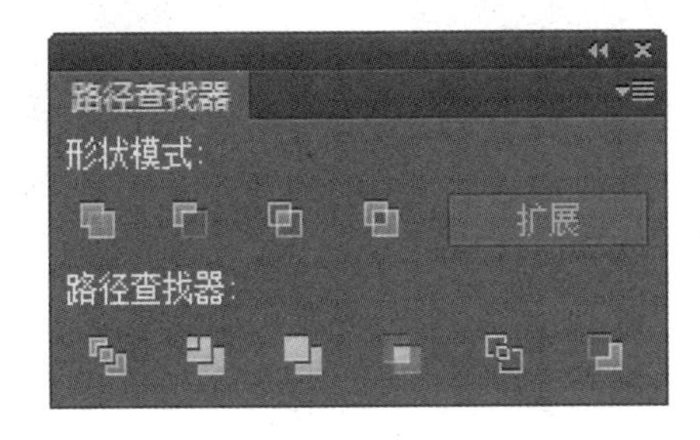

图 3-52 【路径查找器】面板

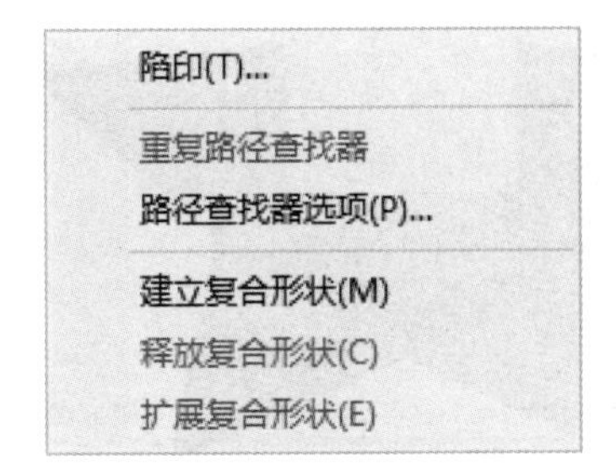

图 3-53 下拉式菜单

在【路径查找器】控制面板的【形状模式】选项组中有五个按钮，从左至右分别是【联集】按钮、【减去顶层】按钮、【交集】按钮、【差集】按钮和【扩展】 扩展 按钮。前四个按钮可以通过不同的组合方式在多个图形间制作出对应的复合图形，而【扩展】按钮则可以把复合图形转变为复合路径。

在【路径查找器】选项组中有六个按钮，从左至右分别是【分割】按钮、【修边】按钮、【合并】按钮、【裁剪】按钮、【轮廓】按钮、【减去后方对象】按钮。这组按钮主要是把对象分解成各个独立的部分，或者删除对象中不需要的部分。

1）【联集】按钮

【联集】出现的结果是把所有对象联合在一起，所生成的新对象将具有最顶部的对象的填充颜色和描边颜色等属性。在绘图页面中绘制两个图形对象，选中两个对象，单击【联集】按钮，从而生成新的对象，效果如图 3-54 所示。

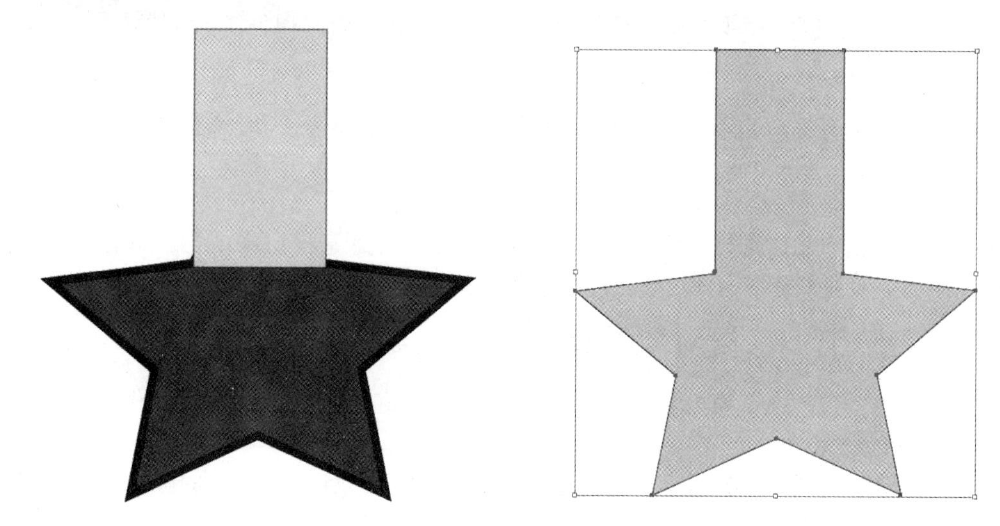

图 3-54 【联集】效果

2）【减去顶层】按钮

【减去顶层】出现的结果是用前面的对象去修剪后面的对象，即从最后面对象形状区域中减去与前面对象重叠的区域。在绘图页面中绘制两个图形对象，选中这两个对象，单击【减去顶层】按钮，从而生成新的对象，效果如图 3-55 所示。

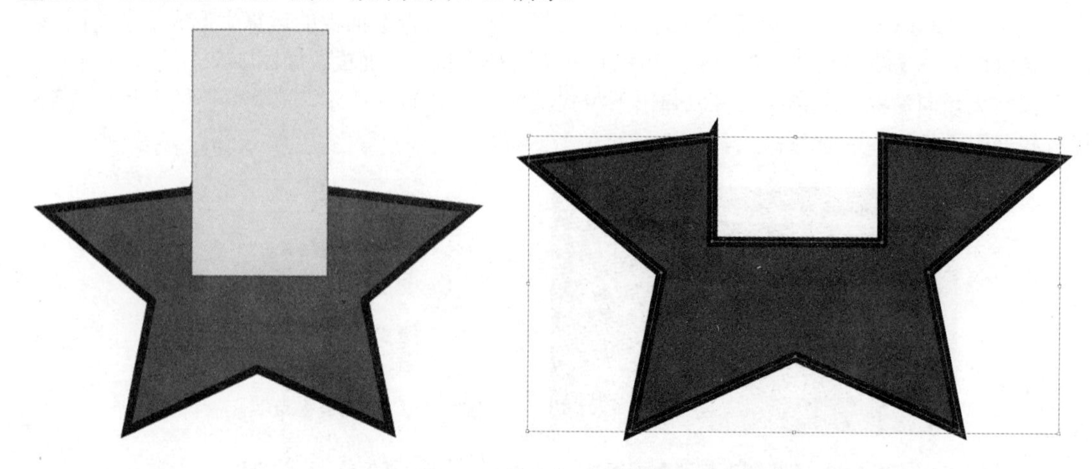

图 3-55 【减去顶层】效果

3）【交集】按钮

【交集】出现的结果是将图形没有重叠的部分删除，而仅仅保留重叠部分，最终对象的属性与最上层对象的属性相同。在绘图页面中绘制两个图形对象，选中这两个对象，单击【交集】按钮，从而生成新的对象，效果如图 3-56 所示。

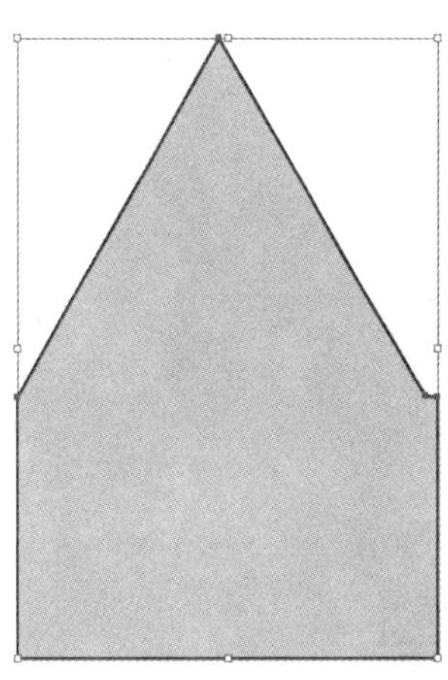

图 3-56 【交集】效果

4）【差集】按钮

【差集】可以删除对象间重叠的部分，最终对象的属性与最上层对象相同。在绘图页面中绘制两个图形对象，选中这两个对象，单击【差集】按钮，从而生成新的对象，效果如图 3-57 所示。

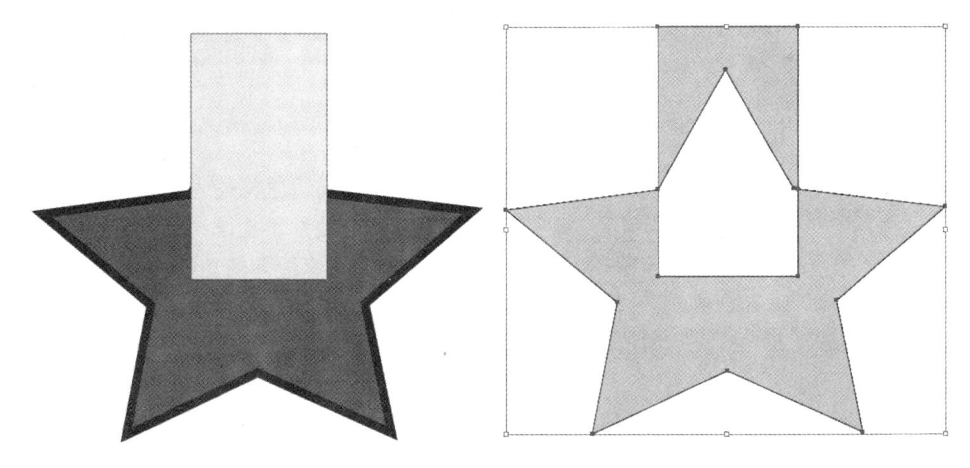

图 3-57 【差集】效果

5）【分割】按钮

【分割】可以将互相重叠的对象根据边界线进行分割，并形成一个群组对象。在绘图页面中绘制两个图形对象，选中这两个对象，单击【分割】按钮，从而生成新的一个群组对象。单击鼠标右键，在右键菜单下选择【取消编组】，将会形成多个独立对象，效果如图 3-58 所示。

6）【修边】按钮

【修边】将用前面对象剪去后面的对象，清除外框，并形成一个群组对象，即从后面对象形状区域中剪去与前面重叠的区域，最前面对象的形状不变。

在绘图页面中绘制两个图形对象，选中这两个对象，单击【修边】按钮，从而生成新的群组对象。单击鼠标右键，在右键菜单下选择【取消编组】，将会形成多个独立对象，效果如图 3-59 所示。

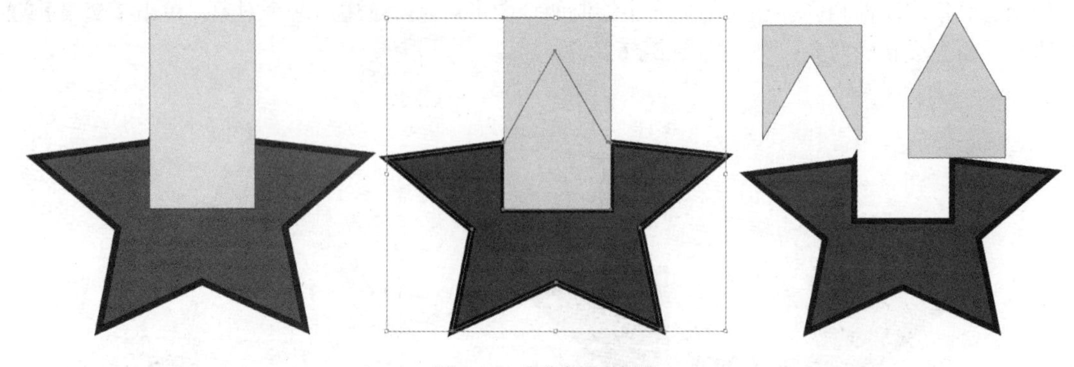

图 3-58 【分割】效果

图 3-59 【修边】效果

7）【合并】按钮

【合并】将会把相同属性的对象合并为一体，同时对象的描边色将变为没有；如果对象的属性都不相同，则合并命令就相当于【修边】的功能。

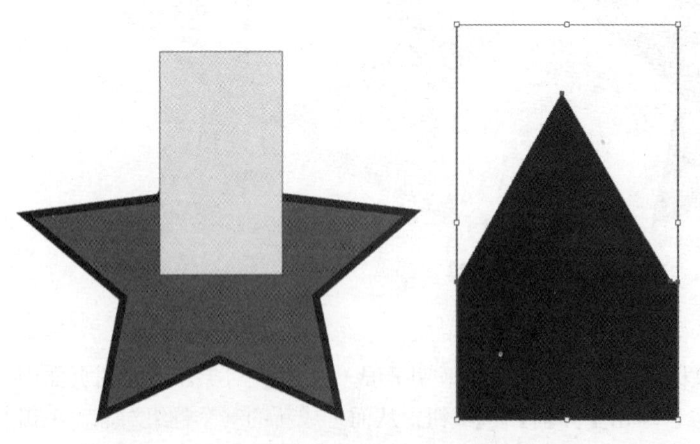

图 3-60 【裁剪】效果

8）【裁剪】按钮

【裁剪】将取最前面对象形状重叠区域，其余部分被删除，取最底层对象颜色，并且清除外框。

在绘图页面中绘制两个图形对象，选中这两个对象，单击【裁剪】按钮，从而生成新的对象，效果如图 3-60 所示。

9）【轮廓】按钮

【轮廓】会将所有操作对象依据其相交的点分割为线段。在绘图页面中绘制两个图形对象，选中这两个对象，单击【轮廓】按钮，从而生成新的对象，效果如图 3-61 所示。

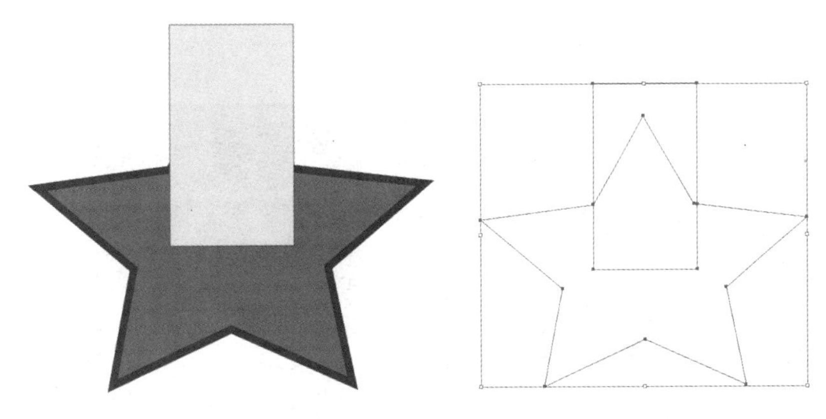

图 3-61 【轮廓】效果

10）【减去后方对象】按钮

【减去后方对象】可以使位于最底层的对象裁减去位于该对象之上的所有对象，即从最前面对象中剪去与后面对象重叠区域的形状。在绘图页面中绘制两个图形对象，选中这两个对象，单击【减去后方对象】按钮，从而生成新的对象，效果如图 3-62 所示。

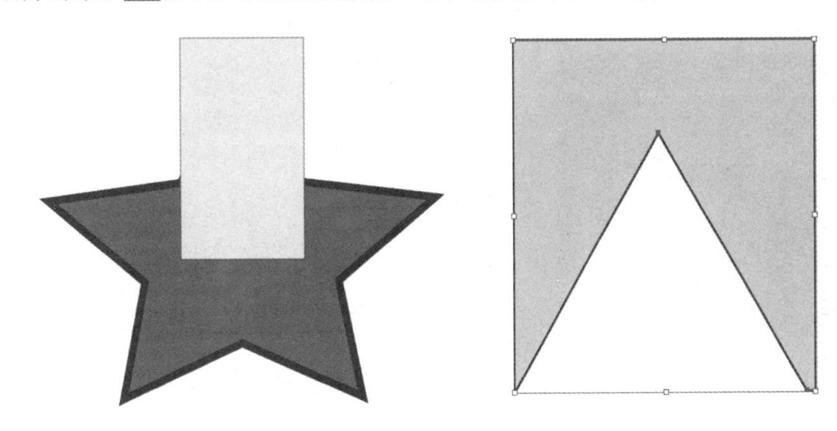

图 3-62 【减去后方对象】效果

3.1.7　案例应用——绘制会员卡

利用对象的编辑工具绘制会员卡，效果如图 3-63 所示。

1）绘制背景

（1）按【Ctrl+N】快捷键，新建一个文档，名称为【第三章 会员卡】，宽度为【90mm】，高度为【55mm】，颜色模式为【CMYK】，单击【确定】按钮，如图 3-64 所示。

（2）选择【圆角矩形工具】，单击页面，弹出【圆角矩形】对话框，在对话框中输入宽度为【90mm】、高度为【55mm】、圆角半径为【4.2mm】，如图 3-65 所示，绘制一个和页面等大的矩形，并将其填充为【绿色】到【白色】再到【绿色】的渐变色（绿色的 CMYK 的值为 50、0、100、0），效果如图 3-66 所示，并将圆角矩形与画布对齐。

2）绘制卡通笑脸

（1）选择【椭圆工具】，在页面中绘制一个正圆形，将正圆填充颜色为【黄色】（其 CMYK 值分别为 0、0、100、0），无描边色，如图 3-67 所示。

（2）选择【直线段工具】，绘制一条直线，将直线的颜色填充为【黑色】，效果如图 3-68

所示。

图 3-63　会员卡效果

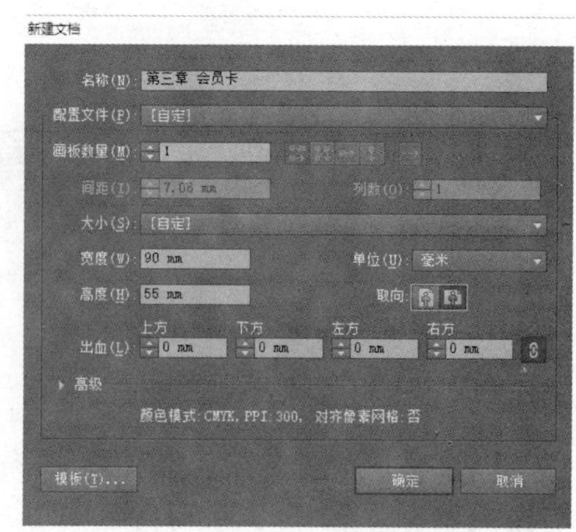

图 3-64 【新建文档】对话框

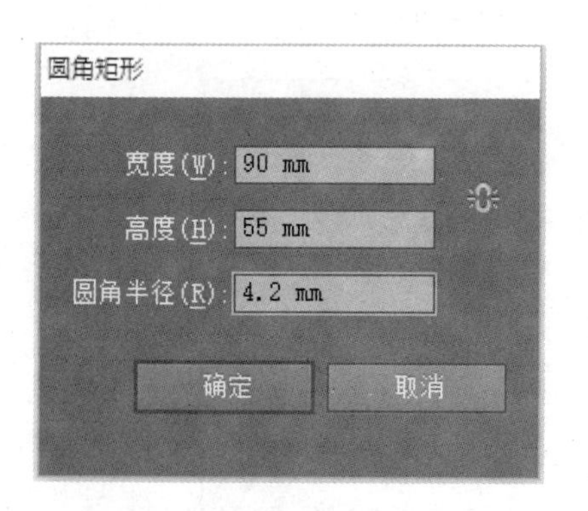

图 3-65 【圆角矩形】对话框

图 3-66　圆角矩形效果

图 3-67　正圆效果

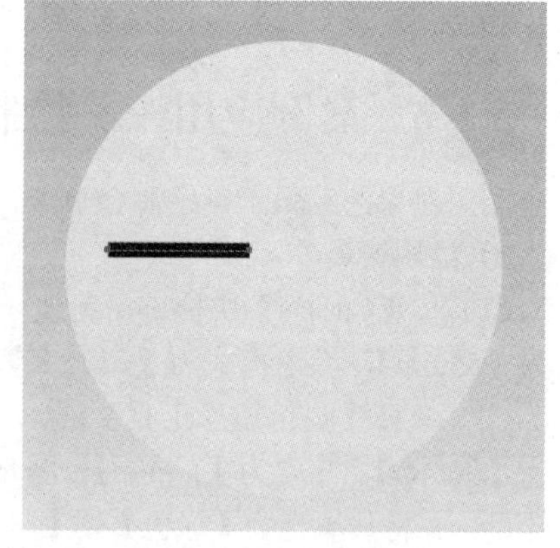

图 3-68　绘制的直线

（3）选择【变形工具】，双击该工具，将会弹出【变形工具选项】对话框，设置全局画笔尺寸【宽度】和【高度】都为【5mm】，如图 3-69 所示，按住鼠标左键拖动鼠标，调节直线的弧度，最终效果如图 3-70 所示。

（4）选择【镜像工具】，按住【Alt】键，将鼠标移动到镜像的中心点，并单击鼠标左键，弹出镜像对话框。将镜像【轴】选择【垂直】，如图 3-71 所示，单击【确定】按钮，形成如图 3-72 所示的效果。

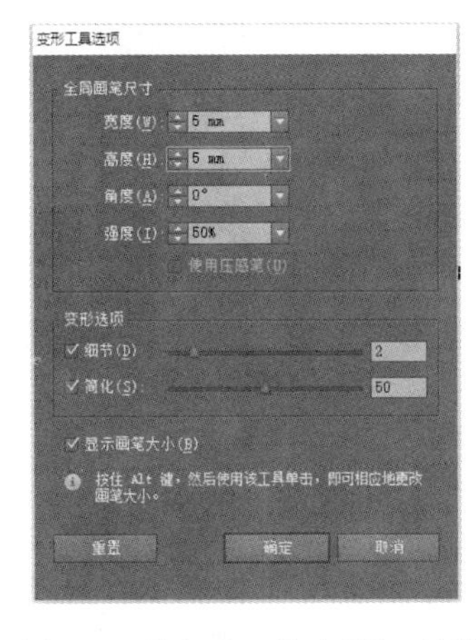

图 3-69 【变形工具选项】对话框

图 3-70 直线变形的效果

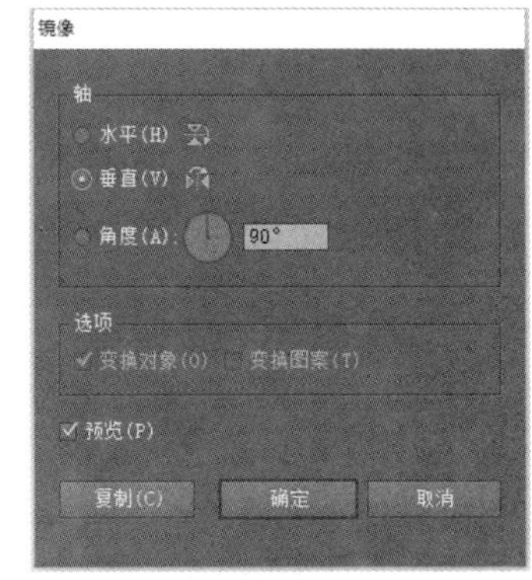

图 3-71 【镜像】对话框

（5）选择【选择工具】，按住【Alt】键，并按住鼠标左键拖动鼠标，复制笑脸的一个眉毛，作为嘴，效果如图 3-73 所示。

（6）双击【旋转工具】，将弹出【旋转】对话框，设置【旋转角度】为【180°】，如图 3-74 所示，单击【确定】按钮，形成的效果如图 3-75 所示。

图 3-72　弧线镜像的效果

图 3-73　复制弧线

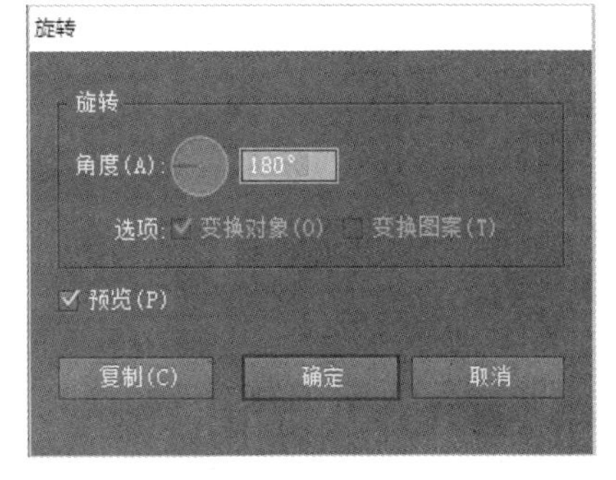

图 3-74 【旋转】对话框

（7）选择【椭圆工具】，绘制一个椭圆形，将椭圆填充颜色为【黄色】（其 CMYK 值分别为 0、0、100、0），无描边色，如图 3-76 所示。

（8）选择【直接选择工具】，单击椭圆形最上方的节点，再单击属性栏上的【将所选锚点转换为尖角】按钮，形成如图 3-77 所示的效果。

（9）选择【旋转工具】，按住【Alt】键，将旋转中心点设置为笑脸的中心点，单击鼠标左键，将弹出【旋转】对话框，设置【旋转角度】为【30°】，单击【确定】按钮，形成的效果如图 3-78 所示。

（10）按住【Ctrl+D】键，将图形进行【再次变换】，形成

图 3-75　旋转效果

如图 3-79 所示的效果。

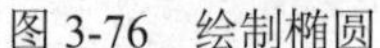

图 3-76 绘制椭圆　　图 3-77 锚点转换　　图 3-78 旋转效果

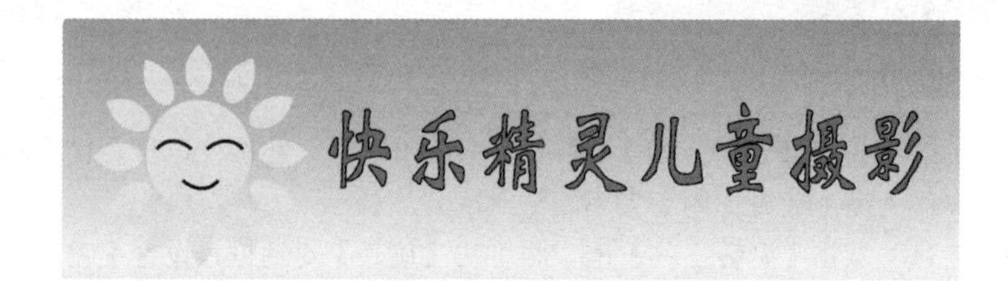

图 3-79 【再次变换】效果　　图 3-80 【文字】效果

3）文字制作

（1）选择【文字工具】，在页面中单击鼠标左键，输入【快乐精灵儿童摄影】八个字，将其字体设置为【华文新魏】，字号为【28pt】，颜色填充为【绿色】（CMYK 的值为 74、0、100、0），描边色为【黑色】，如图 3-80 所示。

（2）再次输入【VIP】三个字母，将其字体设置为【Century751 SeBd BT】，字号为【64pt】，颜色填充为黑色，描边色为【黄色】（CMYK 的值为 0、0、100、0）。

（3）使用【选择工具】选择【VIP】三个字母，单击鼠标右键，在弹出的菜单中选择【创建轮廓】。

（4）选择【旋转扭曲工具】，在字母【V】的左上角位置，单击或按住鼠标左键直到满意的效果为止，如图 3-81 所示。

图 3-81 文字旋转扭曲效果　　图 3-82 绘制星形

4）绘制装饰花形

（1）选择【星形工具】，在页面中绘制一个星形，设置图形填充颜色为【黄色】（CMYK 的值为 0、0、100、0），描边色为【白色】，效果如图 3-82 所示。

（2）双击【缩拢工具】，弹出【收缩工具选项】对话框，参数设置如图 3-83 所示，单击【确定】按钮，依次在星形的凹角处按住鼠标左键并拖动鼠标，形成的效果如图 3-84 所示。

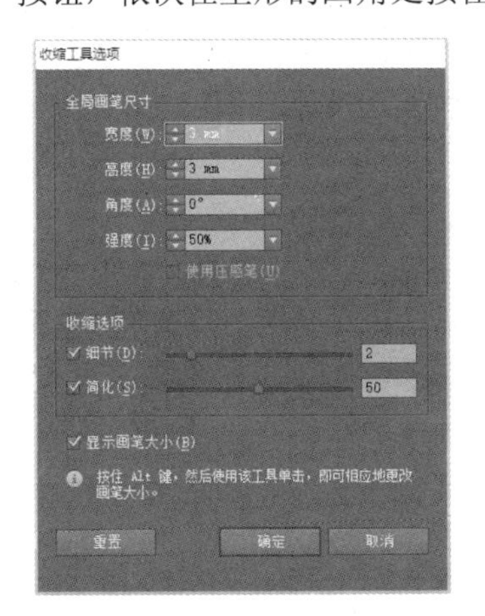

图 3-83 【收缩工具选项】对话框

图 3-84　收缩效果

（3）使用【选择工具】选择图形，按住【Alt】键，同时按住鼠标左键并移动鼠标，进行图形的移动复制，再选择【比例缩放工具】进行图形的大小调整，形成如图 3-85 所示的效果。

图 3-85　复制后效果

（4）选择【钢笔工具】，绘制如图 3-86 所示的图形，从而完成会员卡的制作。

图 3-86　绘制图形

3.2　对象的对齐、分布和排列

使用【对齐】对象可以沿指定轴对齐对象，使用【分布】对象可以控制对象间的空间，使用【排列】可以更改对象的上下次序。

3.2.1 对齐和分布对象

在 Illustrator CC 中，可根据需要在绘图中准确地对齐和分布对象。在选择需要对齐的对象以后，选择【窗口】→【对齐】命令，将弹出【对齐】控制面板，如图 3-87 所示。单击控制面板右上方的图标，在弹出的菜单中选择【显示选项】命令，弹出【分布间距】选项组，如图 3-88 所示。单击【对齐】控制面板右下方的【对齐】按钮，弹出其下拉菜单，如图 3-89 所示。

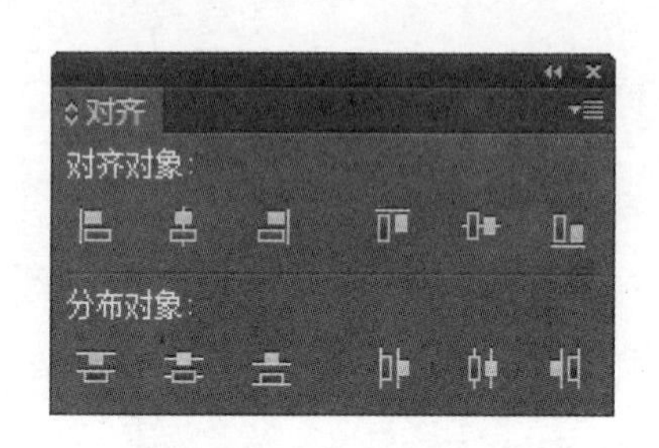

图 3-87 【对齐】面板

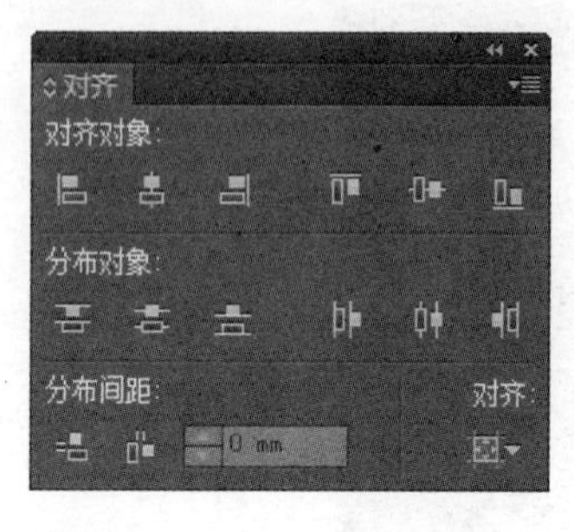

图 3-88 【分布间距】选项组

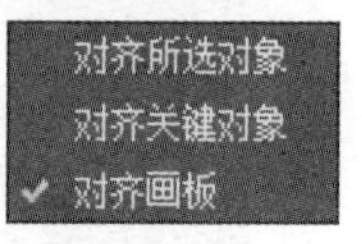

图 3-89 下拉菜单

1）对齐对象

（1）选择对象后，单击工具选项栏对齐与分布按钮。

（2）【对齐】控制面板中的【对齐对象】选项组中，包括【水平左对齐】、【水平居中对齐】、【水平右对齐】、【垂直顶对齐】、【垂直居中对齐】、【垂直底对齐】，效果如图 3-90 所示。

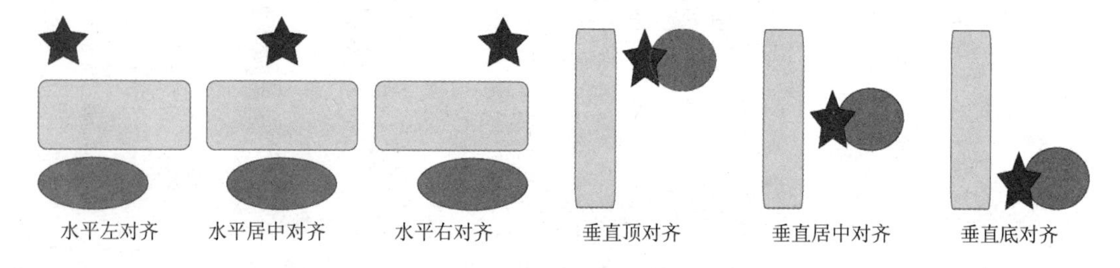

图 3-90 对齐示意图

2）分布对象

【对齐】控制面板中的【分布对象】选项组，包括【垂直顶分布】、【垂直居中分布】、【垂直底分布】、【水平左分布】、【水平居中分布】、【水平右分布】，效果如图 3-91 所示。

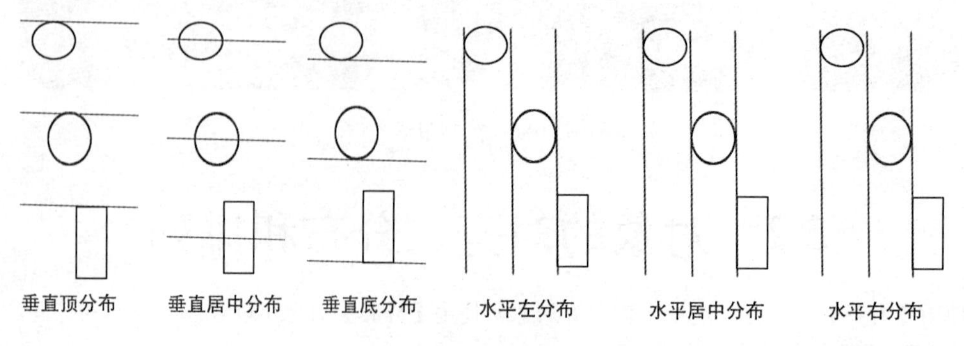

图 3-91 分布示意图

3.2.2　排列对象

选择【对象】→【排列】命令，将弹出其子菜单，如图 3-92 所示，使用菜单命令可以改变对象的排列顺序。

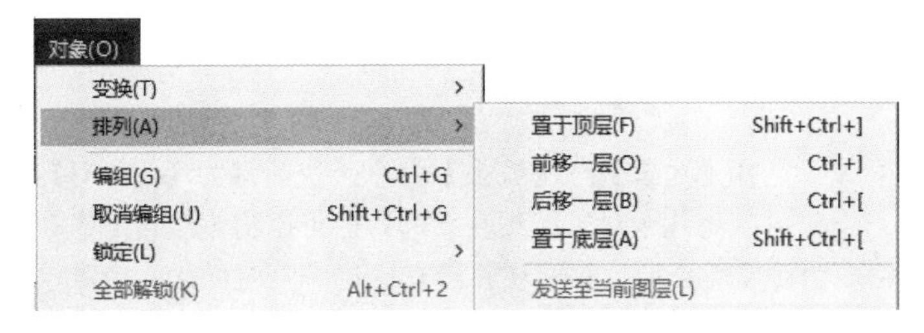

图 3-92　排列菜单

1)【置于顶层】、【置于底层】

该命令可将选取的对象移到所有对象的最前面或最后面。选取要移动的对象，选择【对象】→【排列】→【置于顶层】或【置于底层】命令（快捷键为【Shift+Ctrl+]】或【Shift+Ctrl+[】)，可将选取的对象移到所有对象的最前面或最后面，如图 3-93 所示。

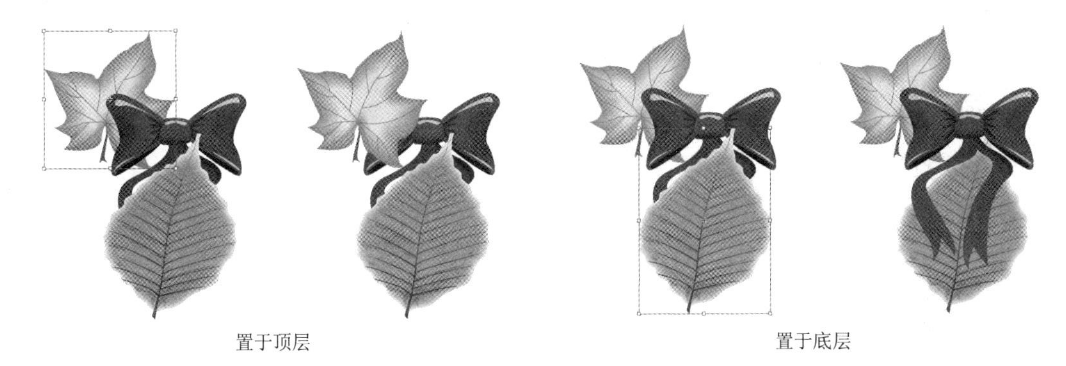

置于顶层　　置于底层

图 3-93　置于顶层、置于底层

2)【前移一层】、【后移一层】

使用【前移一层】、【后移一层】命令可将选取的对象向前或向后移动一层。选取要移动的图像，如图 3-94（a）所示，选取要移动的对象。选择【对象】→【排列】→【前移一层】或【后移一层】命令（快捷键为【Ctrl+]】或【Ctrl+[】)，效果如图 3-94（b）所示。

（a）前移一层　　（b）后移一层

图 3-94　前移一层、后移一层

3.3　编　　组

使用【编组】命令，可以将多个对象组合在一起将其成为一个对象。对象被【编组】后，使用【选择工具】单击任何一个对象，其他对象都会被一起选取。

3.3.1　对象【编组】

选取要编组的对象，选择【对象】→【编组】命令（快捷键为【Ctrl+G】），将选取的对象组合，如图 3-95 所示。不仅可以将几个对象编组在一起，也可以将编组再编组在一起，以形成一个包含编组的编组。将多个对象组合后，其外观并没有变化，当对任何一个对象进行编辑时，其他对象也随之产生相应的变化。如果需要单独编辑组合中的个别对象，而不改变其他对象的状态，可以应用【编组选择工具】进行选取。选择【编组选择工具】，用鼠标单击要移动的对象并按住鼠标左键不放，拖曳对象到合适的位置，效果如图 3-96 所示，其他的对象并没有变化。

图 3-95　对象编组

图 3-96　【编组选择工具】选取对象

3.3.2　取消编组

如果要将一种特效应用到编组中的一个对象，就要取消编组对象，这样整个组不受影响。

使用【编组选择工具】或【选择工具】选择编组，选择【对象】→【取消编组】命令（快捷键【Shift+Ctrl+G】），这时选定的编组就会被取消编组了。取消组合后的对象，都可通过单击鼠标选取任意一个图像。

3.4　综合训练——三折页制作

利用对象的编辑与组织绘制折页，效果如图 3-97 所示。

1）绘制左侧折页

（1）按【Ctrl+N】快捷键，新建一个文档，名称为【第三章 三折页】，宽度为【285mm】，高度为【210mm】，颜色模式为【CMYK】，单击【确定】按钮，如图 3-98 所示。

（2）按【Ctrl+R】键，调出标尺，在页面垂直方向分别拖拽【95mm】、【190mm】两条辅助线，效果如图 3-99 所示。

（3）选择【矩形工具】，单击页面，弹出【矩形】对话框，在对话框中输入宽度为【285mm】、高度为【210mm】，绘制一个和页面等大的矩形，并将其填充为【黄色】(CMYK 的值为 0、30、50、0)，效果如图 3-100 所示，并将矩形与画布对齐。

图 3-97　三折页效果

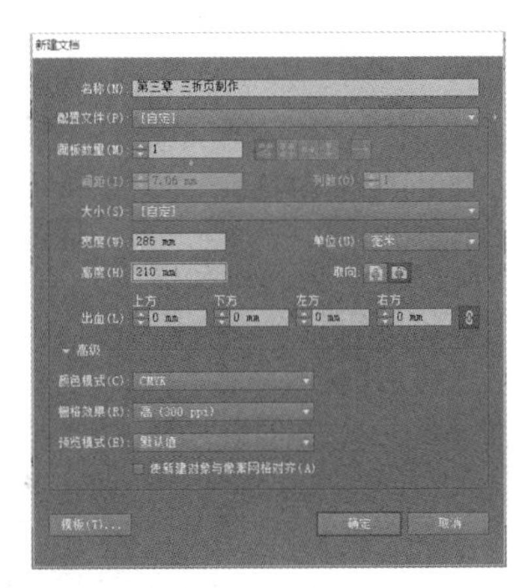

图 3-98 【新建文档】对话框

图 3-99　添加辅助线

图 3-100　绘制矩形

(4) 选择【椭圆工具】，在页面中绘制一个椭圆形，将其填充颜色为【褐色】(其 CMYK 值分别为 50、70、100、0)，无描边色，再选择【钢笔工具】，绘制一个不规则形，效果如图 3-101 所示。

(5) 使用【选择工具】并按住【Shift】键单击，进行两个图形加选，选择【窗口】→【路径查找器】命令，可以打开【路径查找器】面板，如图 3-102 所示，单击【剪去顶层】按钮，形成的效果如图 3-103 所示。

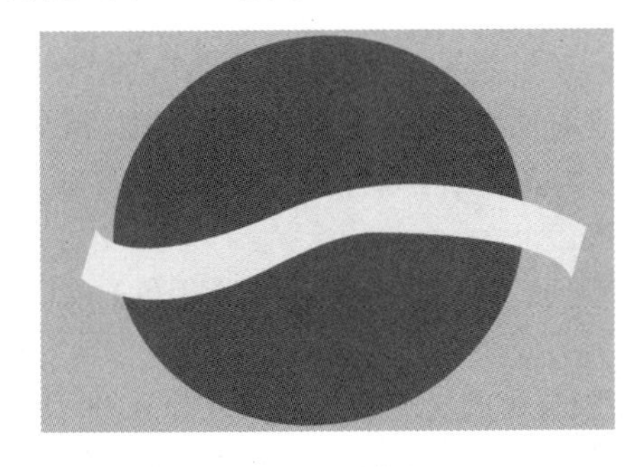

图 3-101　绘制图形

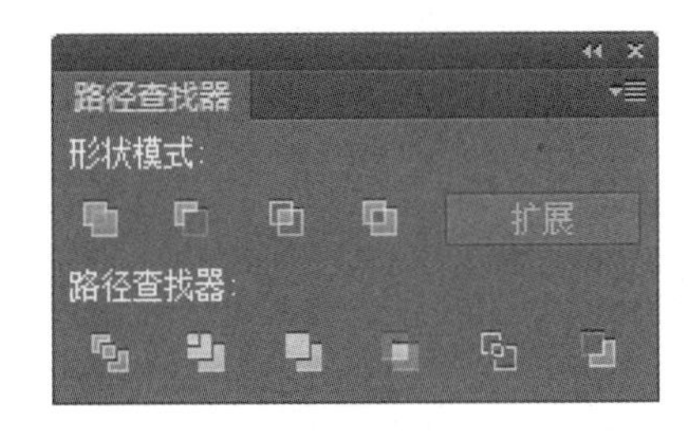

图 3-102 【路径查找器】面板

（6）按住【Alt】键，并按住鼠标左键拖动鼠标，将图形复制多个，并配合【比例缩放工具】、【旋转工具】来调整图形，形成的最终效果如图 3-104 所示（部分图形颜色填充为【深褐色】）。

图 3-103 【剪去顶层】效果

图 3-104　图形复制效果

（7）选择【钢笔工具】，绘制一个不规则形，效果如图 3-105 所示。

（8）选择【文字工具】，在页面中单击鼠标左键，输入地址和电话，将其字体设置为【方正姚体】，字号为【17pt】，颜色填充为【黑色】，如图 3-106 所示。

图 3-105 绘制图形

图 3-106 输入文字

图 3-107 绘制矩形

2）绘制中间折页

（1）选择【矩形工具】，单击页面，弹出【矩形】对话框，在对话框中输入宽度为【95mm】、高度为【210mm】，绘制一个和页面等高的矩形，并将其填充为【褐色】（CMYK 的值为 50、72、90、0），效果如图 3-107 所示，并将矩形与辅助线对齐。

（2）选择【椭圆工具】，在页面中绘制两个椭圆形，将其填充颜色为【褐色】（其 CMYK 值分别为 60、87、100、52），无描边色，如图 3-108 所示。

（3）选择【矩形工具】，绘制一个矩形，将矩形与大的椭圆形加选，如图 3-109 所示，选择【窗口】→【路径查找器】命令，单击【剪去顶层】按钮，形成如图 3-110 所示的效果。

图 3-108　绘制两个椭圆形

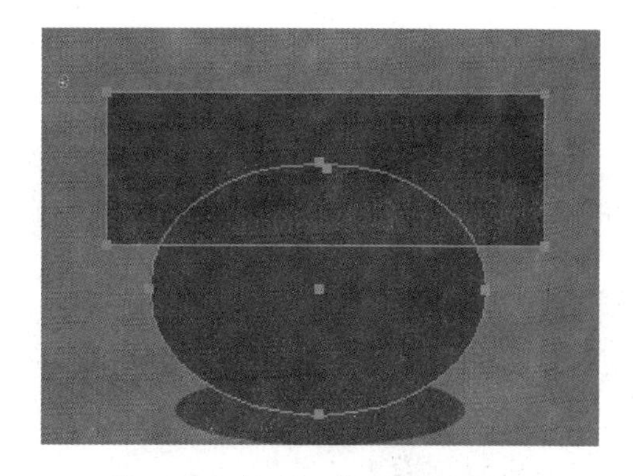

图 3-109　加选矩形与大的椭圆形

（4）再次选择【椭圆工具】，在页面中绘制一个椭圆形，将其填充颜色为【褐色】（其 CMYK 值分别为 60、87、100、52），无描边色，如图 3-111 所示。

图 3-110 【剪去顶层】效果

图 3-111　绘制椭圆形

（5）按住【Alt】键，并按住鼠标左键拖动鼠标，将所需的椭圆形复制一个，并将其进行位置调整，颜色填充为【白色】，效果如图 3-112 所示。

（6）选择【椭圆工具】，在页面中绘制两个椭圆形，一个填充颜色为【褐色】（其 CMYK 值分别为 60、87、100、52）；另一个为白色，无描边色，效果如图 3-113 所示。

图 3-112　复制椭圆形

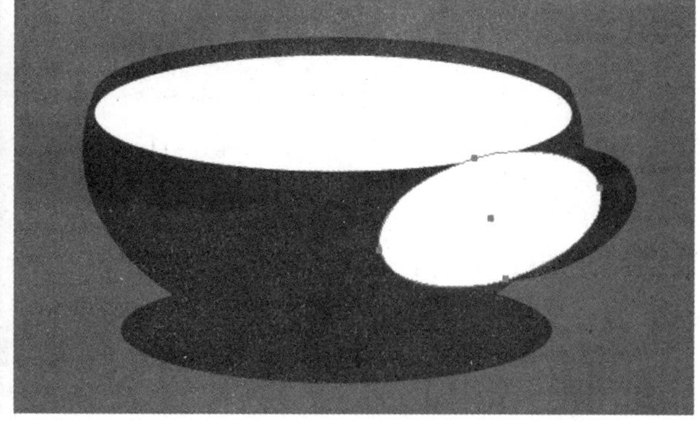

图 3-113　绘制两个椭圆形

（7）使用【选择工具】并按住【Shift】键单击，进行两个图形加选，单击【路径查找器】面板中的【剪去顶层】按钮，形成如图 3-114 所示的效果。

（8）选择【钢笔工具】，绘制一个不规则形，将其复制并调整大小和位置，效果如图 3-115 所示。

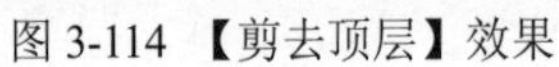
图 3-114 【剪去顶层】效果

图 3-115 绘制不规则形

（9）使用【选择工具】将茶杯全选，按【Ctrl+G】键，将其编组。

（10）选择【椭圆工具】，在页面中绘制大、中、小三个正圆。将最大的圆设置成无色填充，描边色【褐色】（其 CMYK 值分别为 60、87、100、52），描边粗细为【5pt】；中圆颜色填充为【白色】，无描边色；小圆填充颜色为【褐色】（其 CMYK 值分别为 60、87、100、52），无描边色。

（11）将三个椭圆形加选，选择【窗口】→【对齐】命令，将弹出【对齐】控制面板，单击【水平居中对齐】和【垂直居中对齐】按钮，将三个椭圆形按所选对象进行对齐，效果如图 3-116 所示。

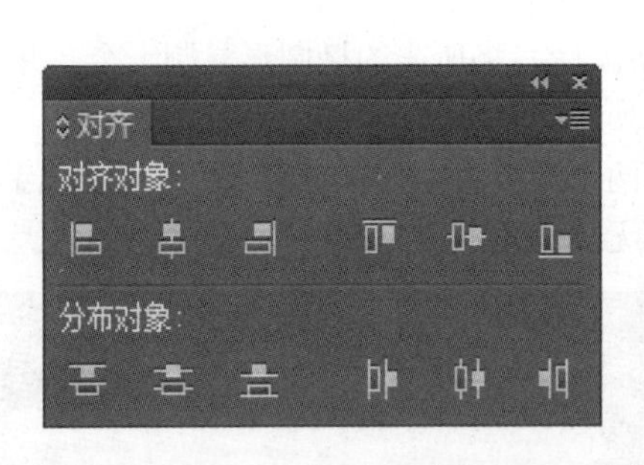

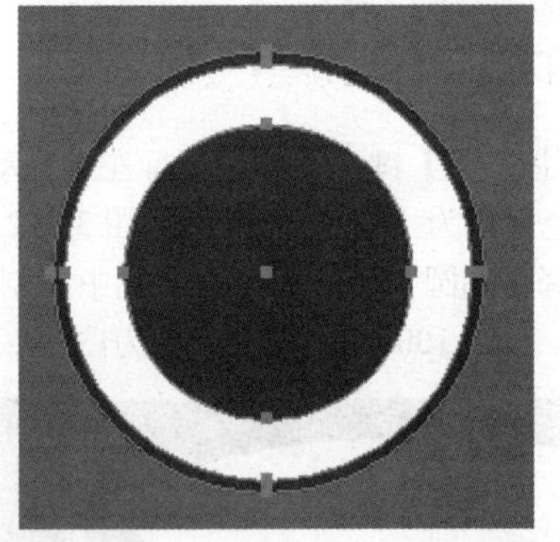

图 3-116 对齐三个椭圆

（12）使用【选择工具】将中、小圆进行加选，选择【窗口】→【路径查找器】命令，单击【剪去顶层】按钮，形成一个圆环，如图 3-117 所示的效果。

（13）选择【钢笔工具】，绘制一个不规则形，效果如图 3-118 所示。

（14）选择【镜像工具】，按住【Alt】键，将鼠标移动到镜像的中心点，并单击鼠标左键，将弹出【镜像】对话框，将镜像【轴】选择【水平】，单击【复制】按钮，形成如图 3-119 所示的效果。

（15）选择【直排路径文字工具】，在页面中单击鼠标左键，输入文字【金典咖啡西餐厅】和【COFFEE】，将其字体设置为【华文新魏】，字号为【23pt】，颜色填充为【褐色】（CMYK 的值为 60、87、100、52），无描边色，如图 3-120 所示。

图 3-117　圆环效果

图 3-118　不规则形路径

图 3-119　镜像复制路径

（16）选择【文字】→【文字方向】→【水平】命令，形成如图 3-121 所示的效果。

图 3-120　输入文字

图 3-121　更改文字方向

（17）参照（14）～（15）的步骤，制作如图 3-122 所示的效果。

（18）选择【文件】→【置入】命令，置入四张图片，形成如图 3-123 所示的效果。

图 3-122　制作英文效果

图 3-123　置入图片

3）绘制右侧折页

（1）输入文字【JINDIAN COFFEE】和【金典咖啡西餐厅】，将其字体设置为【华文新魏】，字号分别为【20pt】、【50pt】，颜色填充为【黑色】，无描边色，如图 3-124 所示。

（2）将左侧折页的咖啡豆图形进行复制多个，移动到右侧折页，并调整大小，效果如图 3-125 所示。

（3）将中间折页的咖啡杯图形进行复制，移动到右侧折页，并调整大小，效果如图 3-126 所示，从而完成折页的制作。

图 3-124 输入文字

图 3-125 复制咖啡豆图形

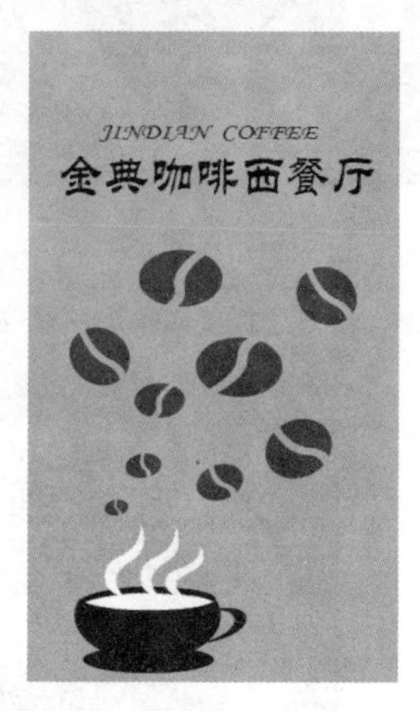

图 3-126 复制咖啡杯

3.5 课后练习——绘制生日卡

【知识要点】：使用【矩形工具】绘制背景，使用【多边形工具】、【星形工具】、【路径查找器】控制面板绘制白色图形效果，使用【直线段工具】绘制直线，使用【文字工具】添加文字，使用【钢笔工具】、【旋转工具】、【倾斜变形工具】和【椭圆形工具】绘制花卉，效果如图 3-127 所示。

图 3-127 生日卡

第 4 章　对象颜色填充与描边

在制作图形图像的时候，缤纷的色彩给人以美的享受，会使图像充满了生机与灵气，颜色填充与描边就是最重要的一个途径。读者一定要熟练掌握填充与描边的技巧，这样才能在修饰图形图像时显得游刃有余。

4.1　颜 色 基 础

颜色使图像充满了生机与灵气。在处理图像时，可以使用一种颜色模型来指定颜色。Illustrator CC 中包含灰度、RGB、HSB、CMYK 和 Web 安全 RGB 五种不同的色彩模式。每种色彩模式都使用一种不同的方式描述和分类颜色，但所有的色彩模式都使用数值表示颜色。

4.1.1　颜色模式

1)【RGB 模式】

【RGB 模式】是 Illustrator CC 中最常用的一种颜色模式，又称三基色，属于自然色彩模式。这种模式是以 R（Red：红）、G（Green：绿）、B（Blue：蓝）三种基本色为基础，进行不同程度的叠加，从而产生丰富而广泛的颜色，所以又叫加色模式。由于红、绿、蓝每一种颜色可以有 0~255 的亮度变化，所以，可以表现出约 1680（256×256×256）万种颜色，是应用最为广泛的色彩模式。RGB 颜色模式的控制面板如图 4-1 所示，各参数取值范围为 0~255（R：0~255，G：0~255，B：0~255）。

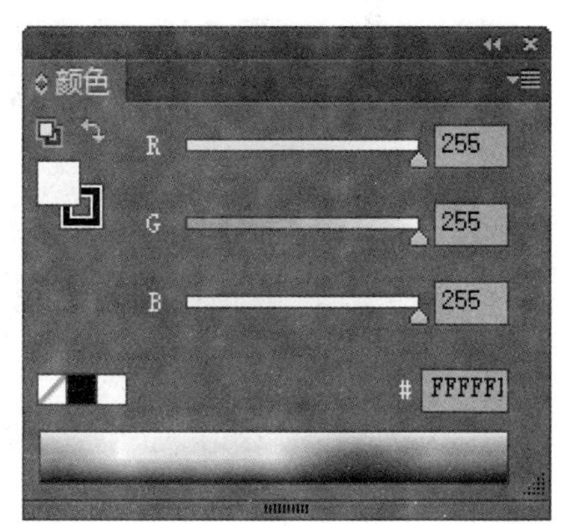

图 4-1　RGB 模式

2)【CMYK 模式】

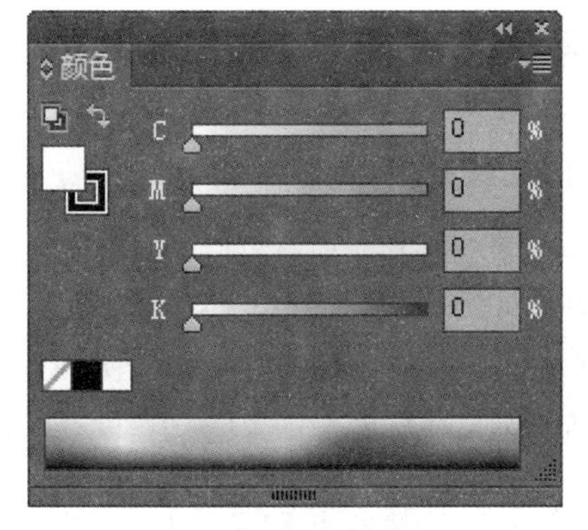

图 4-2　CMYK 模式

【CMYK 模式】又称印刷四分色，也属于自然色彩模式。该模式是以 C（Cyan：蓝）、M（Magenta：品红）、Y（Yellow：黄）、K（Black：黑色）为基本色。

CMYK 模式又称减色模式，它表现的是白光照射到物体上，经物体吸收一部分颜色后反射而产生的色彩。例如，白光照射到品蓝色的印刷品上时，我们之所以能看到它是蓝色，是因为它吸收了其他颜色而反射蓝色的缘故。

在实际应用中，蓝、品红、黄三种颜色叠加很难产生纯黑色，因此，这种模式中引入了黑色（K），可以表现真正的黑色。

CMYK 色彩模式被广泛应用于印刷、制版行业。CMYK 颜色模式的控制面板如图 4-2 所示，各参数取值范围为 0%~100%（C：0%~100%，M：0%~100%，Y：0%~100%，K：0%~100%）。

3）【灰度模式】

【灰度模式】又叫 8 位深度图。灰度模式的图像中存在 256 种灰度级，灰度颜色模型只使用一个组件，即亮度来定义颜色，0 代表白色，100 代表黑色。灰度模式经常应用在成本相对低廉的黑白印刷中。另外，将彩色模式转换为双色调模式或位图模式时，必须先转换为灰度模式，然后由灰度模式转换为双色调模式或位图模式。【灰度模式】控制面板如图 4-3 所示，取值范围为 0~100。

4.1.2 色域与溢色

色域是指一种色彩模式中可以显示或打印的颜色范围。对于 CMYK 设置而言，可在 RGB 模式中显示的颜色可能会超出色域，因而无法打印。RGB 模式的色域要比 CMYK 模式的色域更大一些，因此，用户在显示器屏幕上所看到的一些颜色是不能被打印出来的。当 RGB 模式中的某种颜色超出了 CMYK 模式的色域时，将其称为【溢色】。在【拾色器】对话框中，当选择了不能正确打印的颜色时，在颜色指示器的右侧将出现一个惊叹号标志，表示该颜色为【溢色】，如图 4-4 所示。由于溢色部分不能被正确打印，因此，往往以最接近溢色的颜色来代替。

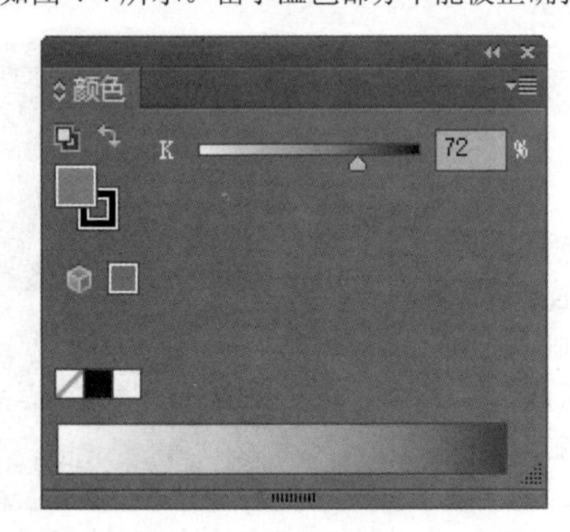

图 4-3 灰度模式

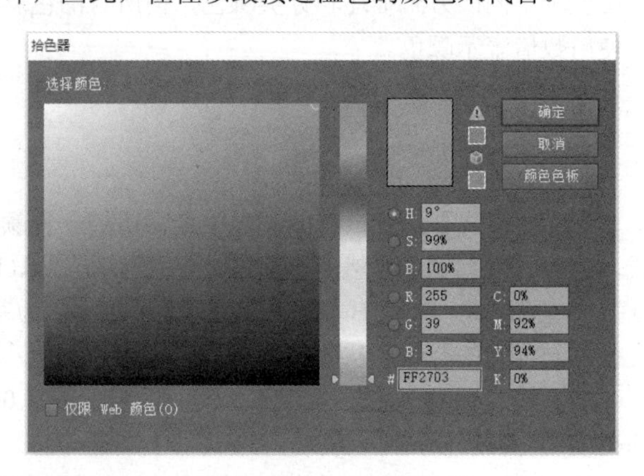

图 4-4 溢色标记

4.2 颜色填充

Illustrator CC 中用于填充的内容包括【填充工具】、【颜色】控制面板、【色板】控制面板，提供了丰富多样的颜色填充效果。

4.2.1 填充工具

使用填充工具按钮为对象设置颜色是最为常用的一种颜色填充方法，如图 4-5 所示。

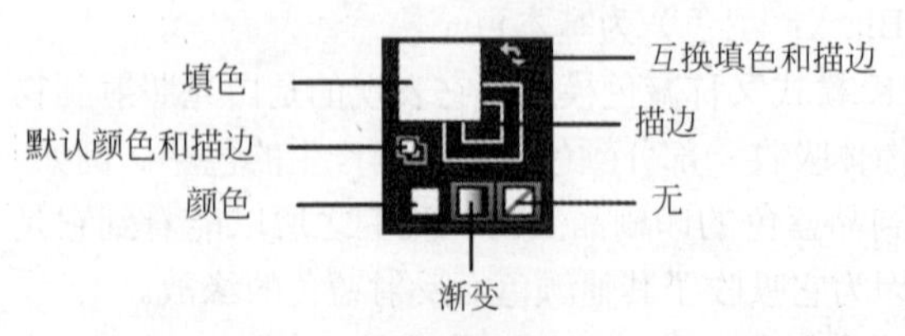

图 4-5 填色工具

（1）【填色工具】和【描边工具】：使用工具箱中的【填色工具】和【描边工具】，可以指定所选对象的填充颜色和描边颜色。

（2）【互换颜色和描边】：当单击【互换颜色和描边】按钮（快捷键为【X】）时，可以切换填色显示框和描边显示框的位置；按【Shift+X】组合键时，可使选定对象的颜色在填充和描边填充之间的颜色切换。

（3）【默认颜色和描边】：单击【默认颜色和描边】按钮，可以将【填色】和【描边】按钮恢复到默认状态下的白色和黑色。

（4）【颜色】、【渐变】和【无】：在【填色】和【描边】下面有三个按钮，它们分别是填充【颜色】、【渐变】和【无】按钮。【颜色】按钮可将当前操作环境保持在单色填充状态；【渐变】按钮可将当前操作环境保持在渐变填充状态；【无】按钮可取消选定对象的填充和轮廓线填充。

4.2.2　使用【颜色】面板填充

通过【颜色】控制面板可以设置对象的填充颜色、描边颜色和颜色模式转换。

选择【窗口】→【颜色】命令，或按快捷键【F6】，弹出【颜色】控制面板，如图 4-6 所示。【颜色】控制面板上的按钮操作方法与工具箱中按钮的使用方法相同。

单击【颜色】控制面板右上方的，在弹出式菜单中可以切换不同的颜色模式，如图 4-7 所示。

将光标移动到取色区域（色谱条）时，光标将会变为吸管形状，单击就可以快速设置颜色；拖曳各个颜色滑块或在各个数值框中输入参数值，也可以设置出精确的颜色，如图 4-8 所示。

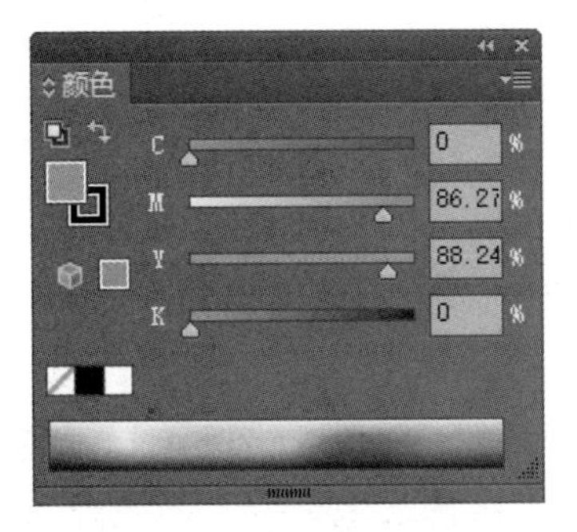

图 4-6　【颜色】面板

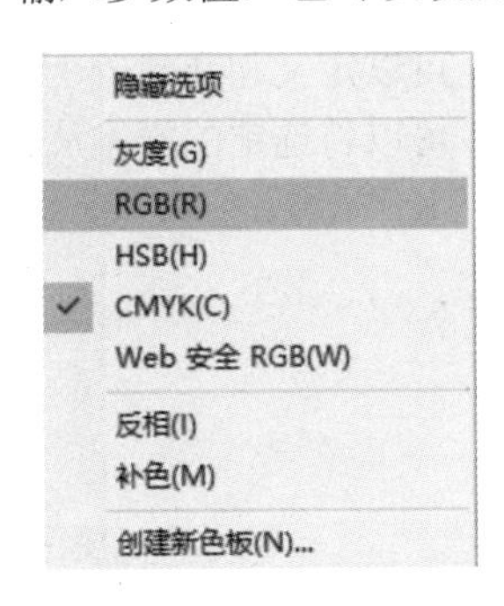

图 4-7　弹出式菜单

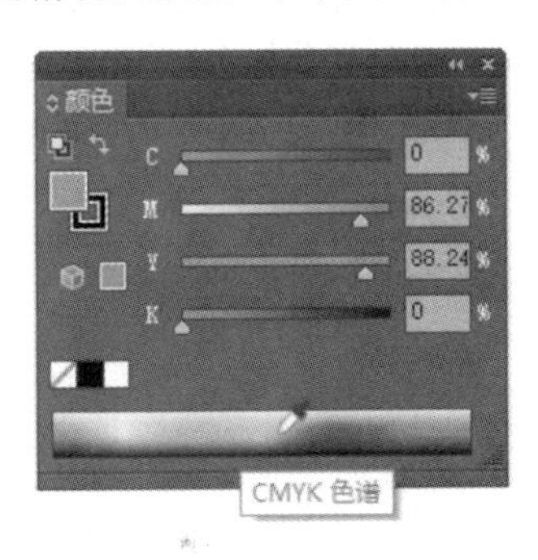

图 4-8　设置颜色

4.2.3　使用【色板】面板填充

使用【色板】面板也可以进行颜色填充，选择【窗口】→【色板】命令，弹出【色板】控制面板，【色板】控制面板中提供了多种颜色、渐变和图案，并可以添加、存储自定义的内容，如图 4-9 所示。

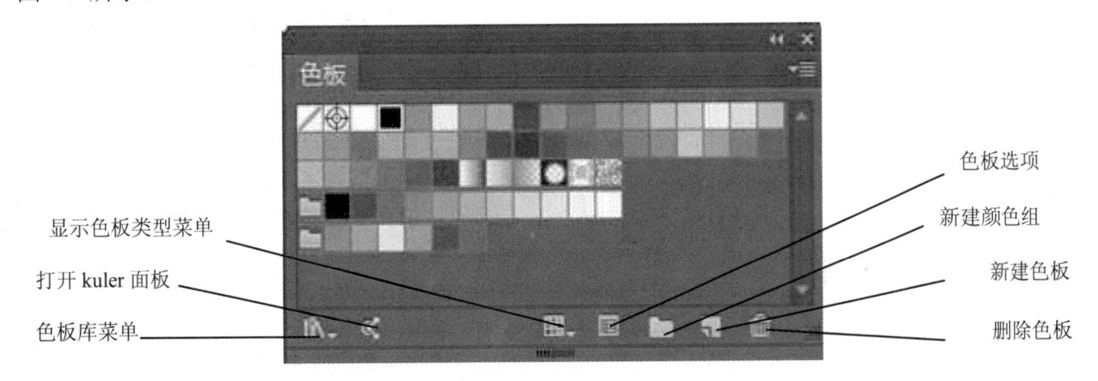

图 4-9　【色板】控制面板

1）【色板】控制面板中的样本

（1）【无色样本】：启用【无色样本】，可以将选取的对象的内部或轮廓线设置为无色。

（2）【套版色】：可以利用它将填充或描边的对象，从 PostScript 打印机进行分色打印。例如，套准标记使用【套版色】，这样印刷版可在印刷机上精确对齐。

【注意】：如果对文字使用【套版色】，然后对文件进行分色和打印，则文字可能无法精确套准，黑色油墨可能显示不清楚。若要避免这种情况，请对文字使用黑色油墨。

（3）【颜色样本】：单击，可对选定的对象进行颜色或轮廓线填充。

（4）【渐变和图案样本】：单击，可对选定的对象进行渐变或图案填充。

（5）【灰度】和【印刷色】颜色组：在【色板】控制面板的下方有两组颜色组，分别是【灰度】颜色组和【印刷色】颜色组。通过使用任意的颜色组，可以很方便地填充颜色。

2）【色板】控制面板底部的按钮

（1）【色板库】：单击该按钮，可以打开 Illustrator 的色板库，如图 4-10 所示。

（2）【打开 kuler 面板】：打开 kuler 网站颜色色板。

（3）【显示色板类型】：单击该按钮可以使所有的样本显示出来，如图 4-11 所示。

（4）【色板选项】：单击该按钮，可以打开【色板】选项对话框，如图 4-12 所示。

（5）【新建颜色组】：单击该按钮，可以新建颜色组。

（6）【新建色板】：单击该按钮，可以定义和新建一个新的样本。

（7）【删除色板】：单击该按钮，可以将选定的样本从【色板】控制面板中删除。

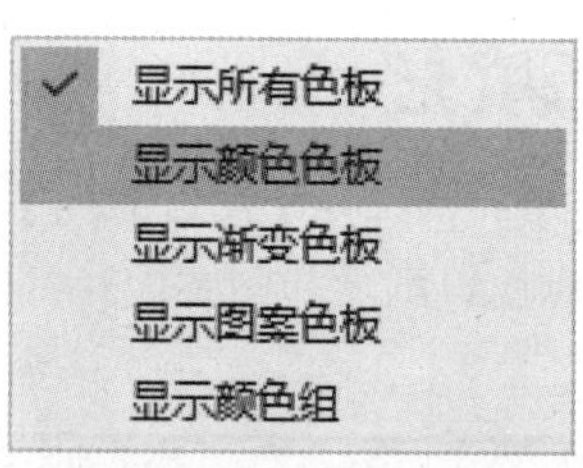

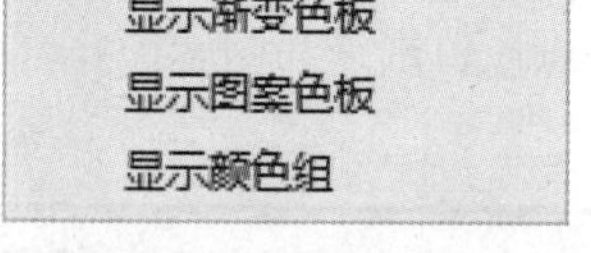

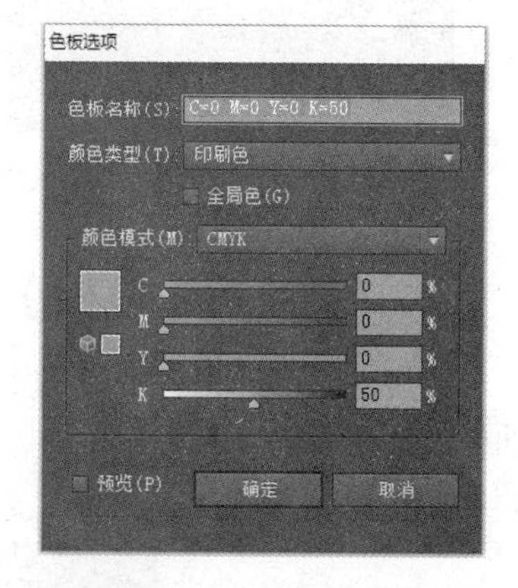

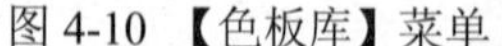

图 4-10 【色板库】菜单　　图 4-11 【显示色板类型】菜单　　图 4-12 【色板选项】对话框

4.3 渐 变 填 充

4.3.1 创建渐变填充

渐变填充是在同一对象内从一种颜色变换到另一种颜色的填充效果。

在 Illustrator CC 中应用渐变填充，可以使用工具箱中的【渐变工具】▣，也可以直接使用【颜色】控制面板中提供的渐变色样。这两种方法能够实现较简单的渐变，但如果要对渐变的方式、渐变的颜色、渐变的角度等属性进行精确控制，就必须使用渐变控制面板中的相关选项来进行。

（1）选取填充对象，选择【渐变工具】，在图形中需要的位置，单击设定渐变的起点，并按住鼠标左键拖曳，再次单击确定渐变的终点，单击填充对象，渐变填充的效果如图 4-13 所示。

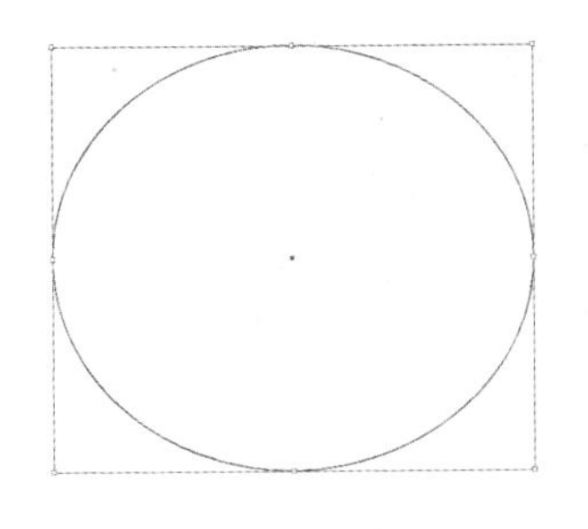
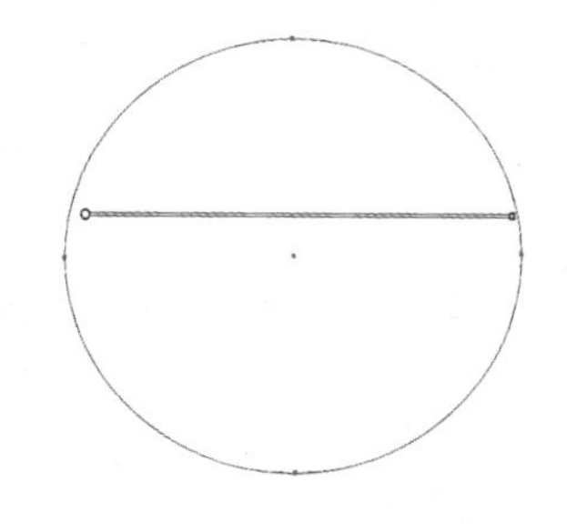

图 4-13　渐变填充

（2）选取填充对象，单击【填充工具】按钮的【渐变】按钮，会直接为对象填充渐变颜色。

4.3.2　渐变控制面板

如果要精确地控制渐变颜色的属性，可以双击【渐变工具】或是选择【窗口】→【渐变】命令，弹出【渐变】控制面板，如图 4-14 所示。

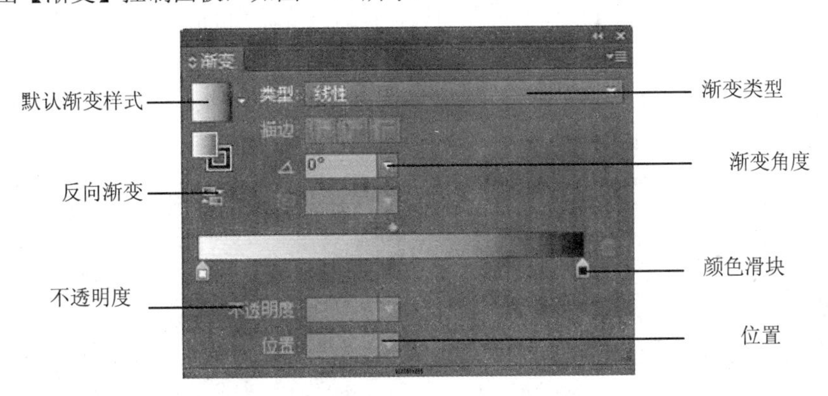

图 4-14　【渐变】调板

（1）【默认渐变样式】：单击向下的三角形按钮，可以选择默认的四种渐变样式。

（2）【类型】：有【线性】或【径向】两种渐变类型。

【线性】：可将颜色填充设置成直线渐变的效果，如图 4-15 所示。

【径向】：可将颜色填充设置成放射状效果，类似于向外辐射的同心圆的渐变填充，如图 4-16 所示。

图 4-15　线性渐变

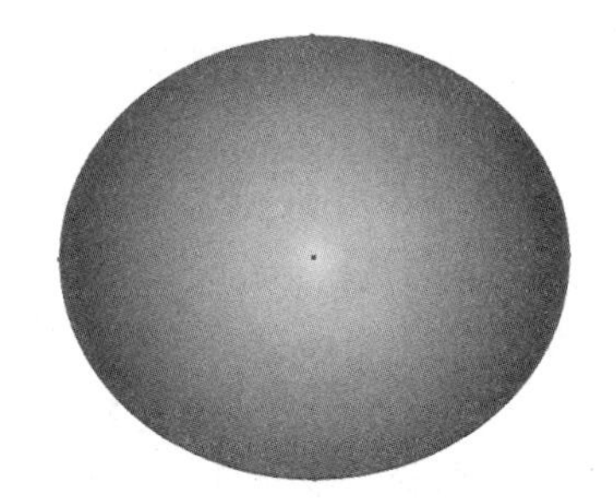

图 4-16　径向渐变

（3）在【角度】选项的数值框中显示当前的渐变角度，重新输入数值后按【Enter】键，可以改变渐变的角度，如图 4-17 所示。

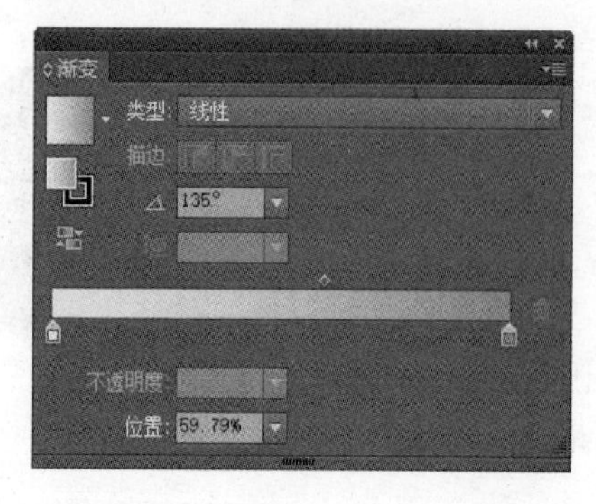

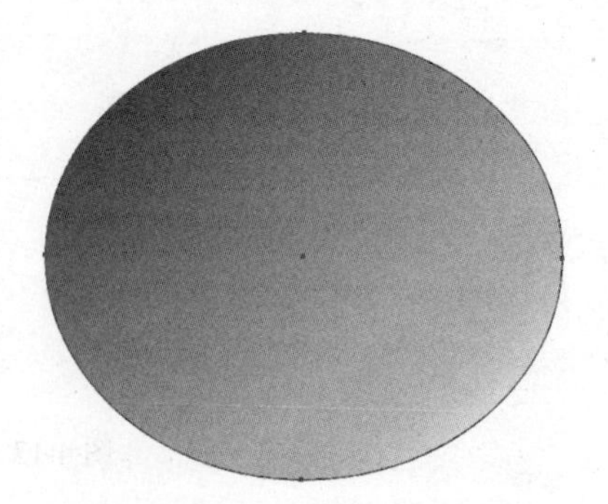

图 4-17 【角度】选项

（4）【颜色滑块】：单击【颜色滑块】，【不透明度】及【位置】选项参数将处于可修改状态，这时可以修改色标不透明度和色标所在的位置点。

在渐变色谱条底边单击，可以添加一个【颜色滑块】，如图 4-18 所示。

双击【颜色滑块】，将弹出【颜色】控制面板，可以改变添加的颜色滑块的颜色，如图 4-19 所示。

用鼠标按住【颜色滑块】不放，并将其拖出到【渐变】控制面板外，或是选中【颜色滑块】，单击按钮，可以直接删除颜色滑块。

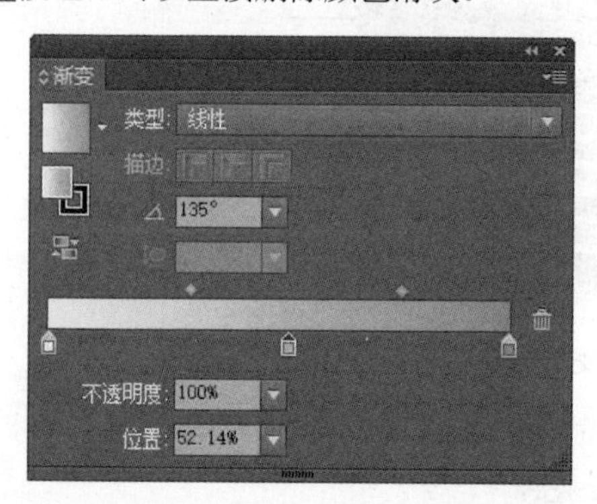

图 4-18 添加【颜色滑块】

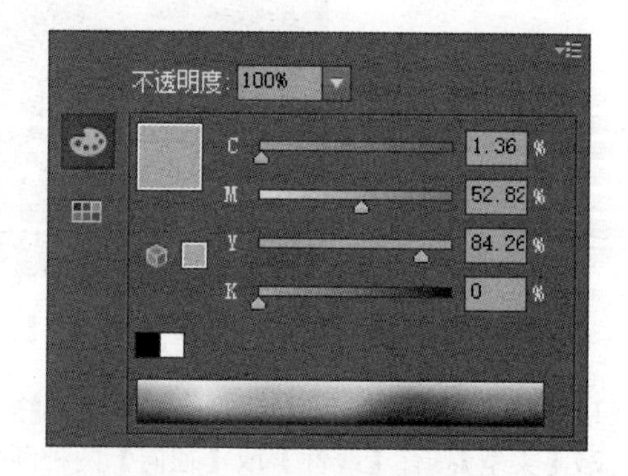

图 4-19 【颜色】控制面板

4.3.3 案例应用——制作风车

利用填充和渐变填充工具进行风车的绘制，如图 4-20 所示。

（1）按【Ctrl+N】快捷键，新建一个文档，名称为【第四章 风车】，宽度为【200mm】，高度为【200mm】，颜色模式为【CMYK】，单击【确定】按钮，如图 4-21 所示。

（2）选择【矩形工具】，单击页面，弹出【矩形】对话框，在对话框中输入宽度为【200mm】、高度为【200mm】，绘制一个和页面等大的矩形，并将矩形与画布对齐。

（3）按【Ctrl+F9】键，弹出【渐变】面板，渐变类型设置为【径向】，并将颜色滑块设置为【白色】到【蓝色】的渐变（蓝色的 CMYK 的值为 55、0、12、0），如图 4-22 所示。

（4）选择【渐变工具】，按住鼠标左键拖动鼠标，控制渐变中心的起点，效果如图 4-23 所示。

图 4-20　风车

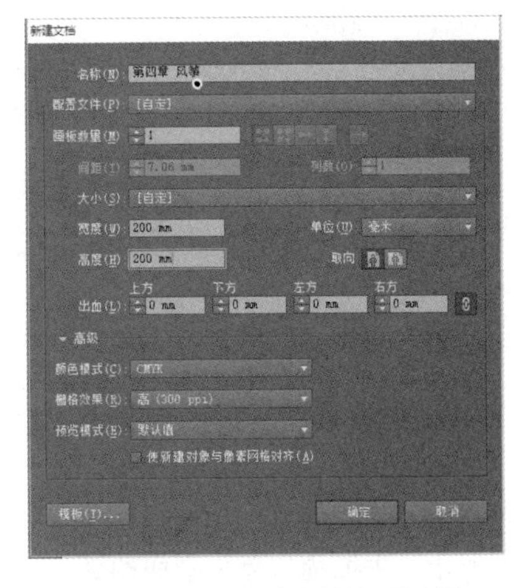

图 4-21　【新建文档】对话框

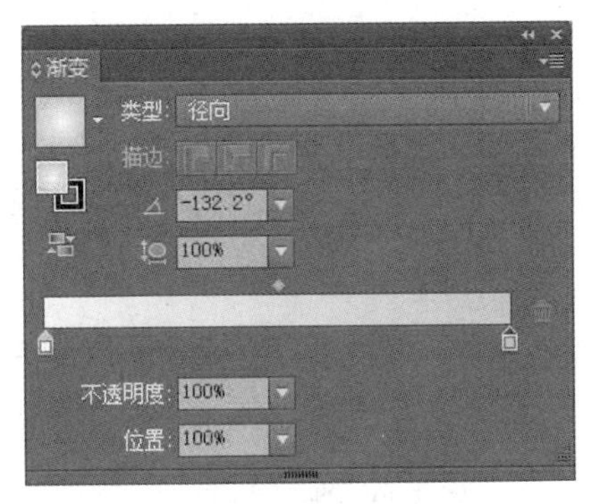

图 4-22　【渐变】对话框

图 4-23　渐变填充效果

（5）选择【椭圆工具】，在页面中绘制六个大小不一的椭圆形，双击【填色工具】，将弹出【拾色器】对话框，将 CMYK 的颜色值设置为 59、0、10、0，如图 4-24 所示。

（6）使用【选择工具】并按住【Shift】键单击，将六个椭圆形进行加选，选择【窗口】→【路径查找器】命令，可以打开【路径查找器】面板，单击【联集】按钮，形成云彩图形的效果，如图 4-25 所示。

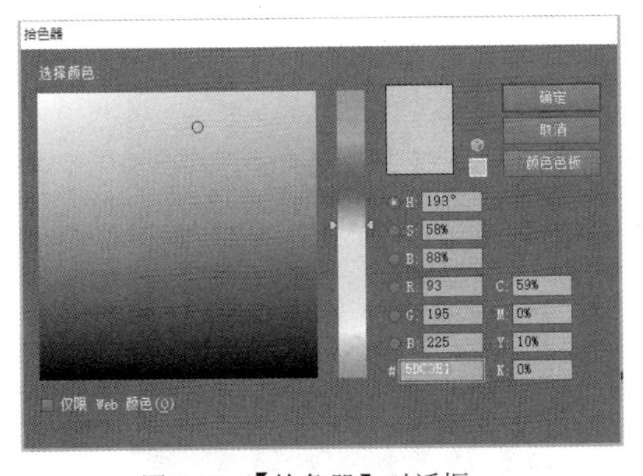

图 4-24　【拾色器】对话框

图 4-25　云彩图形

（7）按住【Alt】键，并按住鼠标左键拖动鼠标，将云彩图形复制两个，并配合【比例缩放工具】来调整图形大小，形成的效果如图 4-26 所示。

（8）选择【钢笔工具】，绘制一个不规则形，描边色为【黑色】，效果如图 4-27 所示。

图 4-26 复制云彩效果

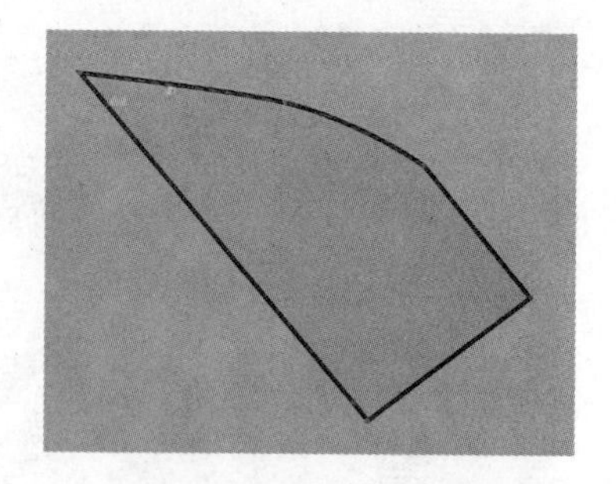

图 4-27 绘制不规则图形

（9）按【Ctrl+F9】键，弹出【渐变】面板，渐变类型设置为【直线】，并将颜色滑块设置为【品红色】（CMYK 的值为 0、100、0、0）到【紫色】（CMYK 的值为 70、100、25、0）的渐变，如图 4-28 所示，去掉描边色，形成的效果如图 4-29 所示。

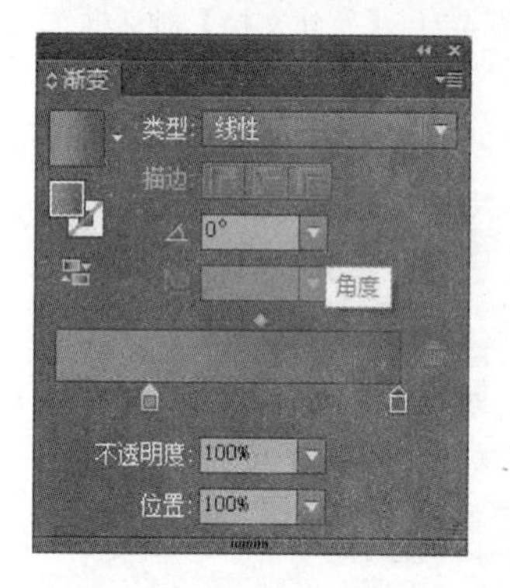

图 4-28 【渐变】对话框

图 4-29 渐变填充效果

（10）参照步骤（8）-（9），绘制另一个不规则形，填充颜色为【淡紫色】（CMYK 的值为 27、82、0、0）到【白色】到【淡紫色】的渐变，效果如图 4-30 所示，完成风车的一个风叶制作。

（11）使用【选择工具】，并按住【Shift】键单击鼠标左键，进行风叶图形加选，按【Ctrl+G】键，将其编组。

（12）选择【旋转工具】，按住【Alt】键，设置旋转中心点，单击鼠标左键，将弹出【旋转】对话框，设置【旋转角度】为【90°】，单击【复制】按钮，再按两次【Ctrl+D】键，形成的效果如图 4-31 所示。

图 4-30 一片风叶效果

图 4-31 复制风叶效果

（13）分别给风车的三片风叶添加渐变颜色，效果如图 4-32 所示。

（14）选择【椭圆工具】，绘制一个圆形，将圆形填充颜色为【白色】到【黄色】（CMYK

值分别为 0、50、100、0）的径向渐变，描边色为【白色】，描边粗细为【2pt】，如图 4-33 所示。

图 4-32　修改风叶颜色　　　　图 4-33　绘制圆形

（15）选择【矩形工具】，单击页面，将矩形填充颜色为【白色】到【黄色】（CMYK 值分别为 0、50、100、0）的直线渐变，无描边色，按【Ctrl+[】键，将矩形调整到风叶的后方，效果如图 4-34 所示。

（16）使用【选择工具】，并按住【Shift】键单击鼠标左键，将风车图形进行加选，按【Ctrl+G】键，将其编组。

（17）按住【Alt】键，并按住鼠标左键拖动鼠标，将风车复制两个，然后配合【比例缩放工具】来调整大小，形成的最终效果如图 4-35 所示。

图 4-34　绘制矩形　　　　图 4-35　复制风车效果

（18）选择【椭圆工具】，绘制一个圆形，按【Ctrl+F9】键，弹出【渐变】面板，渐变类型设置为【径向】，并将颜色滑块设置为【透明色】到【绿色】（CMYK 值为 47、0、92、0）的渐变，如图 4-36 所示，形成的效果如图 4-37 所示。

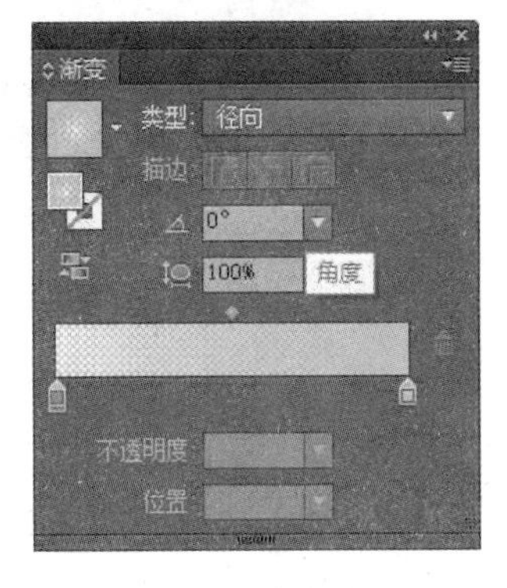

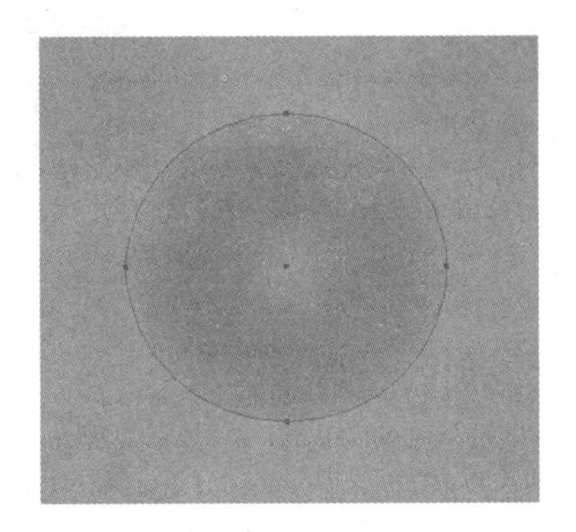

图 4-36 【渐变】对话框　　　　图 4-37　填充效果

（19）按住【Alt】键，并按住鼠标左键拖动鼠标，将圆形复制多个，然后配合【比例缩放工具】来调整大小，效果如图 4-38 所示。

（20）按【Ctrl+S】键，进行文件的保存，形成的最终效果如图 4-39 所示。

图 4-38　复制圆形

图 4-39　最终效果

4.4　图 案 填 充

图案填充是图形装饰的重要手段，使用合适的图案填充可以使绘制的图形更加生动、形象。

4.4.1　使用图案填充

【色板】控制面板中提供了图案可以选择，只要选中对象，然后单击所需要的图案样本即可，如图 4-40 所示。

除了【色板】控制面板中提供的图案样式外，Illustrator 还有自带的图案库。选择【窗口】→【色板库】→【图案】命令，可以选择基本图形、自然、装饰等多种图案填充图形，如图 4-41 所示。

图 4-40　填充图案

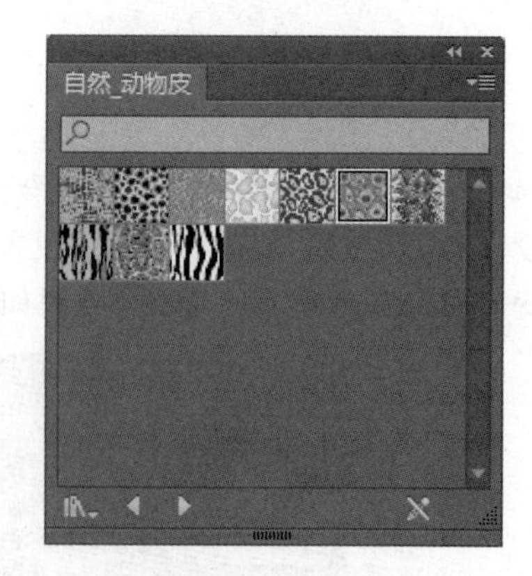

图 4-41　图案库

4.4.2　创建图案样式

在 Illustrator CC 中可以将基本图形定义为图案，作为图案的图形不能包含图案和位图。

绘制基本图形，选择【对象】→【图案】→【新建】命令，弹出【新建色板】对话框，单击【确定】按钮，定义的图案就添加到【色板】控制面板中了，效果如图 4-42 所示。

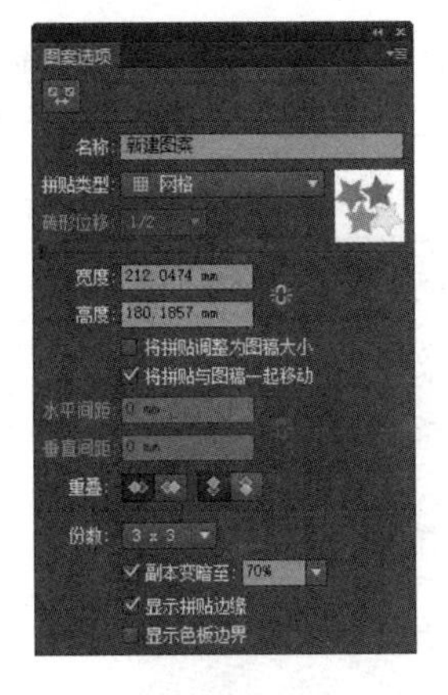

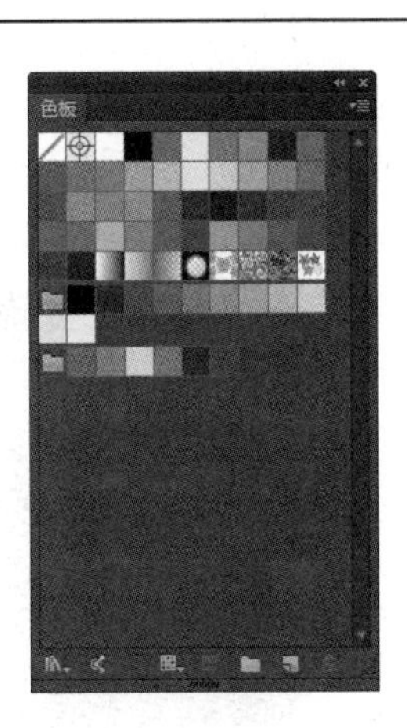

图 4-42　创建图案样式

4.5　渐变网格填充

渐变网格把贝赛尔曲线网格和渐变填充完美地结合在了一起，通过贝赛尔曲线的方式来控制锚点和锚点之间丰富、光滑的色彩渐变，可以形成让人惊叹的华丽效果。

4.5.1　建立渐变网格

1）使用【网格工具】创建渐变网格

选取对象，选择【网格工具】，在对象需要添加网格的地方单击，将其建立为渐变网格对象，在对象中增加了横竖两条线交叉形成的网格，如图 4-43 所示。继续在对象中单击，可以增加新的网格，在网格中横竖两条线交叉形成的点就是网格点，而横、竖线就是网格线，效果如图 4-44 所示。

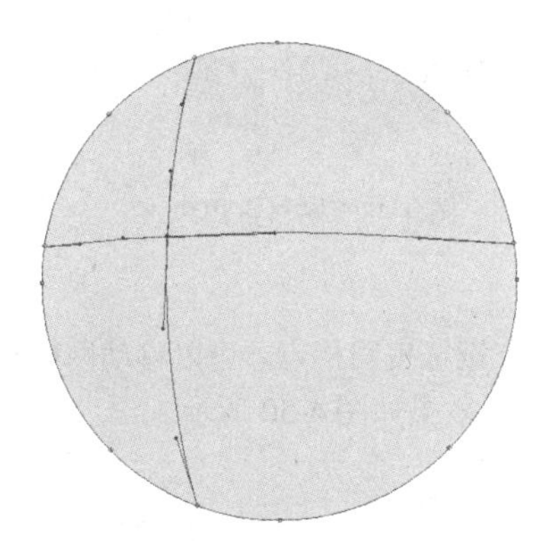

图 4-43　渐变网格对象

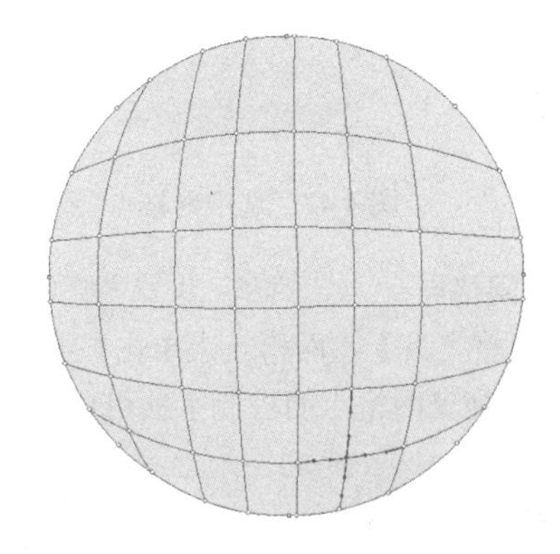

图 4-44　增加网格

2）使用【创建渐变网格】命令创建渐变网格

选取对象，选择【对象】→【创建渐变网格】命令，弹出【创建渐变网格】对话框，如图 4-45 所示，设置数值后，单击【确定】按钮，可以为图形创建渐变网格的填充，效果如图 4-46 所示。

【创建渐变网格】对话框中参数说明如下。

①【行数】：可以输入水平方向网格线的行数。

②【列数】：可以输入垂直方向网格线的列数。

③【外观】：可以选择创建渐变网格后图形高光部位的表现方式。

④【高光】：可以设置高光处的强度，当数值为 0 时，对象没有高光点，是均匀的颜色填充。

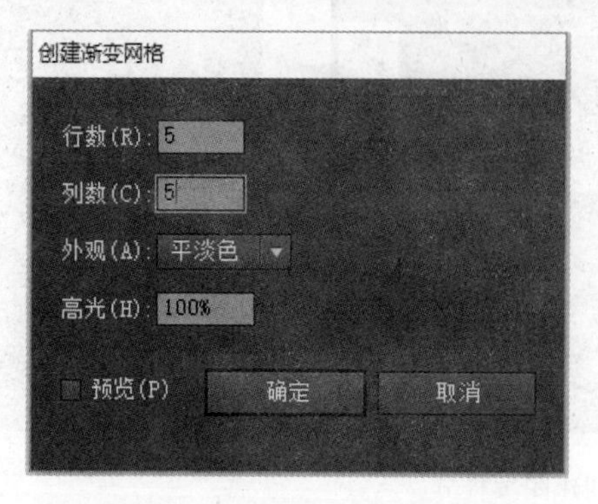

图 4-45 【创建渐变网格】对话框

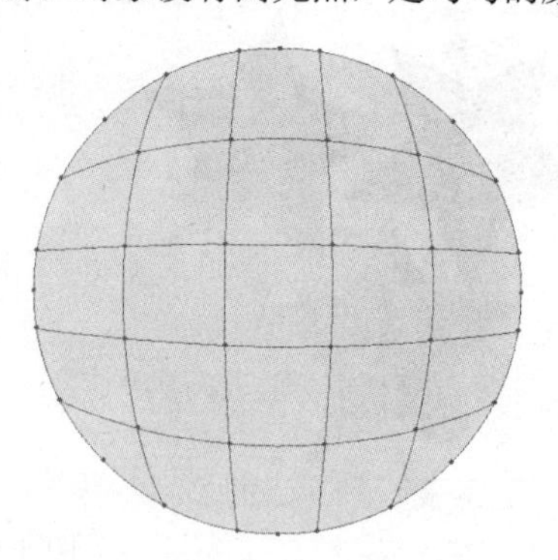

图 4-46 增加网格

4.5.2 编辑渐变网格

1）编辑网格颜色

使用【直接选择工具】或是【网格工具】单击选中网格点，如图 4-47 所示，在【色板】控制面板中单击所需的颜色，可以为网格点填充颜色，效果如图 4-48 所示。

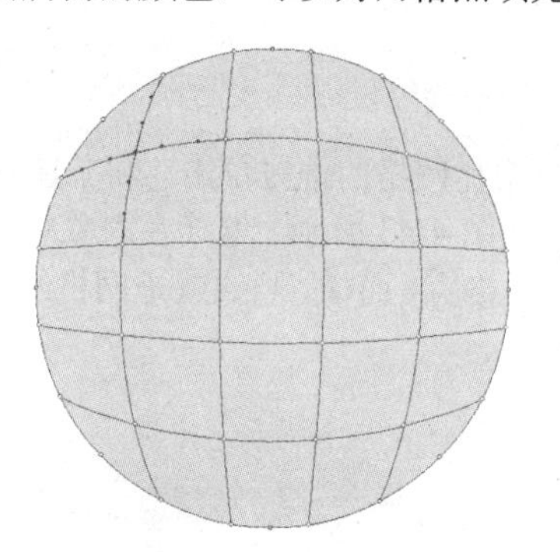

图 4-47 选中网格点

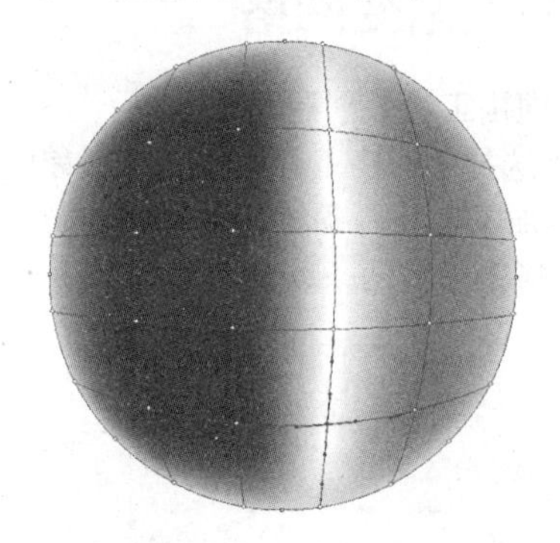

图 4-48 网格点填色

2）移动网格点

使用【网格工具】在网格点上单击，并按住鼠标左键拖曳网格点，可以移动网格点，效果如图 4-49 所示。拖曳网格点的控制手柄可以调节网格线，效果如图 4-50 所示。

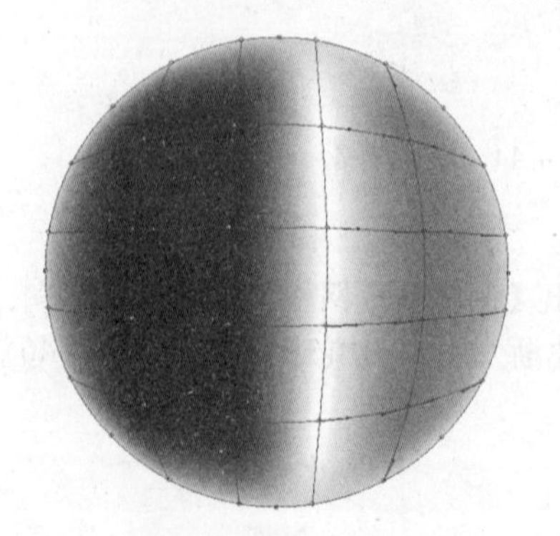

图 4-49 选中网格点

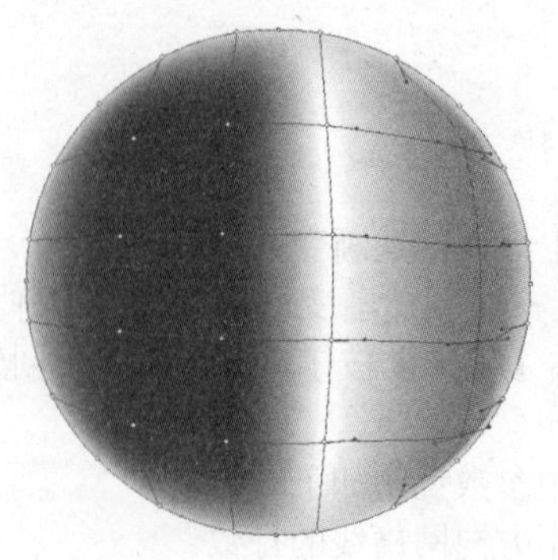

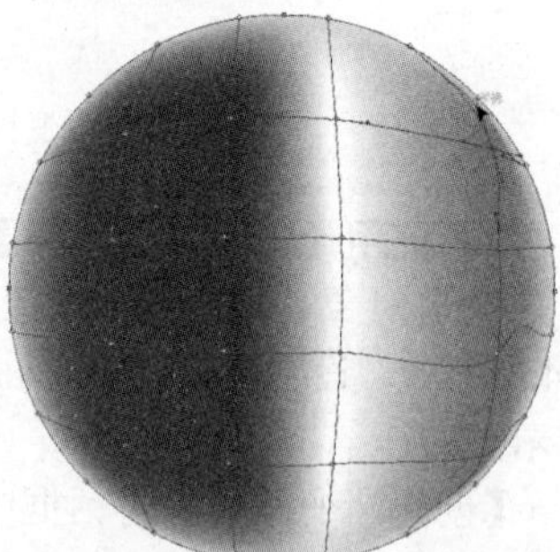

图 4-50 网格点填色

3）删除网格点

使用【直接选择工具】或是【网格工具】单击选中网格点，再按【Delete】键，即可将网格点删除。

4.5.3　案例应用——绘制花瓶

利用网格填色和图案填色工具，进行花瓶制作，效果如图 4-51 所示。

1）绘制花朵

（1）按【Ctrl+N】快捷键，弹出【新建文档】对话框，名称为【第四章 花瓶】，宽度为【210mm】，高度为【297mm】，颜色模式为【CMYK】，单击【确定】按钮，如图 4-52 所示，新建一个文档。

图 4-51　花瓶效果

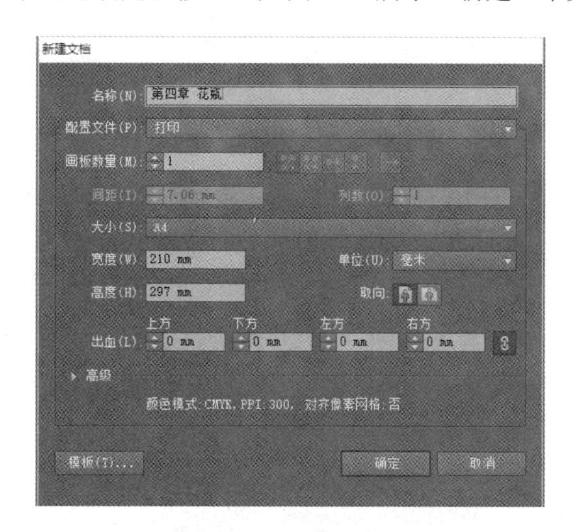

图 4-52　【新建文档】对话框

（2）选择【钢笔工具】，绘制花瓣的形状，效果如图 4-53 所示。

（3）选择【网格工具】，单击鼠标左键，为图形添加网格线，并选中网格点，在【颜色】控制面板中单击所需的颜色，可以为网格点填充颜色，效果如图 4-54 所示。

图 4-53　绘制花瓣形状

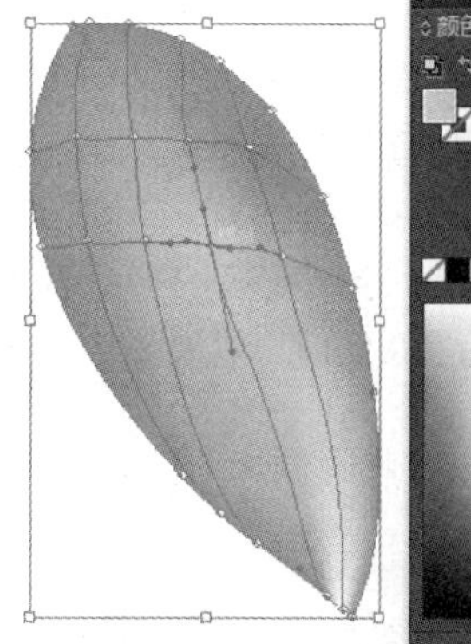

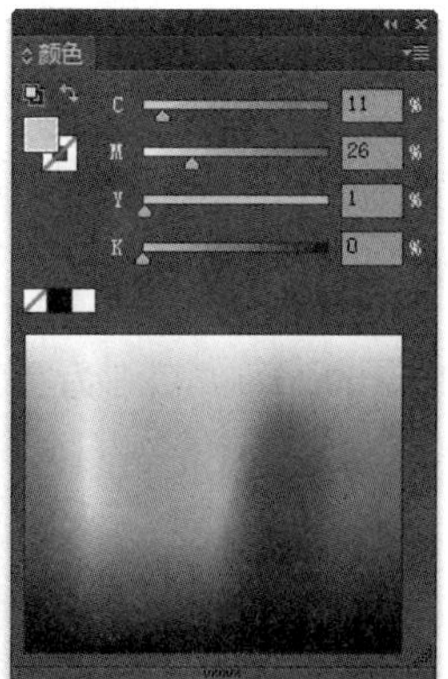

图 4-54　网格点填色

（4）使用【选择工具】选中花瓣，选择【旋转工具】，按住【Alt】键，设置旋转中心点，单击鼠标左键，将弹出【旋转】对话框，设置【旋转角度】为【60°】，单击【复制】按钮，形成的效果如图 4-55 所示。

（5）按【Ctrl+D】键，将花瓣图形进行【再次变换】，形成如图 4-56 所示的效果。

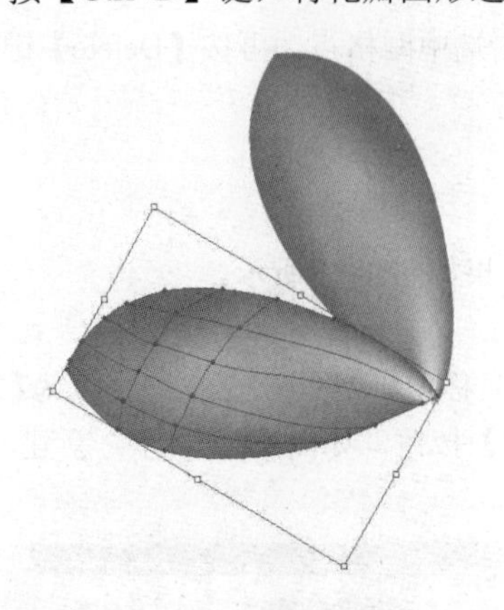

图 4-55 复制花瓣

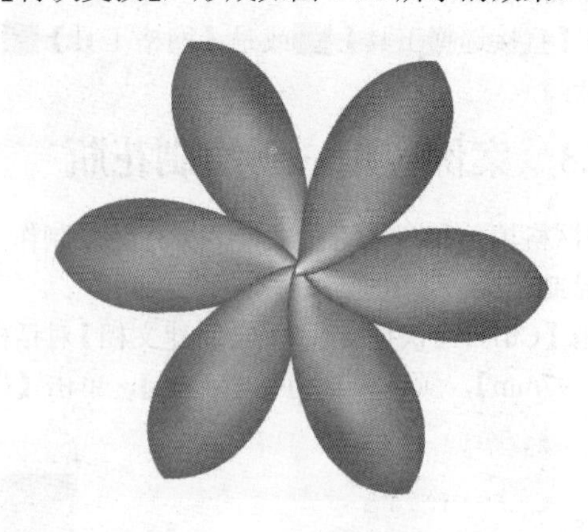

图 4-56 再次变换效果

（6）选择【椭圆工具】，绘制一个圆形，按【Ctrl+F9】键，弹出【渐变】面板，渐变类型设置为【径向】，并将颜色滑块设置为【白色】到【黄色】（CMYK 值分别为 0、0、100、0）的渐变，无描边色，如图 4-57 所示，从而完成花朵的制作，如图 4-58 所示。

图 4-57 【渐变】面板

图 4-58 花朵效果

（7）使用【选择工具】选中花朵，按【Ctrl+G】键，将其编组。

（8）按住【Alt】键，并按住鼠标左键，进行移动复制，然后配合【比例缩放工具】来调整花朵大小，形成的效果如图 4-59 所示。

（9）选择【钢笔工具】，绘制花茎的形状，无填充色，描边色为【绿色】（CMYK 值分别为 83、32、100、0），粗细为【0.5pt】，效果如图 4-60 所示。

图 4-59 复制并调整花朵

图 4-60 绘制花茎

（10）使用【钢笔工具】绘制一个不规则形状作为花叶，填充色为【绿色】（CMYK 值分别为 68、4、94、0），效果如图 4-61 所示。

（11）选择【网格工具】，单击鼠标左键，为图形添加网格线，并选中网格点，在【颜色】控制面板中单击所需的颜色，可以为网格点填充颜色，效果如图 4-62 所示。

图 4-61　绘制花叶

图 4-62　网格填色

（12）按住【Alt】键，并按住鼠标左键，将叶子复制多个，并调整其大小和方向，效果如图 4-63 所示。

2）绘制花瓶

（1）选择【椭圆工具】，绘制一个椭圆形作为花瓶的底座，颜色填充为【绿色】（CMYK 值分别为 100、99、22、0），如图 4-64 所示。

图 4-63　复制花叶

图 4-64　绘制椭圆形

（2）选择【钢笔工具】，绘制花瓶的形状，按【Ctrl+[】键，将其调整到花朵的后方，效果如图 4-65 所示。

（3）选择【网格工具】，单击鼠标左键，为图形添加网格线，并选中网格点，在【颜色】控制面板中单击所需的颜色，为网格点填充颜色（两点的 CMYK 颜色值分别分 50、36、4、0 和 100、90、60、50），效果如图 4-66 所示。

图 4-65　绘制花瓶轮廓

图 4-66　网格填色

（4）选择【椭圆工具】，绘制一个椭圆形放置到花瓶口处。

（5）按【Ctrl+F9】键，弹出【渐变】面板，渐变类型设置为【直线】，并将颜色滑块设置为【蓝色】（CMYK 的值为 100、100、0、0）到【黑色】的渐变，如图 4-67 所示，并将其放置到花瓶的上一层，形成的效果如图 4-68 所示。

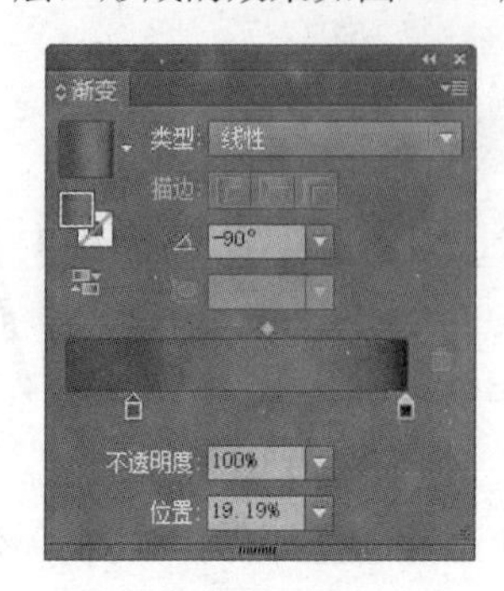

图 4-67 【渐变】面板

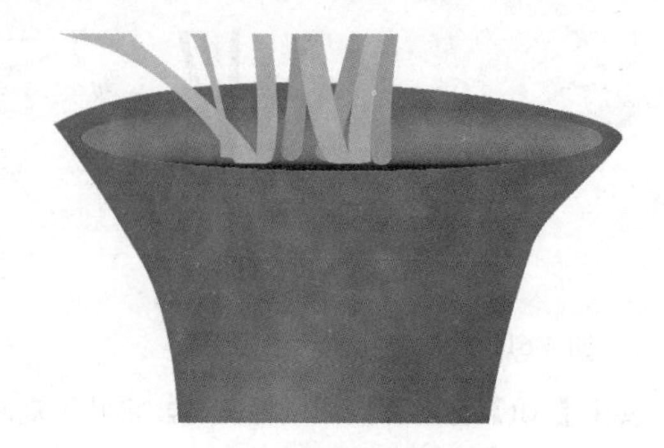

图 4-68 椭圆形填色效果

（6）选择【钢笔工具】，绘制花瓶边缘的形状，效果如图 4-69 所示，将图形颜色填充为【蓝色】（CMYK 的值为 100、100、0、0）。

（7）选择【网格工具】，单击鼠标左键，为图形添加网格线，并选中网格点，在【颜色】控制面板中单击所需的颜色，为网格点填充颜色（CMYK 颜色值分别分 60、40、0、0），效果如图 4-70 所示。

图 4-69 绘制花瓶边缘图形

图 4-70 填色效果

3）绘制桌面

（1）选择【钢笔工具】，绘制桌面顶面的形状，效果如图 4-71 所示。

（2）选择【窗口】→【色板库】→【图案】→【装饰】→【装饰旧版】命令，将弹出【装饰旧版】控制面板，选择图案样式为【鱼脊形双色】，如图 4-72 所示，形成的效果如图 4-73 所示。

图 4-71 绘制桌面顶面

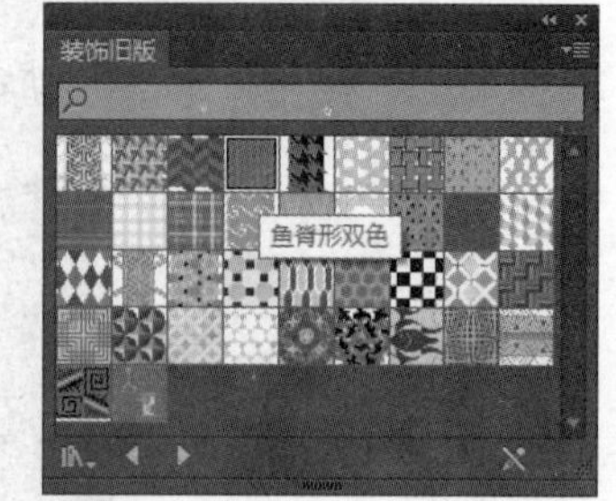

图 4-72 【装饰旧版】控制面板

（3）选择【矩形工具】，绘制一个矩形作为桌面的正面图形，将其填充为【鱼脊形双色】图案样式，如图 4-74 所示。

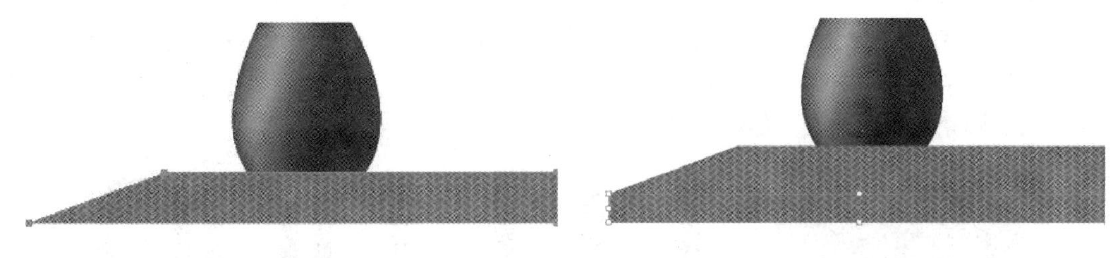

图 4-73　图案填充　　　图 4-74　绘制桌面正面

（4）按【Ctrl+C】键，将矩形复制，再按【Ctrl+F】键，将矩形粘贴到原矩形的前面，并将其填充为【褐色】（CMYK 颜色值分别分 60、80、100、30），如图 4-75 所示。

（5）选择【窗口】→【透明度】命令，调出【透明度】面板，将【不透明度】的值设置为【50%】，如图 4-76 所示，形成的效果如图 4-77 所示。

图 4-75　绘制矩形

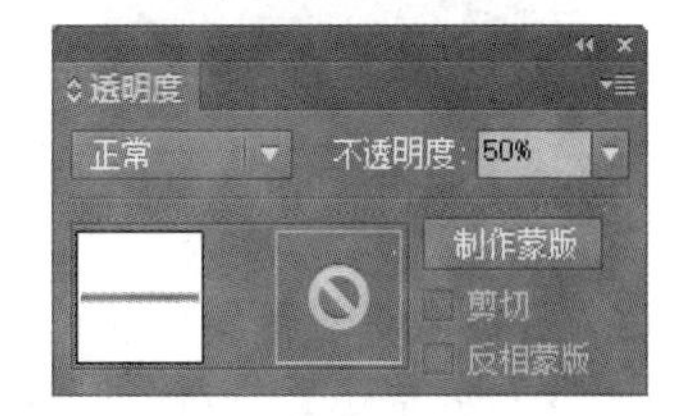

图 4-76　【透明度】面板

（6）使用【选择工具】选中桌面的全部图形，按【Ctrl+G】键，将其编组。

（7）按【Shift+Ctrl+[】键，将桌面调整到最底层，从而完成花瓶的制作，效果如图 4-78 所示。

图 4-77　添加透明度效果

图 4-78　完成效果

4.6　描边与图形样式

【描边】控制面板的主要功能是可以很方便地调节描边的粗细、形状，以及设置为虚线轮廓等操作。【图形样式】控制面板中提供了多种已经预设好的填充和描边填充图案，可供选择使用。

4.6.1　使用【描边】控制面板

选择【窗口】→【描边】命令(组合键为 Ctrl+F10)，弹出【描边】控制面板，如图 4-79 所示。【描边】控制面板的参数含义如下。

（1）【粗细】：设置描边的宽度，可设置的范围为 0.25~1000pt。

（2）【端点】：指定描边各线段的首端和尾端的形状，有平头端点、圆头端点和方头端点三种不同的顶点样式，平头端点是默认的。图 4-80 是选择平头端点、圆头端点和方头端点后的效果。

（3）【边角】：指定一段描边的拐点，即描边的拐角形状，它有三种不同的拐角连接形式，分别为斜接、圆角和斜角连接，如图 4-81 所示。

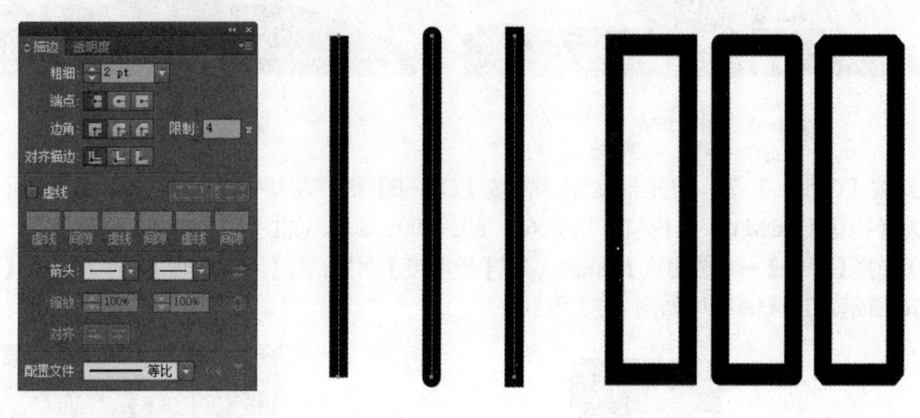

图 4-79 【描边】控制面板　　图 4-80　端点　　图 4-81　边角

（4）【限制】：设置斜角的长度，它将决定描边沿路径改变方向时伸展的长度。

（5）【对齐描边】：设置对齐描边的方式，可使描边居中、内侧、外侧对齐。

（6）【虚线】：勾选【虚线】复选项，可以创建描边的虚线效果，如图 4-82 所示，通过下面的几个【虚线】和【间隙】参数栏，可以控制虚线的线长、间隔长度。

（7）【箭头】：左侧的是【起始点箭头】，右侧的是【终止点箭头】。选中要添加箭头的曲线，单击箭头下拉列表框即可选择箭头样式，如图 4-83 所示。

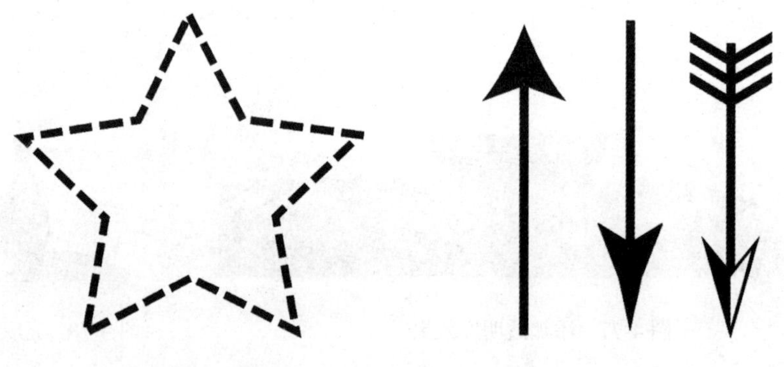

图 4-82　虚线　　图 4-83　箭头样式

（8）【缩放】：可以调整笔尖和箭头末端的大小。单击【缩放】选项右侧的【链接箭头起始处和结束处缩放】按钮，可以同时改变起始箭头和结束箭头的大小。

（9）【对齐】：可以调整路径以对齐笔尖或箭头末端，包括【将箭头提示扩展到路径终点外】、【将箭头提示扩展到路径终点处】。

（10）【配置文件】：为箭头配置不同的宽度线段格式。

4.6.2　使用【图形样式】控制面板

【图形样式】的效果可应用于对象、组和图层，当【图形样式】的效果可应用于组和图层时，组和图层内所有的对象都将具有【图形样式】的属性。

（1）应用图形样式　选择【窗口】→【图形样式】命令，弹出【图形样式】控制面板，如图

4-84 所示。想要为对象添加图形样式，直接单击样本库中的图形样式即可。

（2）【图形样式】控制面板的底部按钮

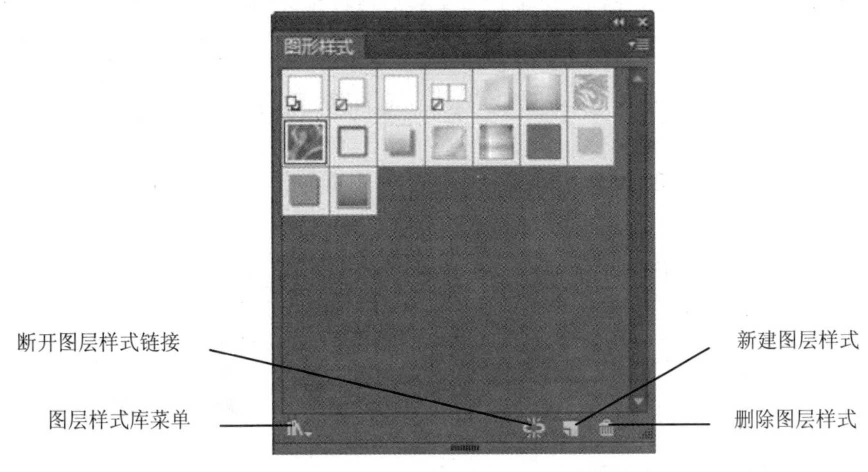

图 4-84 【图形样式】控制面板

①【图层样式库菜单】:可以载入图层样式库，打开更多的图层样式。

②【断开图层样式链接】:可以更改选定对象的图层样式的属性。

③【新建图层样式】:用来创建新的图层样式。

④【删除图层样式】:删除选定的图层样式。

4.7 使 用 符 号

符号可以创建类似于喷枪的效果，是应用比较广泛的工具之一。它的最大特点是可以方便、快捷地生成很多相似的图形实例，比如一片树林、一群游鱼、水中的气泡等。同时还可以通过符号工具组，灵活、快速地调整和修饰符号图形的大小、距离、色彩、样式等。

4.7.1 【符号】工具

使用工具箱中的符号工具组，可在页面中喷绘出许多自由排列的图案效果。Illustrator 工具箱的符号工具组中提供了八个符号工具，展开的符号工具组如图 4-85 所示，使用时只需要选择其符号工具，然后在页面单击或是拖动鼠标左键即可。

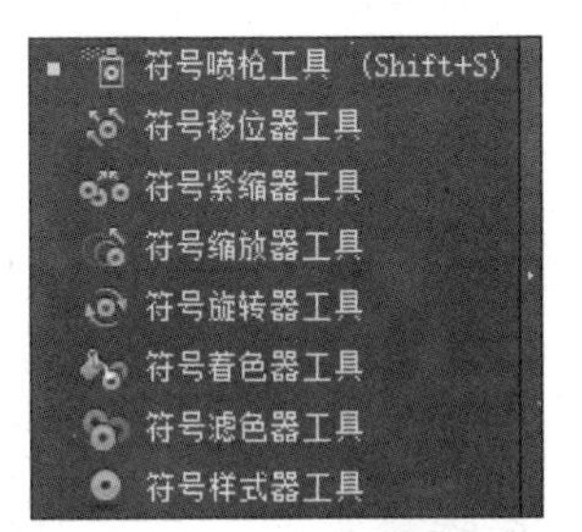

图 4-85　符号工具组

①【符号喷枪工具】:可以在页面中喷绘【符号】控制面板中的符号对象。

②【符号移位器工具】:移动页面中符号对象。

③【符号紧缩器工具】:可以将页面中的符号对象进行缩紧变形。

④【符号缩放器工具】:可以将页面中的符号对象进行放大操作。按住【Alt】键，可以对符号对象进行缩小操作。

⑤【符号旋转器工具】:对页面中的符号对象进行旋转操作。

⑥【符号着色器工具】:使用当前颜色为页面中的符号对象填色。

⑦【符号滤色器工具】:增加符号对象的透明度。按住【Alt】键，可以减小符号对象的透明度。

⑧【符号样式器工具】:将当前样式应用到符号对象中。

双击任意一个符号工具，将弹出【符号工具选项】对话框，如图 4-86 所示，可以设置符号工具的属性。

①【直径】:设置笔刷的直径，即选取符号工具后鼠标指针的形状大小。

②【强度】:设置拖动鼠标时符号对象随鼠标变化的速度，数值越大，被操作的符号对象变化得越快。

③【符号组密度】:设置符号集合中包含符号对象的密度，数值越大，符号集合所包含的符号对象数目就越多。

④【显示画笔大小和强度】:勾选该复选框，在使用符号工具时可以看到笔刷，不选中则隐藏笔刷。

4.7.2 【符号】控制面板

【符号】控制面板可以对选取的符号进行不同的编辑。选择【窗口】→【符号】命令，弹出【符号】控制面板，如图 4-87 所示。【符号】控制面板具有创建、编辑和存储符号的功能。单击控制面板右上方的▾≡图标，弹出其下拉菜单，如图 4-88 所示。

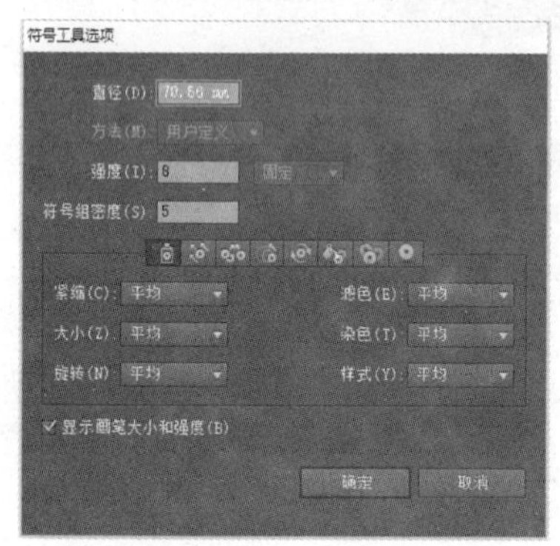

图 4-86 【符号工具选项】对话框

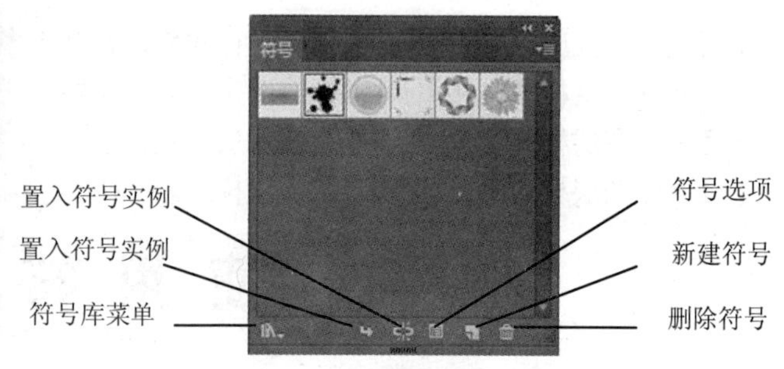

图 4-87 【符号】控制面板

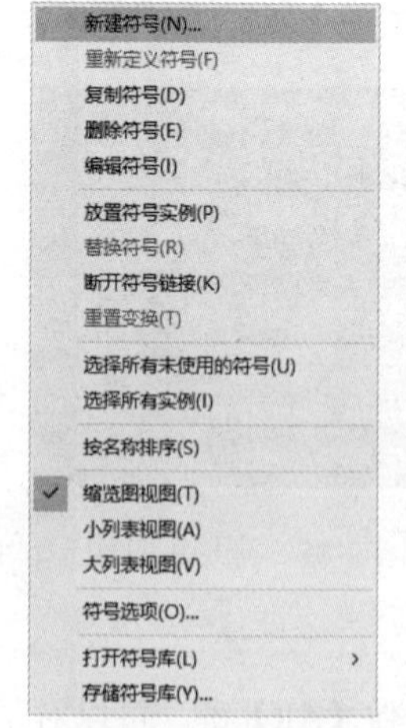

图 4-88 下拉菜单

【符号】控制面板按钮含义如下。

①【符号库菜单】:包括了多种符合库，可以选择调用。

②【放置符号实例】:将当前选中的一个符号范例放置在页面的中心。

③【断开符号链接】:将添加到插图中的符号范例与【符号】控制面板断开链接。

④【符号选项】:单击该按钮，可以打开【符号选项】对话框，并进行设置。

⑤【新建符号】:单击该按钮，可以将选中的要定义为符号的对象，添加到【符号】控制面板中作为符号。

⑥【删除符号】:单击该按钮，可以删除【符号】控制面板中被选中的符号。

4.7.3 创建和应用符号

1）创建符号

单击【新建符号】按钮，可以将选中的要定义为符号的对象，添加到【符号】控制面板中作为符号。

将选中的对象直接拖曳到【符号】控制面板中，弹出【符号选项】对话框，单击【确定】按钮，可以创建符号，如图 4-89 所示。

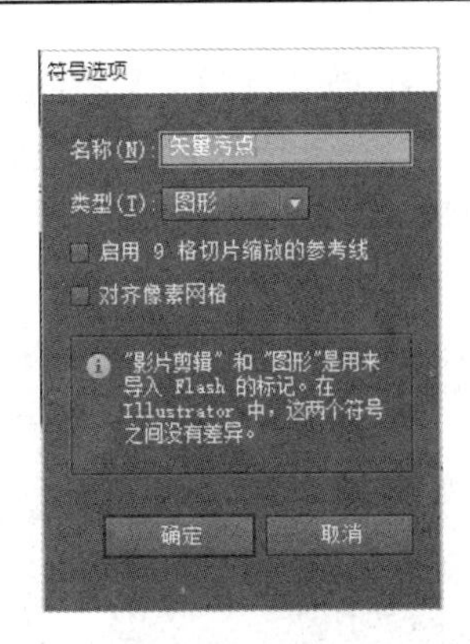

图 4-89 【符号选项】对话框

2）应用符号

在【符号】控制面板中选中需要的符号，然后直接将其拖曳到当前插图中，就会得到一个符号范例。

选择【符号喷枪工具】可以同时创建多个符号范例，并且可以将它们作为一个符号集合。

4.8 综合训练——绘制宣传单

利用填色与描边工具绘制宣传单，效果如图 4-90 所示。

图 4-90 宣传单效果

（1）按【Ctrl+N】快捷键，弹出【新建文档】对话框，设置文档名称为【第四章 宣传单】，宽度为【210mm】，高度为【297mm】，颜色模式为【CMYK】，单击【确定】按钮，如图 4-91 所示，新建一个文档。

（2）选择【矩形工具】，单击页面，弹出【矩形】对话框，在对话框中输入宽度为【210mm】、高度为【297mm】，绘制一个和页面等大的矩形，并将矩形与画布对齐。

（3）按【Ctrl+F9】键，弹出【渐变】面板，渐变类型设置为【直线】，并将颜色滑块设置为【绿色】（CMYK 的值为 50、100、0、0）到【白色】的渐变，如图 4-92 所示，形成的效果如图 4-93 所示。

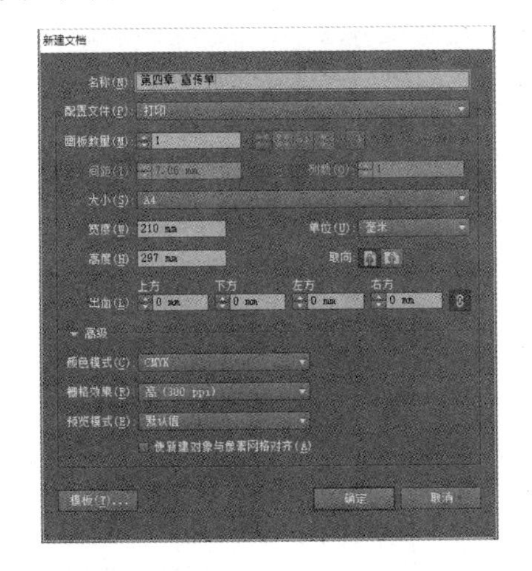

图 4-91 【新建文档】对话框

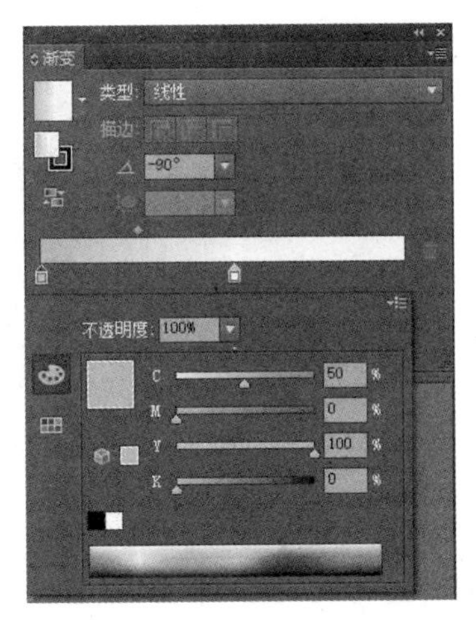

图 4-92 【渐变】面板

（4）选择【窗口】→【符号】命令，弹出【符号】控制面板，如图 4-94 所示。单击控制面板右上方的图标，弹出其下拉菜单，在下拉菜单选择【庆祝】符号面板，弹出【庆祝】符号面板，如图 4-95 所示。按住鼠标左键将【焰火】符号拖拽到绘图页面，并调整其大小，形成的效果如图 4-96 所示。

图 4-93　渐变填充

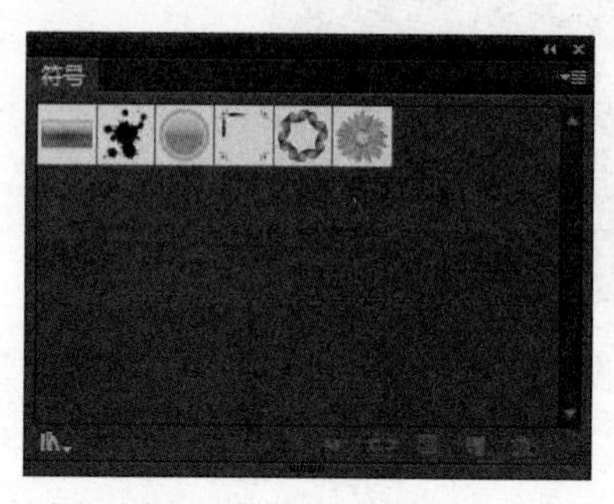

图 4-94　【符号】面板

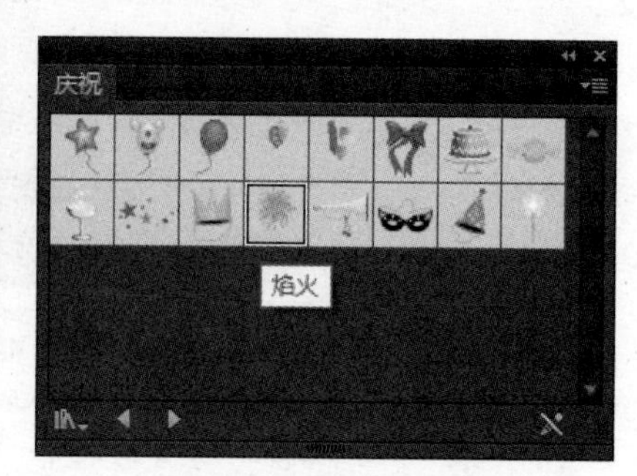

图 4-95　【庆祝】符号面板

（5）选择【钢笔工具】，绘制焰火的形状，填充为【黄色】（CMYK 颜色值分别分 10、58、94、0），效果如图 4-97 所示。

图 4-96　添加焰火符号

图 4-97　绘制图形

（6）选择【网格工具】，单击鼠标左键，为图形添加网格线，并选中网格点，颜色填充为【淡黄色】（CMYK 颜色值分别为 9、25、46、0），效果如图 4-98 所示。

（7）参照步骤（5）～（6）来完成如图 4-99 所示的焰火效果。

图 4-98　网格填色

图 4-99　绘制焰火效果

（8）选择【文字工具】，在页面中单击鼠标左键，输入【彩虹幼儿园】，将其字体设置为【华文琥珀】，字号为【70pt】，颜色填充为【黑色】，如图 4-100 所示。

（9）使用【选择工具】选中文字，按住【Alt】键，将文字进行移动复制，并将每个字都改变颜色，描边粗细设置为【2pt】，描边颜色为【白色】，效果如图 4-101 所示。

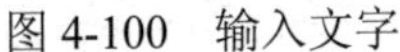

图 4-100　输入文字

图 4-101　添加颜色

（10）再次选择【文字工具】，在页面中单击鼠标左键，输入【新生班招生进行中】，将其字体设置为【华文琥珀】，字号为【70pt】，颜色填充为【黑色】。

（11）使用【选择工具】选中文字，按住【Alt】键，将文字进行移动复制。

（12）单击鼠标右键，在弹出的菜单中选择【创建轮廓】，如图 4-102 所示，将文字进行轮廓化。

（13）为文字添加渐变色，在【渐变】面板中，渐变类型设置为【直线】，并将颜色滑块设置为【绿色】（CMYK 值为 100、0、100、0）到【黄色】（CMYK 值为 0、0、100、0）的渐变，如图 4-103 所示，形成的效果如图 4-104 所示。

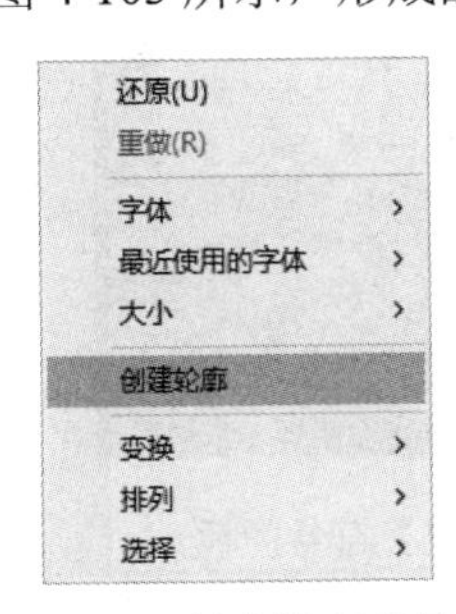

图 4-102 创建轮廓菜单

图 4-103 【渐变】面板

图 4-104　渐变填充效果

（14）选择【钢笔工具】，绘制基本形，颜色填充为【黄色】（CMYK 颜色值分别分 0、0、100、0），效果如图 4-105 所示。

（15）使用【选择工具】选中基本形，按住【Alt】键，将基本形进行移动复制，颜色填充为【绿色】（CMYK 值分别分 100、0、100、0），并调整其大小，效果如图 4-106 所示。

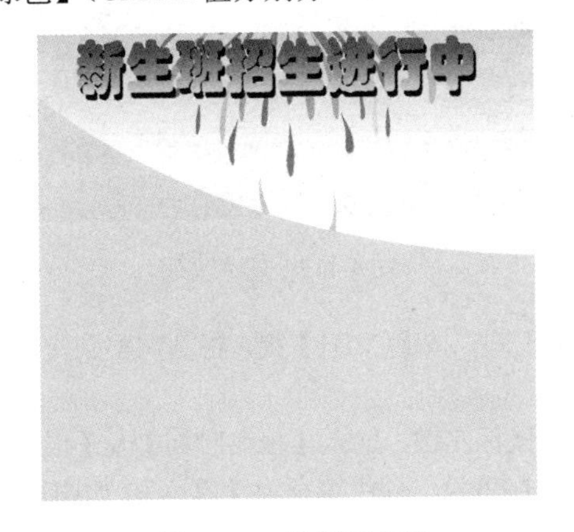

图 4-105　绘制基本形

图 4-106　复制图形

(16) 选择【钢笔工具】，绘制线条，颜色填充为【黄色】(CMYK 值分别分 0、0、100、0)，效果如图 4-107 所示。

(17) 选择【窗口】→【描边】命令，弹出【描边】控制面板，设置描边【粗细】为【24pt】，勾选【虚线】复选框，设置虚线为【12pt】，如图 4-108 所示，形成的效果如图 4-109 所示。

图 4-107　绘制线条

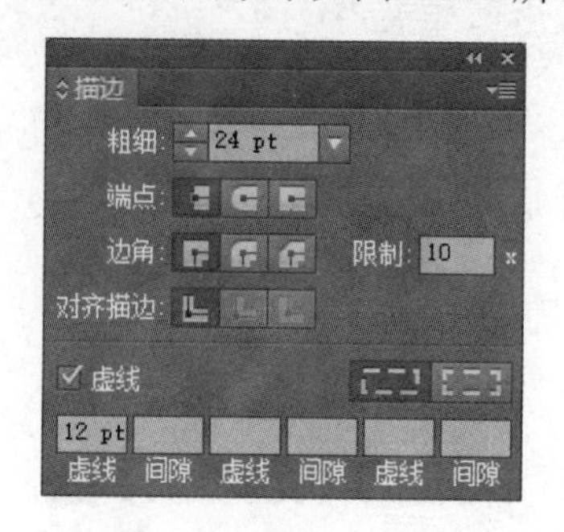

图 4-108 【描边】控制面板

(18) 在打开的【庆祝】符号面板中选择【五彩纸屑】，如图 4-110 所示，按住鼠标左键将其拖拽到绘图页面，效果如图 4-111 所示。

图 4-109　线条效果

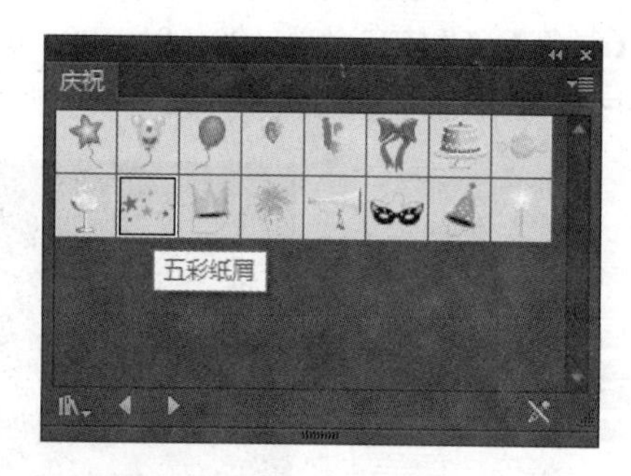

图 4-110 【庆祝】符号面板

(19) 选择【文字工具】，在页面中单击鼠标左键，输入【招生范围】及【招生班级】等文字内容，将其字体设置为【华文琥珀】，字号为【30pt】，颜色填充为【白色】，如图 4-112 所示。

图 4-111　应用符号

图 4-112　输入文字

(20) 选择【椭圆工具】，在页面中绘制八个正圆，按【Ctrl+[】键，将其调整到文字下层，并填充为彩色，无描边色，效果如图 4-113 所示。

(21) 再次选择【文字工具】，在页面中单击鼠标左键，输入【报名时间】及【报名热线】等文字内容，将其字体设置为【华文行楷】，字号为【22pt】，颜色填充为【黑色】，如图 4-114 所示，从而完成宣传单的制作。

图 4-113　绘制正圆

图 4-114　输入文字

4.9　课后练习——绘制优惠券

【知识要点】：使用【矩形工具】绘制背景，同时给背景添加渐变颜色，并给背景添加符号样式；使用【钢笔工具】绘制不规则图形及线条，并给线条添加渐变颜色；使用【文字工具】添加文字，并给文字添加符号装饰，如图 4-115 所示。

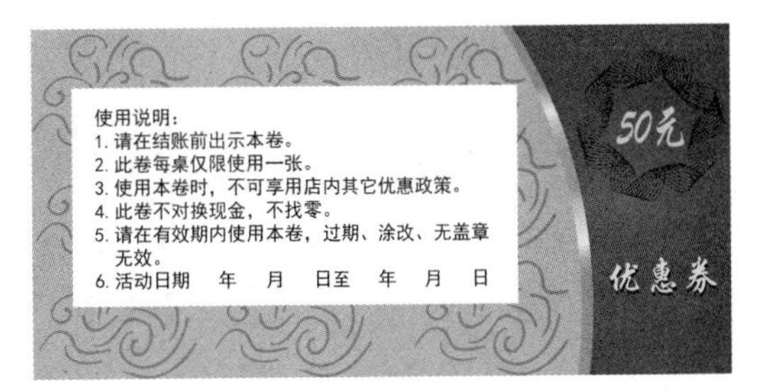

图 4-115　优惠券效果

第 5 章　文本的处理

Illustrator 拥有非常强大的文本处理功能，可以针对大量的段落文本及图文混排进行编辑处理，本章将对如何创建和编辑文本进行讲述。

5.1 创建与导入文本

Illustrator CC 作为功能强大的矢量绘图软件，提供了十分强大的文本处理和图文混排功能，不仅可以像其他文字处理软件一样排版大段的文字，还可以把文字作为对象来处理。也就是说，可以充分利用 Illustrator CC 中强大的图形处理能力来修饰文本，创建绚丽多彩的文字效果。

5.1.1 创建文本

为了能够满足用户不同场合的文字编排需求，Illustrator CC 提供 7 种文字工具。展开的文字工具组如图 5-1 所示，分别是【文字工具】、【区域文字工具】、【路径文字工具】、【直排文字工具】、【直排区域文字工具】、【直排路径文字工具】、【修饰文字工具】。文字可以直接输入，也可以选择【文件】→【置入】命令，置入外部的文本或粘贴复制其他程序中的文字。

5.1.2 使用文本工具

选择【文字工具】或【直排文字工具】，可以直接输入沿水平方向或垂直方向排列的文本。

1）输入点文本

当需要输入少量文字时，选择【文字工具】或【直排文字工具】在绘图页面中单击，出现插入文本光标，此时就可以输入文字了，如图 5-2 所示。这样输入的文字独立成行，不会自动换行，当需要换行时，按【Enter】键可以开始新的一行。

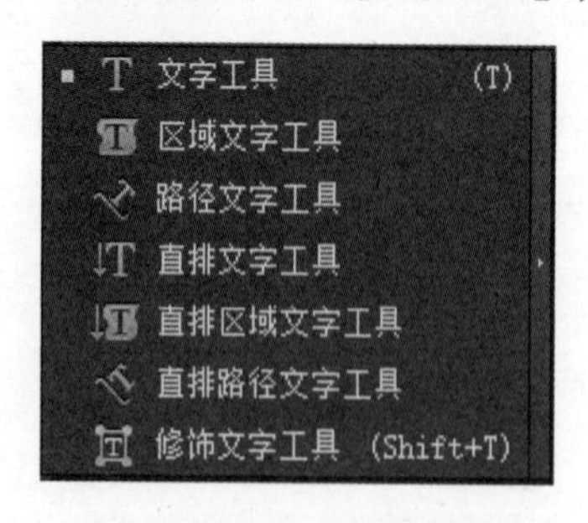

图 5-1　文字工具组

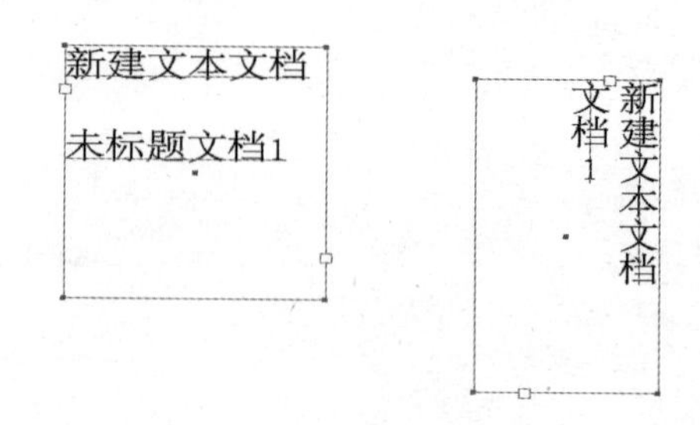

图 5-2　点文本

2）输入段落文本

如果有大段的文字输入，选择【文字工具】或【直排文字工具】，在页面中按住鼠标左键拖动，此时将出现一个文本框，拖动文本框到适当大小后释放鼠标左键，形成矩形范围框，出现插入文本光标，此时即可输入文字，《我的故乡》（中国香港：钟伟民）如图 5-3 所示。

我的故乡，在遥远的岛国
落日，染红了岩礁
点亮了九重葛和木槿
面包树又落下一片叶子
我以为人生
会像花儿一样灿烂
会闪烁一如星辰

我的故乡，在遥远
的岛国
落日，染红了岩礁
点亮了九重葛和木
槿
面包树又落下一片
叶子
我以为人生
会像花儿一样灿烂
会闪烁一如星辰

图 5-3　段落文本

在文字的输入过程中，输入的文字到达文本框边界时会自动换行。框内文字会根据文本框的大小自动调整，如果文本框无法容纳所有的文本，文本框会显示【+】标记，如图 5-4 所示。

我的故乡，在遥远的岛国
落日，染红了岩礁
点亮了九重葛和木槿
面包树又落下一片叶子
我以为人生
会像花儿一样灿烂
会闪烁一如星辰

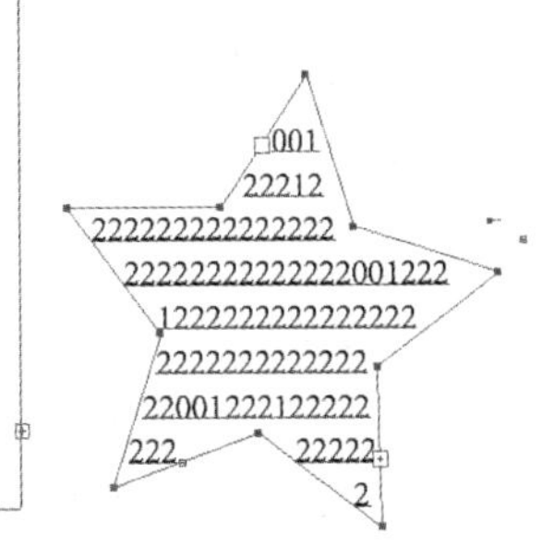

图 5-4　段落文本没有完全显示

【技巧】：如果在文本中添加大型的文本，最好使用段落文本，段落文本中包含的格式编排比较多；如果在文档中添加几条说明或标题，最好使用点文本。

5.1.3　使用【区域文本】工具

在 Illustrator CC 中还可以创建任意形状的文本对象。创建任意形状的文本对象时，当前页面中必须有一个开放或闭合的路径，操作步骤如下。

选取一个具有描边和填充颜色的图形对象，如图 5-5（a）所示。

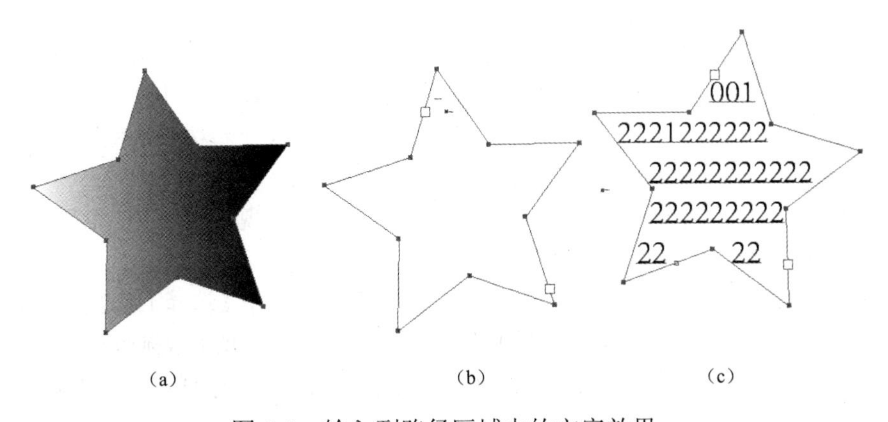

图 5-5　输入到路径区域中的文字效果

（1）选择【文字工具】或【区域文字工具】，将光标移动到路径的边线上，在路径图形对象上单击，此时路径图形中将出现闪动的光标，而且带有描边色和填充色的路径将变为无色，图形对象转换为文本路径，如图 5-5（b）所示，即可输入文字。输入的文字将按照路径的形状来自动排列，如图 5-5（c）所示。

（2）如果输入的文字超出了文本路径所能容纳的范围，将出现文本溢出的现象，会显示【+】标记，如图 5-6 所示。

（3）使用【选择工具】和【直接选择工具】选中文本路径，调整文本路径周围的控制点来调整文本路径的大小，可以显示所有文字，效果如图 5-7 所示。

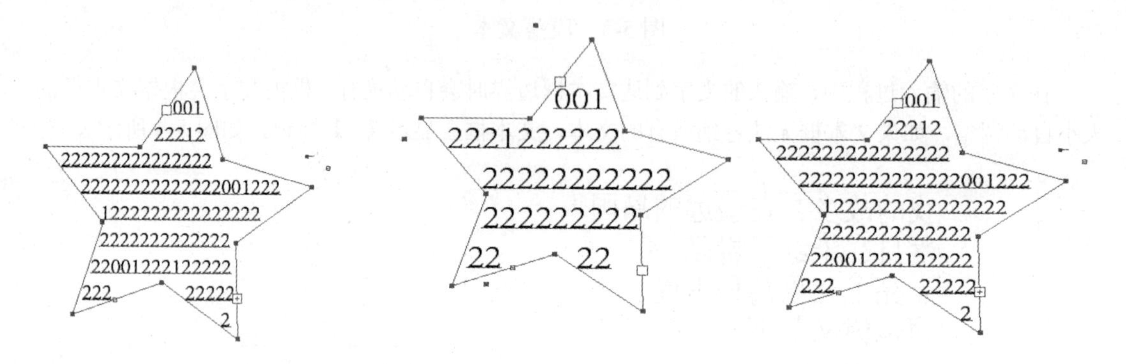

图 5-6 文字没有完全显示　　　　图 5-7 调整文本路径大小

（4）使用【直排文字工具】或【直排区域文字工具】与使用【区域文字工具】的方法相同，在文本路径中可以创建竖排的文字，如图 5-8 所示。

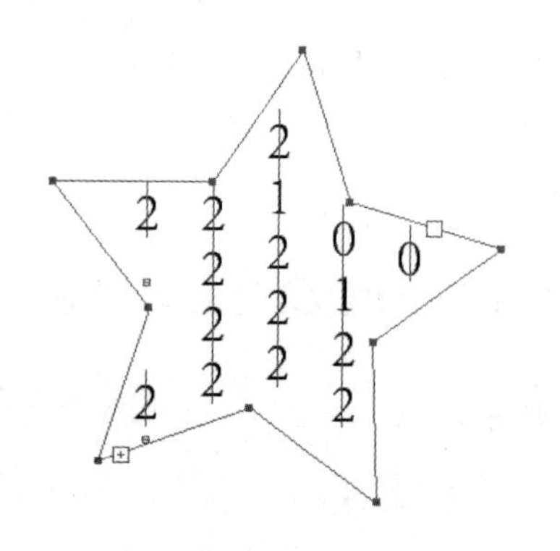

图 5-8 直排文字效果

5.1.4 使用【路径文本】工具

使用【路径文字工具】和【直排路径文字工具】，可以在页面中输入沿开放或闭合路径的边缘排列的文字。在使用这两种工具时，当前页面中必须先选择一个路径，然后再进行文字的输入，操作步骤如下。

（1）使用【钢笔工具】在页面中绘制一个开放路径，如图 5-9（a）所示。

（2）选择【路径文字工具】，将光标放置在曲线路径的边缘处单击，将出现闪动的光标，此时路径转换为文本路径，原来的路径将不再具有描边或填充的属性，如图 5-9（b）所示，即可输入文字。输入的文字将按照路径排列，文字的基线与路径是平行的，如图 5-9（c）所示。

（3）如果输入的文字超出了文本路径所能容纳的范围，将出现文本溢出的现象，会显示【+】标记，如图 5-10 所示。

（4）如果对创建的路径文本不满意，可以对其进行编辑。使用【选择工具】和【直接选择工具】，选取要编辑的路径文本，如图 5-11 所示，文本中会出现沿线排版起点和终点图形符号。拖动沿线排版中部的【I】形符号，可沿路径移动文本，拖动沿线排版终点处图形符号可隐藏或显示路径文本。

（5）使用【直排路径文字工具】与使用【路径文字工具】的方法相同，文字与路径是直排的，如图 5-12 所示。

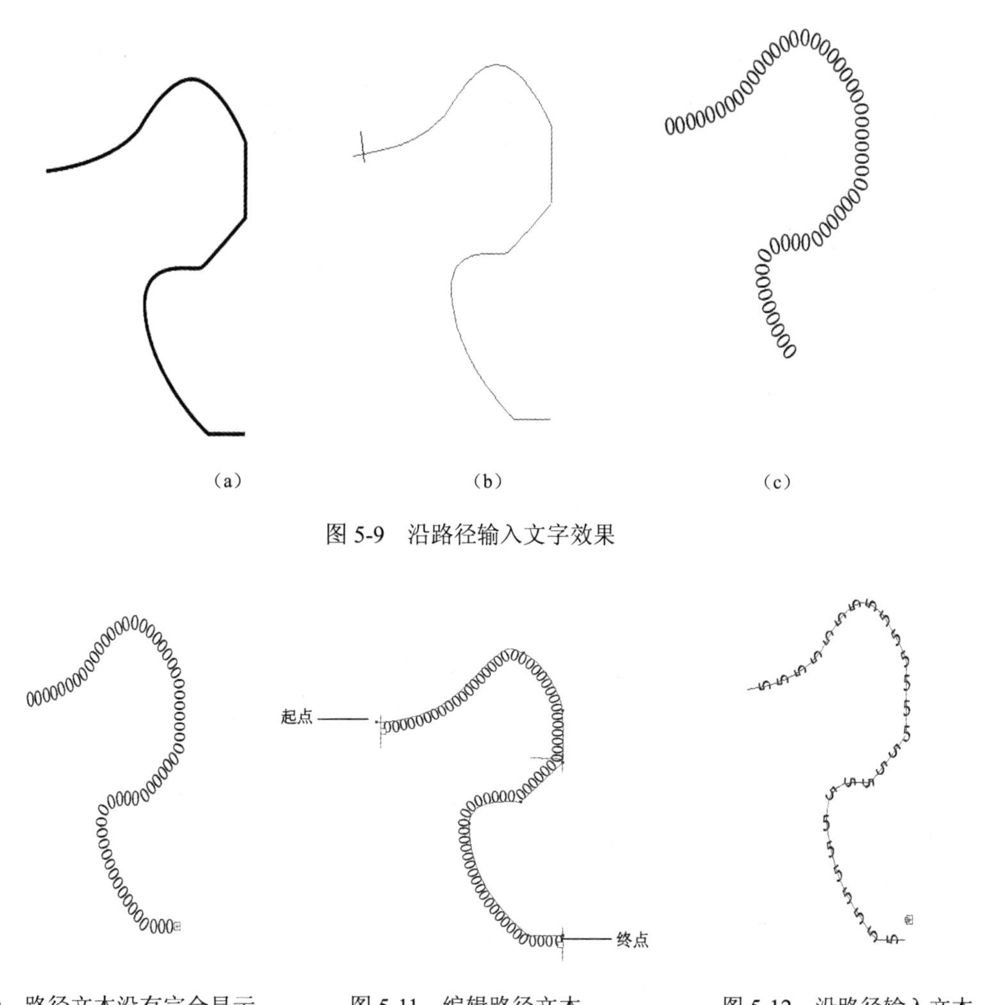

图 5-9　沿路径输入文字效果

图 5-10　路径文本没有完全显示　　图 5-11　编辑路径文本　　图 5-12　沿路径输入文本

【提示】：如果在输入文字后想改变文字的横排或竖排方式，可以选择【文字】→【文字方向】命令来实现。

5.2　设置文本格式

5.2.1　编辑文本

（1）编辑部分文字时，先选择【文字工具】T，移动鼠标光标到文本上，单击插入光标并按住鼠标左键拖动，即可选中部分文本。选中的文本将反白显示，如图 5-13 所示。

（2）使用【选择工具】在文本区域内双击，进入文本编辑状态。双击可以选中文字，按【Ctrl+A】快捷键，可以全选文字，如图 5-14 所示。

（3）文本对象可以任意调整，编辑文本之前，必须先选中文本对象。

我的故乡，在遥远的岛国　　我的故乡，在遥远的岛国

图 5-13　选中部分文本对象

图 5-14　全选文字

使用【选择工具】单击文本，可以选中文本对象，用鼠标拖动可以移动其位置，选择【对象】→【变换】→【移动】命令，弹出【移动】对话框，可以通过设置数值来精确移动文本对象，选择【比例缩放工具】,可以对选中的文本对象缩放。选择【对象】→【变换】→【缩放】命令，弹出【比例】对话框，可以通过设置数值精确缩放文本对象，如图 5-15 所示，除此之外，还可以对文本对象进行旋转、倾斜、对称等操作。

使用【选择工具】单击文本框的控制点并拖，可以改变文本框的大小，如图 5-16 所示。

图 5-15　缩放文本对象

图 5-16　改变文本框大小

【技巧】：选择【对象】→【路径】→【清理】命令，弹出【清理】对话框，选中【空文本路径】，复选框可以删除空的文本路径，如图 5-17 所示。

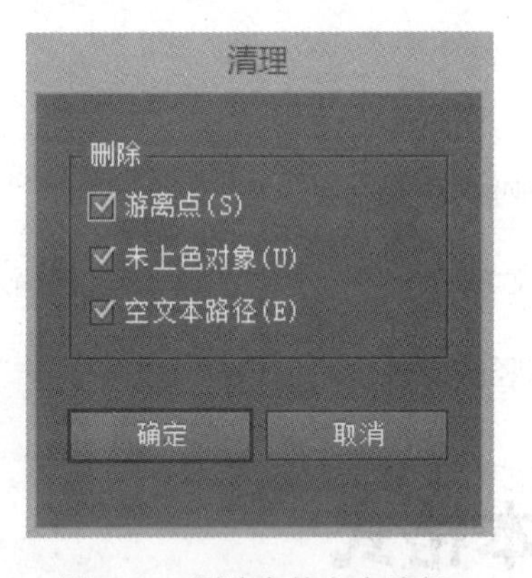

图 5-17　删除空的文本路径

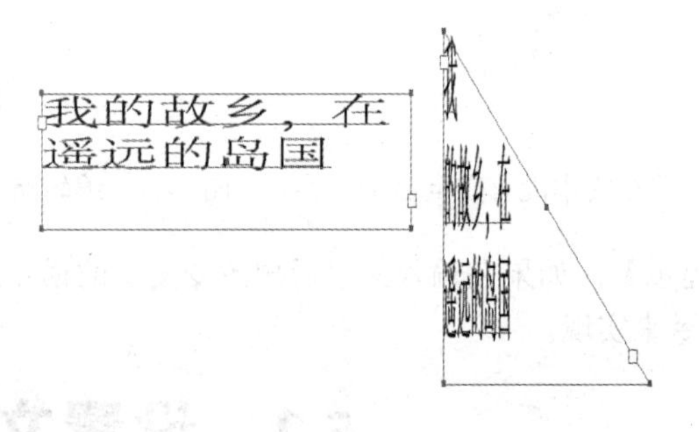

图 5-18　调整文本框形状

利用【选择工具】和【直接选择工具】，可以将文本框调整为各种各样的形状，其方法与使用【选择工具】和【直接选择工具】调整路径的方法相同。在调整过程中可以利用【添加锚点工具】和【删除锚点工具】，在文本框上添加或删除锚点，也可以利用【转换锚点工具】转换节点的属性，如图 5-18 所示。

文字和图形一样，具有填充和描边属 性，也可以填充各种颜色、图案等，如图 5-19 所示。

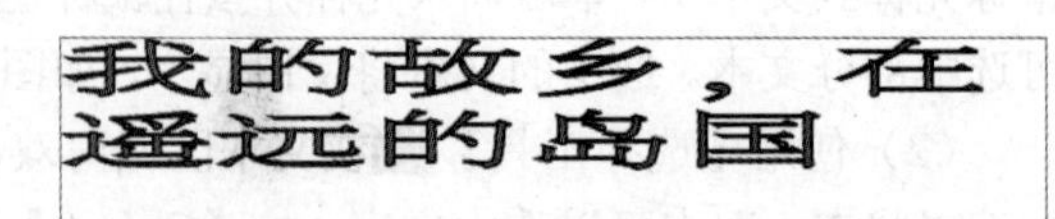

图 5-19　文字描边、填充

【提示】：在对文本进行轮廓化之前，渐变的效果不能应用到文字上。

5.2.2　案例应用——图案字体效果设计

创建图形图案字体效果，具体操作步骤如下。

（1）启动 Illustrator CC 后，按【Ctrl+N】快捷键创建新文档。

（2）选择【钢笔工具】，在文档中绘制路径，如图 5-20 所示。

（3）单击【文字工具】设置填充色为【绿色】(CMYK 的颜色只为 100、0、100、0），在路径上单击，创建文字如图 5-21 所示。

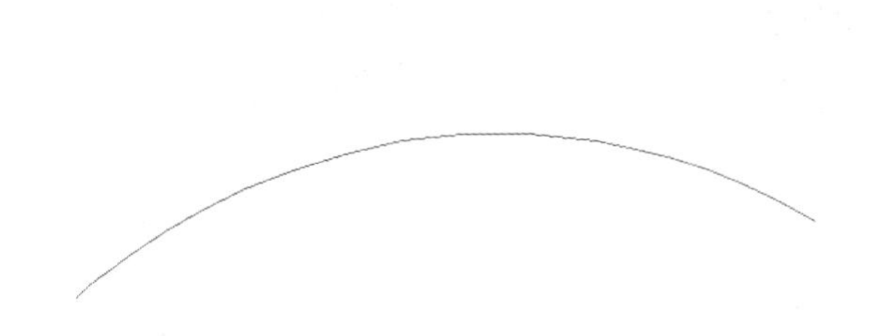

图 5-20　钢笔绘制路径

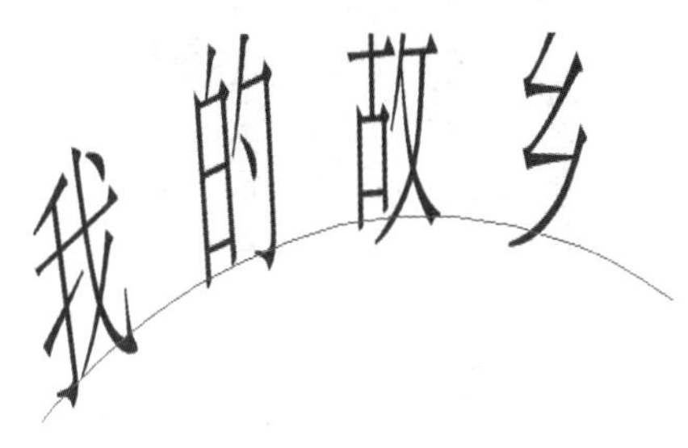

图 5-21　创建文字

（4）全部选中文字，单击选项栏中的颜色下拉菜单，接着单击右上方的黑三角，打开【颜色】面板菜单，选择【打开色板库】→【图案】→【自然】→【自然_叶子】命令，弹出【自然_叶子】图案面板，如图 5-22 所示。

（5）单击【叶子颜色】，字体被【叶子颜色】图案填充，效果如图 5-23 所示。

图 5-22　图案填充

图 5-23　完成文字制作

5.2.3　设置字符格式

将文本输入后，需要设置字符的格式，如文字的字体、大小、字距、行距等，字符格式决定了文本在页面上的外观。在菜单中可以设置字符格式，也可以在【字符】面板中设置字符格式。

使用【字符】面板设置文字格式，操作步骤如下。

（1）使用【文字工具】选中所要设置字符格式的文字。

（2）选择【窗口】→【文字】→【字符】命令，或按【Ctrl+T】快捷键，弹出【字符】面板，如图 5-24 所示。【字符】面板包括以下各项。

①【字体】：在下拉列表中选择一种字体，即可将选中的字体应用到所选的文字中，如图 5-25 所示。

【提示】：如要快速预览字体效果，首先选择要更改字体的文字，然后使用鼠标在【字符】面板中的字体文本框中单击，不停地按键盘上的上、下方向键，每按一次方向键，就会预览一种字体效果。

②【字号】：在下拉列表中选择合适的字号，也可以通过微调按钮来调整字号大小，还可以在输入框中直接输入所需要的字号大小，如图 5-26 所示。

图 5-24 字符面板

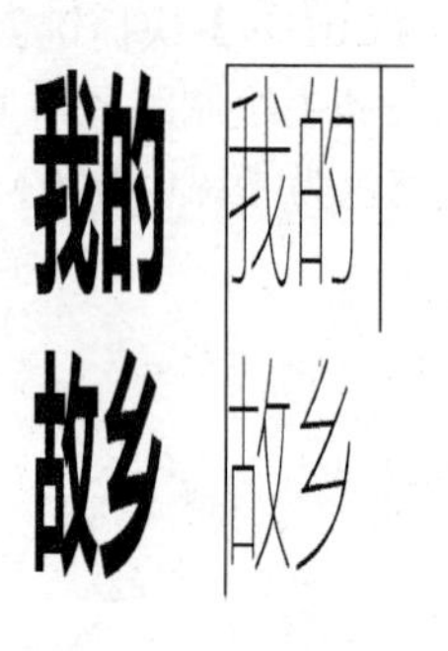

图 5-25 不同的字体

图 5-26 不同的字号

③【行距】：文本行间的垂直距离，如果没有自定义行距值，系统将使用自动行距，如图 5-27 所示。

④【字距】：选择用来控制两个文字或字母之间的距离，如图 5-28（a）所示，选项只有在两个文字或字符之间插入光标时才能进行设置。选项可使两个或多个被选择的文字或字母之间保持相同的距离，如图 5-28（b）所示。

⑤【水平缩放】：保持文本的高度不变，只改变文本的宽度，如图 5-29 所示。对于竖排文字，会产生相反的效果。

（a） （b）

图 5-27 不同的行距　　图 5-28 不同的字距　　图 5-29 水平缩放文本

⑥【垂直缩放】：保持文本的宽度不变，只改变文本的高度，如图 5-30 所示。对于竖排文字会产生相反的效果。

⑦【基线偏移】：改变文字与基线的距离，使用基线偏移可以创建上标或下标，如图 5-31 所示，或者在不改变文本方向的情况下，更改路径文本在路径上的排列位置。

图 5-30 垂直缩放文本

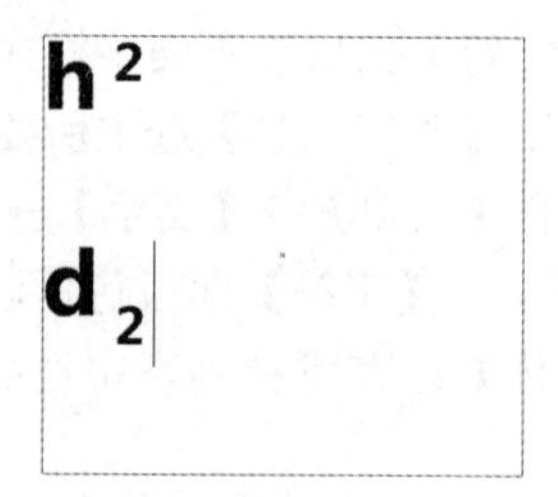

图 5-31 上标和下标

5.3　设置段落格式

在 Illustrator CC 中除了点文本外，其他方式录入的文本都以文本框的形式出现。文本框的外形就是所录入文本的外形，我们把这种基于文本框的文本称做段落文本。对于选定的段落文本，可以应用一些专用的编辑格式，它们是调整段落文本的间距、应用缩进和使用文本样式。应用于段落文本的编辑格式主要在【段落】调板上。该调板提供了能够应用于段落文本的对齐方式、段落缩进、段落间距、制表符的位置等多种格式。

【技巧】：如果是对于一个段落进行操作，只需将文字插入光标插入该段即可；如果设置的是连续的多个段落，就必须将所要设置的所有段落全部选取。

5.3.1　设置段落方式

使用【段落】面板设置段落格式，操作步骤如下。

（1）用文字工具选取所要设置段落格式的段落。

（2）选择【窗口】→【文字】→【段落】命令，或按【Ctrl+A+T】快捷键,弹出【段落】面板，如图 5-32 所示。在其中可以设置段落的对齐方式、左右缩进、段间距和连字符等。

1）段落缩进

段落缩进是指从文本对象的左、右边缘向内移动文本。其中，【首行缩进】只应用于段落的首行，并且是相对于左侧缩进进行定位的。在【左缩进】和【右缩进】文本框中，可以通过输入数值来分别设置段落的左、右边界向内缩排的距离。输入正值时，表示文本框和文本之间的距离拉大；输入负值时，表示文本框和文本之间的距离缩小，段落缩进效果如图 5-33 所示。

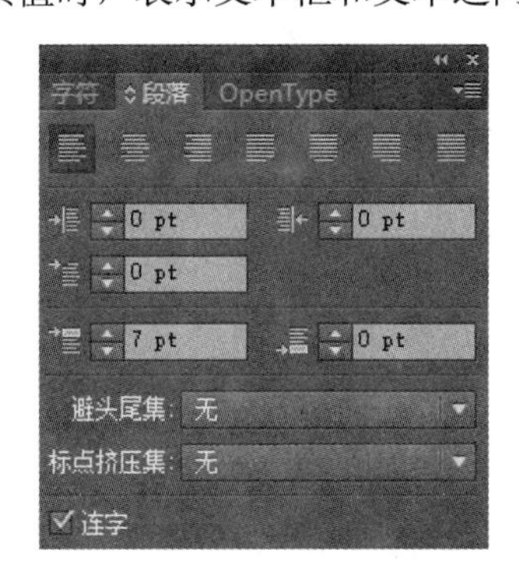

图 5-32　段落面板

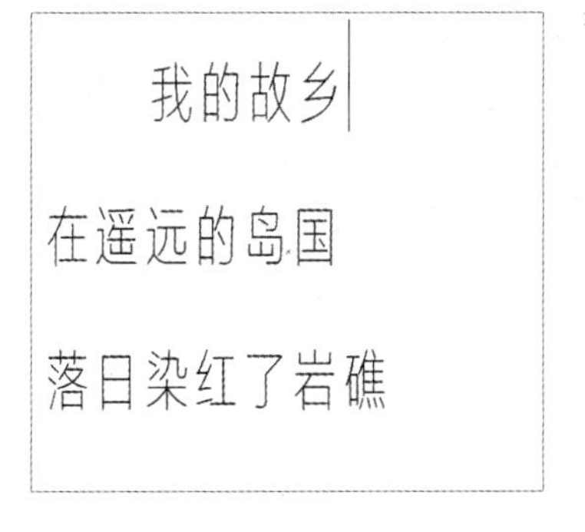

图 5-33　段落缩进

【注意】：在【首行缩进】文本框内，当输入的数值为正数时，相对于段落的左边界向内缩排；当输入的数值为负数时，相对于段落的左边界也向外扩展。

2）段落间距

为了阅读方便，经常需要将段落之间的距离设置大一些，以便于更加清楚地区分段落。在【段前间距】和【段后间距】文本框中，可以通过输入数值来设置所选段落与前一段或后一段之间的距离，段落间距效果如图 5-34 所示。

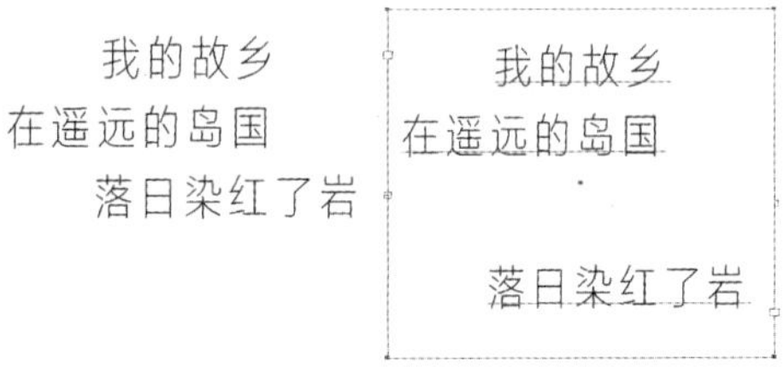

图 5-34　不同的段间距

【提示】：实际段落间的距离是前段的段后距离加上后段的段前距离。

3）对齐方式

Illustrator CC 对齐方式包括【左对齐】、【右对齐】、【居中对齐】、【两端对齐】、【末行左对齐】、【两端对齐，末行居中对齐】、【两端对齐，末行右对齐】、【全部两端对齐】，段落对齐方式效果如图 5-35 所示。

我的故乡
在遥远的岛国
落日染红了岩礁

我的故乡
在遥远的岛国落日
染红了岩

图 5-35　段落对齐方式

【注意】：选择【文字】→【显示隐藏字符】命令，或按【Ctrl+Alt+I】快捷键，可以显示出文本的标记，包括硬回车、软回车、制表符等。

4）避头尾设置

中文的文章通常会避免让逗号、右引号等标点出现在行首，在【段落】面板中【避头尾集】下拉列表中选择【避头尾设置】，弹出一个对话框，详细设置各选项，即可应用避头尾功能。

5）智能标点

选择【文字】→【智能标点】命令，弹出【智能标点】对话框，如图 5-36 所示。【智能标点】命令可搜索键盘标点字符，并将其替换为相同的印刷体标点字符。此外，如果字体包括连字符和分数符号，便可以使用【智能标点】命令统一插入连字符和分数符号。

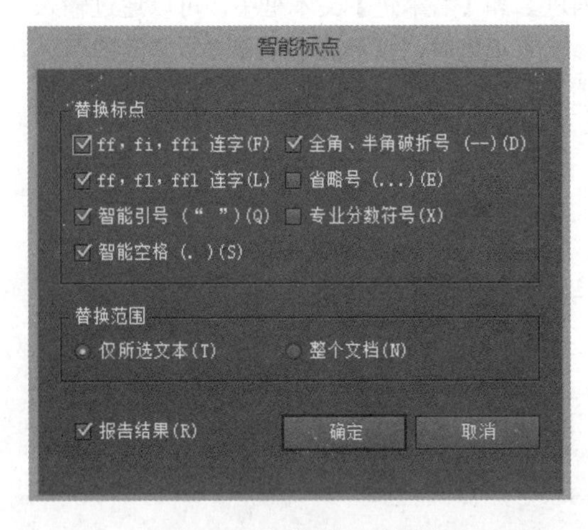

图 5-36　智能标点对话框

对话框中的各项参数如下。

①【ff、fi、ffi 连字】：将 ff、fi 或 ffi 等字母组合转换为连字。

②【ff、fl、ffl 连字】：将 ff、fl 或 ffl 等字母组合转换为连字。

③【智能引号】：将键盘上的直引号改为弯引号。

④【智能空格】：消除句号后的多个空格。

⑤【全角、半角破折号】：用半角破折号替换两个键盘破折号，用全角破折号替换 3 个键盘破折号。

⑥【省略号】：用省略点替换 3 个键盘句点。

⑦【专业分数符号】：用同一种分数字符替换分别用来表示分数的各种字符。

6）连字

连字是针对罗马字符而言的，当行尾的单词都不能容纳在同一行时，如果不设置连字，则整个单词就会转到下一行；如果使用了连字，可以用连字符使单词分开在两行，这样就不会出现字距过大或过小的情况了，如图 5-37 所示。

who can see script　　　who can see script

（a）　　　（b）

图 5-37　连字效果

在【段落】面板中选择【连字】复选框，即可启用自动连字符连接；从【段落】面板弹出的下拉菜单中选取【连字】命令，弹出【连字】对话框，详细设置各选项，如图 5-38 所示。

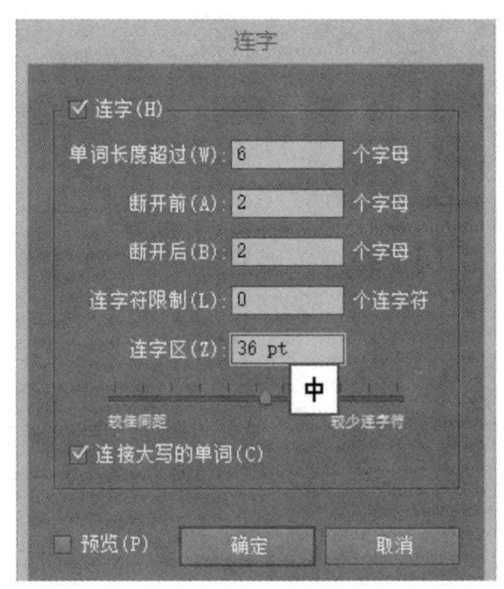

图 5-38　连字对话框

（1）【单词长度超过】：指定用连字符连接的单词的最少字符数。

（2）【断开前和断开后】：指定可被连字符分隔的单词开头或结尾处的最少字符数。例如，将这些值指定为 3 时，aromatic 将断为 aro-matic，而不是 ar-omatic 或 aromat-ic。

（3）【连字符限制】：指定可进行连字符连接的最多连续行数，0 表示行尾处允许的连续连字符没有限制。

（4）【连字区】：从段落右边缘指定一定边距，划分出文字行中不允许进行连字的部分。设置为 0 时，允许所有连字，此选项只有在使用【Adobe 单行书写器】时才可使用。

（5）【连字大写的单词】：选择此复选框，可防止用连字符连接大写的单词。

【提示】：选择【编辑】→【查找和替换】命令，可打开【查找和替换】对话框。【查找和替换】命令能够根据需要在指定的范围内查找和替换文本，在替换文本后将保持文本原来的属性。

5.3.2　案例应用——设置诗句段落格式

设置诗句段落格式，具体操作步骤如下。

（1）按【Ctrl+N】快捷键，新建一个文档，名称为【第五章　设置诗句段落格式】，宽度为【297mm】，高度为【210mm】，颜色模式为【CMYK】，如图 5-39 所示，单击【确定】按钮。

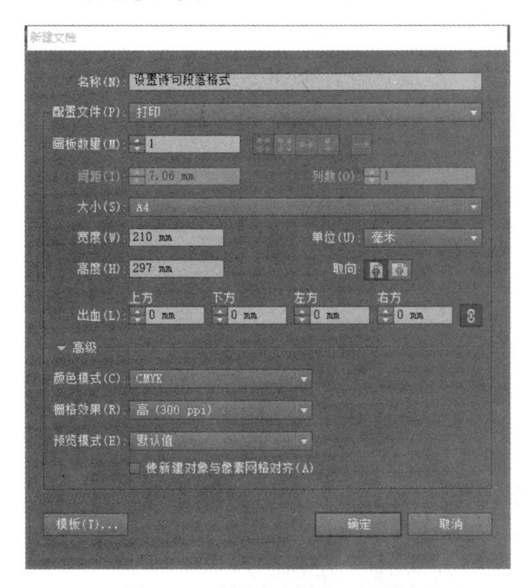

图 5-39　【新建文档】对话框

（2）选择【文件】→【置入】命令，弹出【置入】对话框，如图 5-40 所示，选择【背景】素材图片，单击【置入】按钮，将素材图片置入到图像窗口，如图 5-41 所示。

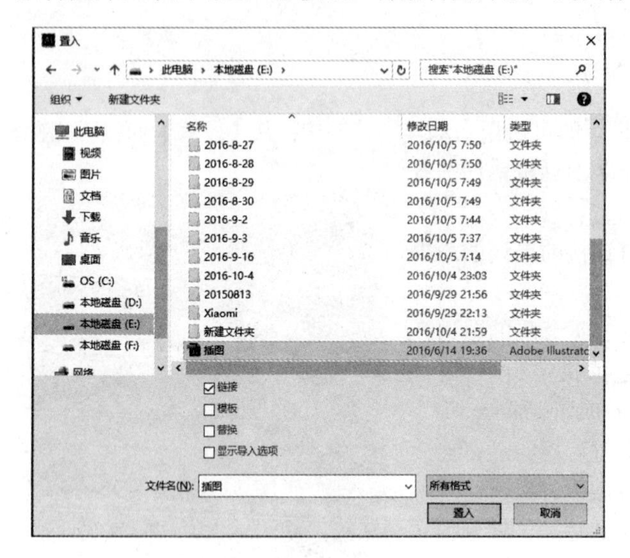

图 5-40 【置入】对话框

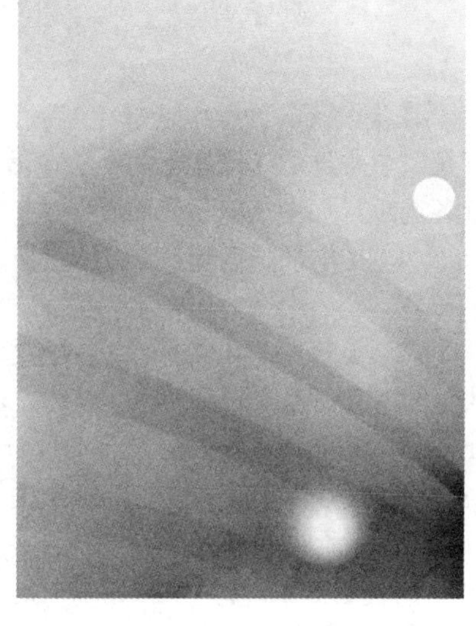

图 5-41 置入背景

（3）选择【钢笔工具】，绘制基本形，并将其填充为【黄色】（CMYK 的值为 0、0、100、0），无描边色，如图 5-42 所示。

（4）将基本形进行复制，并调节其大小，填充为【白】到【黄绿色】（CMYK 的颜色值为 50、0、100、0）渐变，效果如图 5-43 所示。

图 5-42 绘制基本形

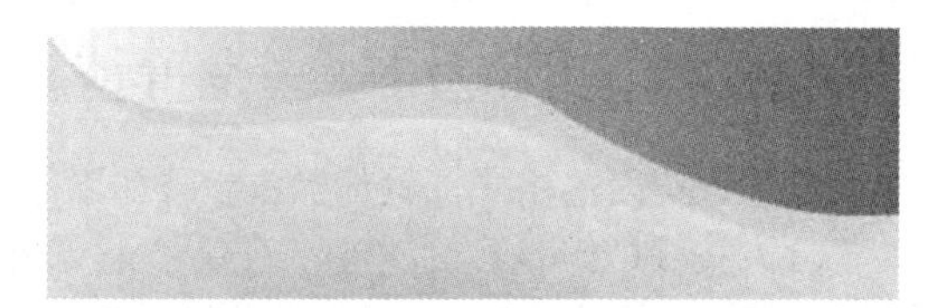

图 5-43 复制基本形

（5）选择【钢笔工具】，绘制路径，如图 5-44 所示。

（6）选择【路径文字工具】，输入文字【我渴望】，并设置其字体、颜色及字号大小，效果如图 5-45 所示。

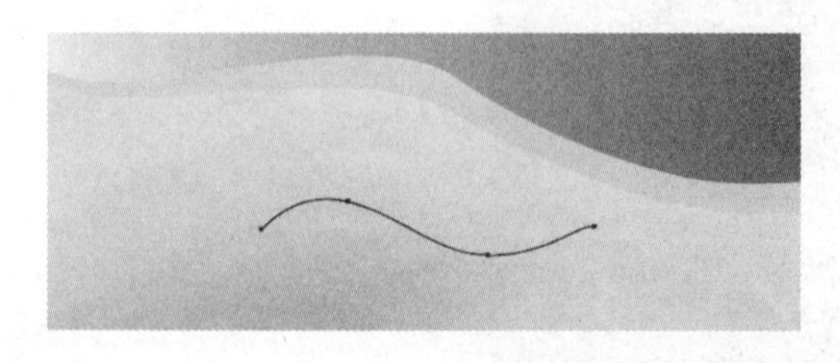

图 5-44 绘制路径

图 5-45 输入文字

（7）单击【文字工具】，拖动鼠标创建一个文本框，并输入段落文本。

（8）打开【段落】面板，使用【文字工具】拖动选中所有文字，设置颜色为【橙色】（CMYK 的颜色值为 0、90、94、0），效果如图 5-46 所示。

（9）选择【椭圆工具】，在页面中绘制椭圆，填充颜色为【白色】，无描边色，如图 5-47 所示。

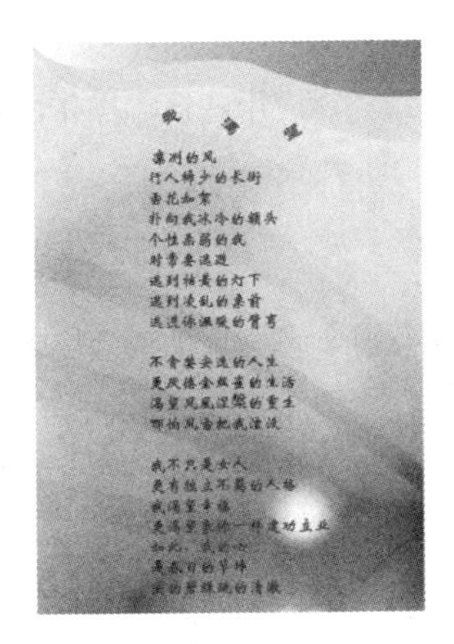

图 5-46　输入段落文字

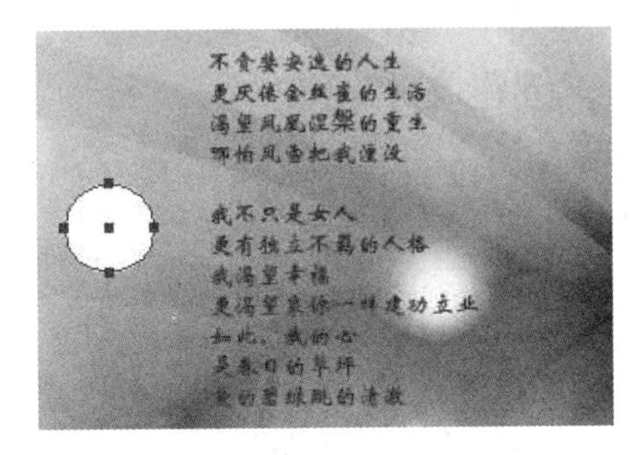

图 5-47　绘制椭圆

（10）选择【效果】→【模糊】→【高斯模糊】命令，弹出【高斯模糊】对话框，效果如图 5-48 所示，单击【确定】按钮，并将其复制多个，效果如图 5-49 所示。

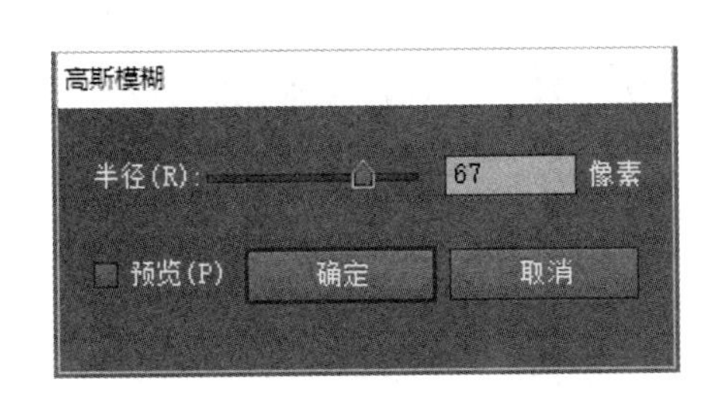

图 5-48　【高斯模糊】对话框

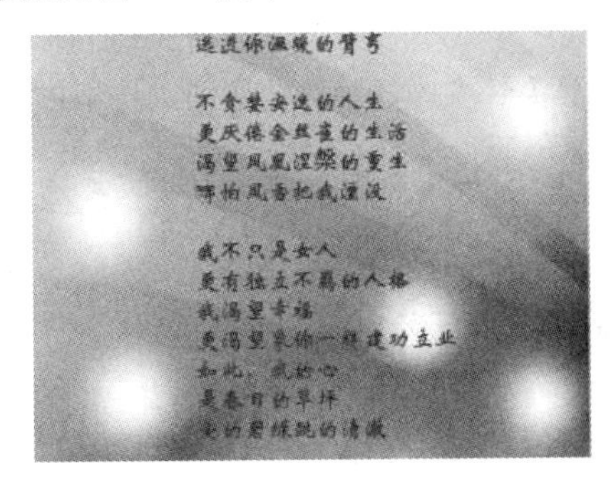

图 5-49　复制椭圆

（11）按【Ctrl+S】键，进行文件保存，完成案例制作，效果如图 5-50 所示。

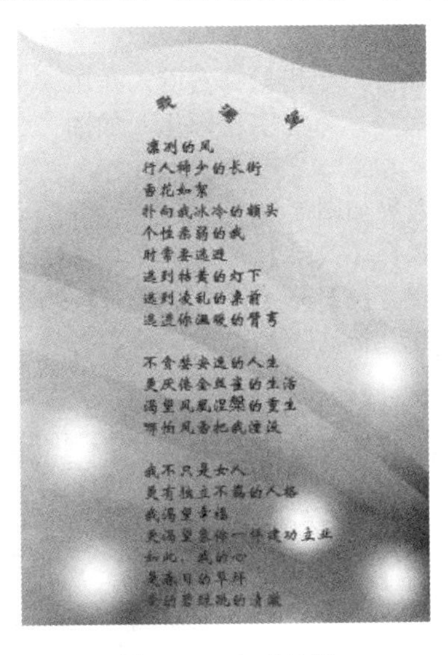

图 5-50　完成效果

5.4　文字图形化

将文本转换为轮廓后，可以像其他图形对象一样进行渐变填充、应用滤镜等操作，从而创建更多种特殊文字效果。

5.4.1　创建文本轮廓

使用【选择工具】选中文本对象，选择【文字】→【创建轮廓】命令，或按【Ctrl+Shift+O】快捷键，创建文本轮廓，如图 5-51 所示。

将文本进行转换后，在文字上将出现很多锚点，此时，可以通过对锚点的调整来改变文字形状，如图 5-52 所示。

葛米尔挽歌

图 5-51　创建文字

图 5-52　创建轮廓

【注意】：文本转换为轮廓后，将不再具有文本的属性。

图 5-53　输入文字

5.4.2　案例应用——制作膨胀字

创建轮廓命令的应用十分广泛，不仅可以用于创作艺术字，同样也可以用于创作其他的效果。下面将通过具体的实例来说明创建轮廓的主要过程。

（1）按【Ctrl+N】快捷键，新建一个文档，名称为【第五章 艺术字】，宽度为【100mm】，高度为【50mm】，颜色模式为【CMYK】，单击【确定】按钮。

（2）选择【文字工具】，在页面中输入文字【艺术字】，设置文字的字体为【华文彩云】，字号大小为【103Pt】，如图 5-53 所示。

（3）使用【选择工具】选中文字，单击鼠标右键，在出现的子菜单中单击【创建轮廓】命令，将文字轮廓化，如图 5-54 所示。

图 5-54　文字轮廓化

（4）为文字进行渐变填充，效果如图 5-55 所示。

（5）将文字处于选取状态，选择【效果】→【创建轮廓】命令。

（6）选择【效果】→【扭曲和变换】→【收缩和膨胀】命令，在弹出的对话框中调整数值，如图 5-56 所示，得到效果如图 5-57 所示。

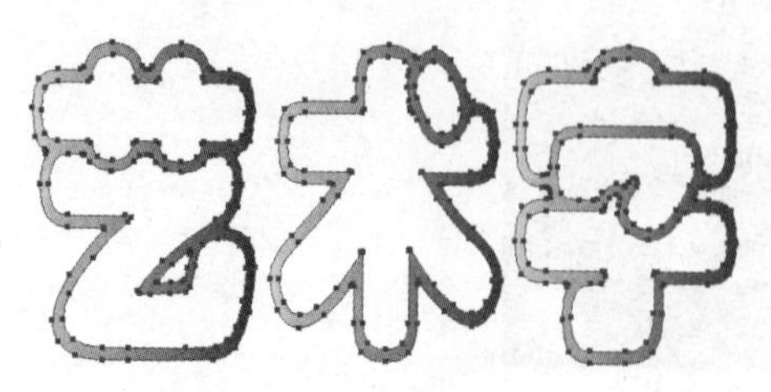

图 5-55　填充颜色

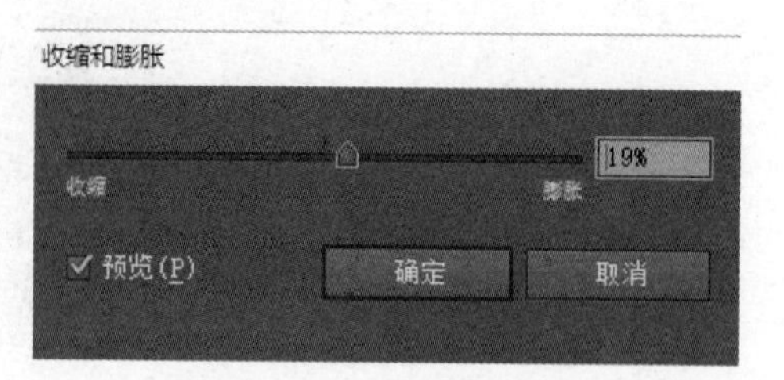

图 5-56　【收缩和膨胀】对话框

图 5-57　最终效果

5.4.3　制作文字变形效果

创建文字变形效果，具体操作步骤如下。

（1）创建默认新文档，使用【文字工具】创建文本，如图 5-58 所示。

（2）选择【文字】→【创建轮廓】命令，将文本转换为轮廓，单击【渐变工具】，填充文字渐变颜色，如图 5-59 所示。

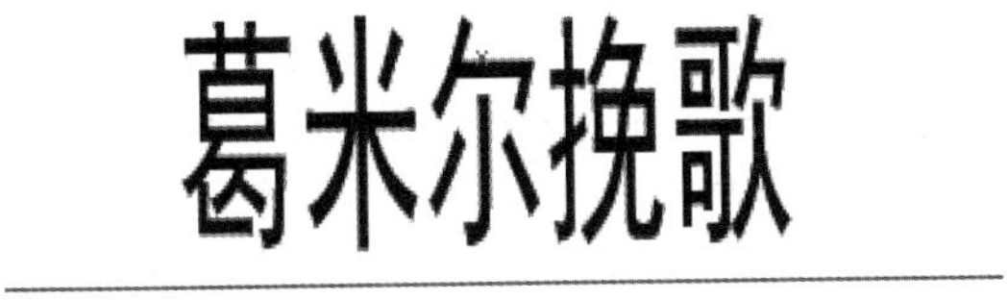

图 5-58　创建文字

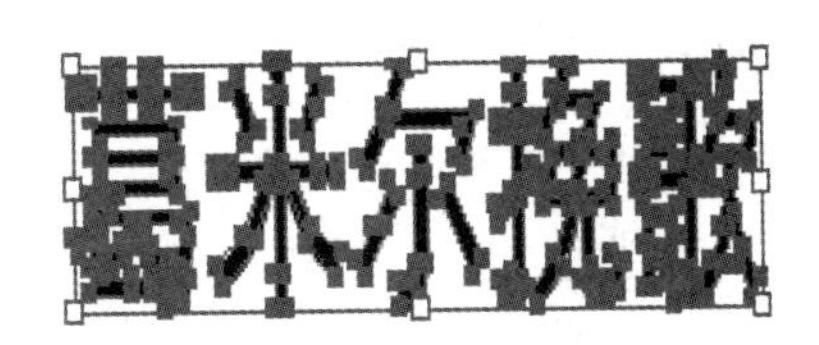

图 5-59　创建轮廓

（3）选择【直接选择工具】，双击文字路径，拖动鼠标并配合【添加锚点工具】调整文字变形，如图 5-60 所示。

（4）继续使用【直接选择工具】调整路径的变形，效果如图 5-61 所示。

图 5-60　填充渐变

图 5-61　最终效果

5.5　分栏、链接和图文混排

大的段落文本经常采用分栏、链接和图文混排。在 Illustrator CC 中，可以对一个选中的段落文本对象进行分栏。分栏时，可自动创建文本链接，也可手动创建文本链接。

5.5.1 创建文本分栏

在 Illustrator CC 中，用户可以为选定的段落文本进行分栏或分行，这种分栏的操作只适用于一个文本块的整体，也就是说，Illustrator CC 不允许只对某一个文本块中的几行或者其中某一段进行分栏操作。

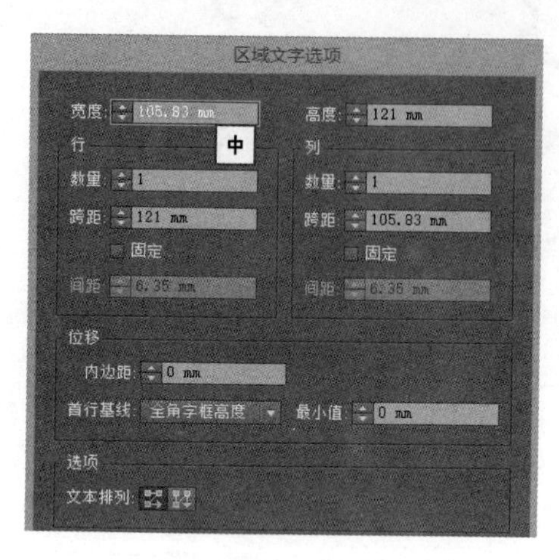

图 5-62 【区域文字选项】对话框

创建文本分栏，操作步骤如下。

（1）选中要进行分栏的文本块。

（2）选择【文字】→【区域文字选项】命令，弹出【区域文字选项】对话框，如图 5-62 所示。

（3）在【行】选项组【数量】文本框中输入行数，所有的行自定义为相同的高度。创建文本分栏后，可以改变各行的高度，【跨距】选项用于设置行的高度。

（4）在【列】选项组的【数量】文本框中输入列数，所有的栏自定义为相同的宽度。创建文本分栏后，可以改变各列的宽度，【跨距】选项用于设置栏的宽度。

（5）单击【文本排列】选项后的图标按钮，选择一种文本流在链接时的排列方式，每个图标上的方向箭头指明了文本流的方向。

5.5.2 链接文本块

当文本块中有被隐藏的文字时，可以通过调整文本框的大小显示所有的文本，也可以将隐藏的文本链接到另一个文本框中，还可以进行多个文本框的链接。

创建多个文本框的链接，操作步骤如下。

（1）创建一个文本框或绘制一个闭合路径。

（2）利用【选择工具】将新建的文本框或闭合路径与有文本隐藏的文本块同时选中。

（3）选择【文字】→【串接文本】→【创建】命令，即可将隐藏的文字移动到新绘制的文本框或闭合路径中。

（4）选择【文字】→【串接文本】→【释放所选文字】命令，可以解除各文本框之间的链接状态。

5.5.3 图文混排

在排版过程中，经常会遇到图片和文字混排的情况，Illustrator CC 允许进行一些简单格式的图文混排，很方便快捷，这种图文混排格式必须针对选定文本块中的所有文本。

（1）打开【第 5 章\制作图文混排效果.ai】素材文件，导入【第 5 章\文字素材-葛米尔挽歌.txt】素材文件，调整图形位置。

（2）使用【文字工具】创建文本，同时选择文本块和图形并调整图形位置，如图 5-63 所示。

（3）选择【对象】→【文本绕排】→【建立】命令，文本和图形结合在一起，如图 5-64 所示。

（4）选择【对象】→【文本绕排】→【释放】命令，可以取消文本绕排。

【注意】：图形必须放置在文本块之上才能进行文本绕排，还可以使文本围绕路径和置入的图像绕排。

Dear wife My always love

白日里，
每当我仰望，
就会想起迪士尼的天空，
那是我最晴朗的心境，只因为你；

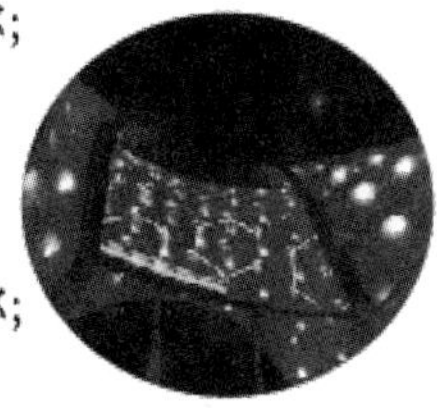

星夜里，
每当我思念，
总会想起创极速光轮里，
曾是我最兴奋的时分，只因为你；

云之下，山之巅，
唯有你是我不变的眷念，
海之角，天之边，
独爱你萦绕的歌调欢颜。

图 5-63　图文位置调整

Dear wife My always love

白日里，
每当我仰望，
就会想起迪士尼的天空，
那是我最晴朗的心境，只因为你；

星夜里，
每当我思念，
总会想起创极速光轮里，
曾是我最兴奋的时分，只因为你；

云之下，山之巅，
唯有你是我不变的眷念，
海之角，天之边，
独爱你萦绕的歌调欢颜。

图 5-64　图文混排效果

（5）选择【对象】→【文本绕排】→【文本绕排选项】命令，弹出【文本绕排选项】对话框，在对话框中指定文本和绕排对象之间的间距大小。

5.6　综合训练——龙年吉祥

【龙年吉祥】文本的设计，具体操作步骤如下。

（1）按【Ctrl+N】快捷键，新建一个图形文件。

（2）使用【文字工具】输入【龙年吉祥】，如图 5-65 所示。

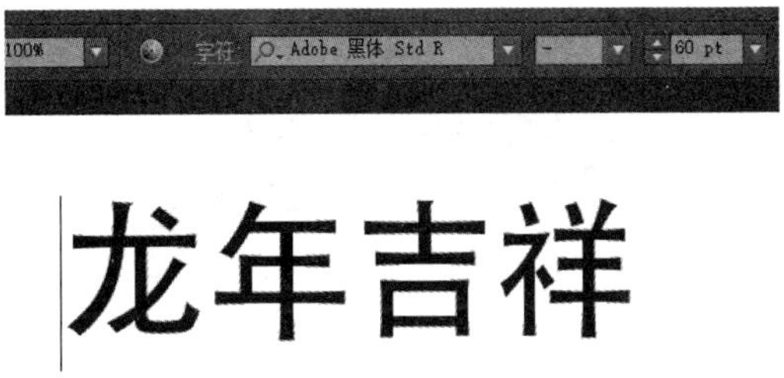

（3）使用【选择工具】选择文字，如图 5-66 所示。按【Ctrl+Shift+O】快捷键，创建轮廓并且将文字转换成曲线，如图 5-67 所示。

龙年吉祥

图 5-65　输入文字

龙年吉祥

图 5-66　选择文字

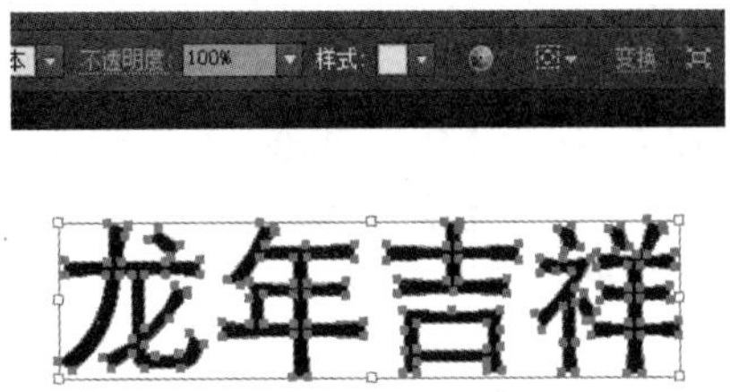

龙年吉祥

图 5-67　转换成曲线

（4）选择【直接选择工具】，选择【龙】字上的某个节点拖动调整字体变形，如图 5-68 所示。

（5）选择【直接选择工具】选择【年】文字的所有锚点，向左移动一定距离，如图 5-69 所示。

图 5-68 调整文字

图 5-69 移动文字

（6）选择【直接选择工具】，选择【吉】下的【口】字并将其删除，在选择【士】移动位置并调整节点变形，如图 5-70（a）所示。接着，选择【祥】并移动位置，效果如图 5-70（b）所示。

（a） （b）

图 5-70 调整节点

（7）选择【直接选择工具】，选择【祥】上的节点，调整字体的变形，效果如图 5-71 所示。

（8）选择【文件】→【置入】命令，打开【第 5 章\背景.ai】素材文件，调整图形位置，如图 5-72 所示。

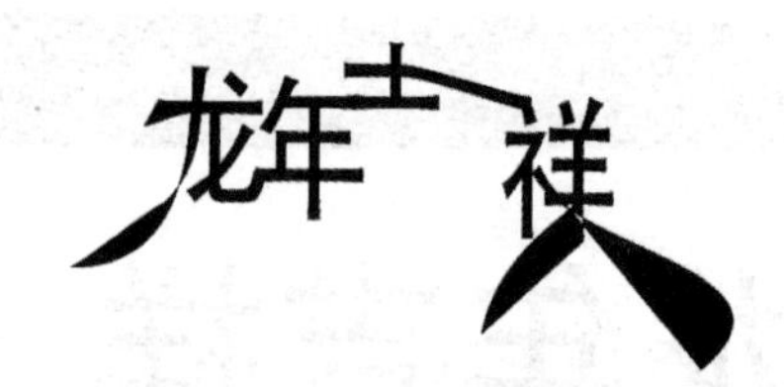

图 5-71 调整效果

图 5-72 加图效果

（9）按【Ctrl+A】快捷键全选对象，按【Ctrl+G】快捷键进行群组，按【Ctrl+C】快捷键复制，按【Ctrl+F】快捷键原位粘贴。

（10）单击【渐变工具】，填充渐变颜色如图 5-73 所示。

（11）按【Ctrl+Shift+[】快捷键将复制的文字移至最后，前面文字填充橙色。

（12）按住【Ctrl+Shift+[】快捷键，将该文字再移动到底层，移动上层文字。

（13）打开【第 5 章\红色背景.jpg】素材文件，调整图形位置，完成【龙年吉祥】文本的制作，效果如图 5-74 所示。

图 5-73 添加渐变色

图 5-74 最终效果

5.7　课后练习——制作宣传单

【知识要点】：利用【创建轮廓】和【效果】菜单命令制作标题文字，利用【区域文字工具】制作区域段落文字，利用【椭圆形工具】和【五角星工具】制作基本形状，效果如图 5-75 所示。

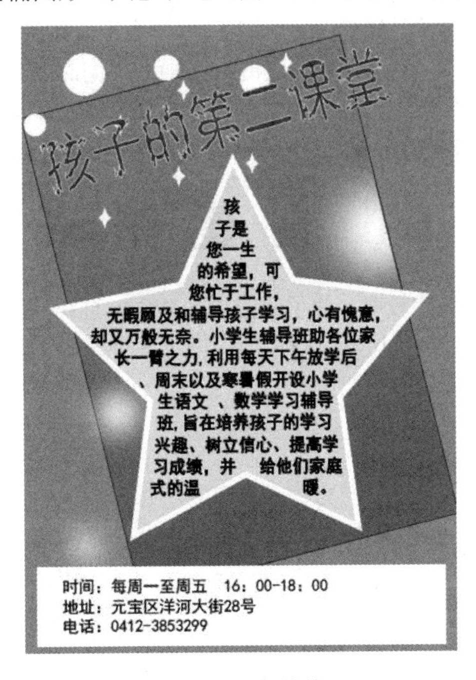

图 5-75　宣传单

第6章　图表的编辑

在平面设计中，很多地方要用到图表功能，因此，学会图表的编辑与制作非常重要。Illustrator CC 作为一个矢量绘图软件，它不仅具有强大的绘图功能，同时还具有强大的图表处理功能。本章将系统地介绍如何利用工具箱中的图表工具创建、编辑和定义图表，通过学习使用图表工具，可以创建出各种不同类型的表格效果，以更好地表现复杂的图表数据。

6.1　创 建 图 表

在对各种数据进行统计和比较时，为了获得更加精确、直观的效果，可以用图表的方式来表述。图表的创建是最基本的工作，Illustrator CC 提供了 9 种图表工具，可以根据需要选择其中的一种来创建图表。

6.1.1　图表工具

展开的图表工具组如图 6-1 所示，共有 9 个图表工具，分别是【柱形图工具】、【堆积柱形图工具】、【条形图工具】、【堆积条形图工具】、【折线图工具】、【面积图工具】、【散点图工具】、【饼图工具】、【雷达图工具】。

6.1.2　图表类型

选择这 9 种不同的图表工具，可以创建出不同类型的图表，根据不同的需要选择相应的工具。

1）柱形图表

在 Illustrator CC 中，柱状图表能够显示事物随着时间的变化趋势。要创建柱状图表，可选择工具箱中的【柱形图工具】，然后移动鼠标光标到绘图页面上单击，定位一个起始位置，按下鼠标键不放并拖动，以指定要创建的图表外框的大小，到达满意的位置时放下鼠标键，然后在弹出的【图表】对话框中，输入图表中各柱形的数据即可。柱状图表有 7 个类别，每一类都由两个不同的总数来表示。柱的高度代表每一类型的数量，较高的柱表示较高的值。

柱形图是最常用的图表表示方法，柱的高度与数据大小成正比。创建柱形图表，操作步骤如下。

（1）选择【柱形图工具】，在绘图页面上拖动鼠标绘制一个矩形区域，或任意点位置单击鼠标，将弹出如图 6-2 所示的【图表】对话框。

图 6-1　图表的类型

图 6-2 【图表】对话框

（2）在【宽度】和【高度】选项的文本框中，输入图表的宽度和高度数值，设置完成后，单击【确定】按钮，将自动在页面中创建图表，同时弹出【图表数据】输入框，如图 6-3 所示。在页面中按住鼠标左键，拖动出一个矩形框，也可以在页面中创建图表，同时弹出【图表数据】输入框。

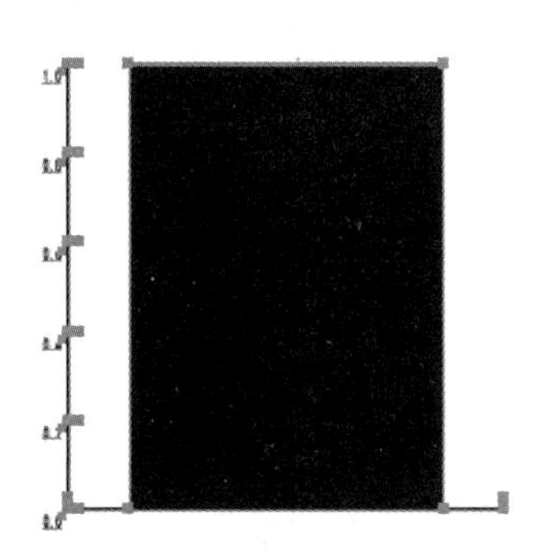

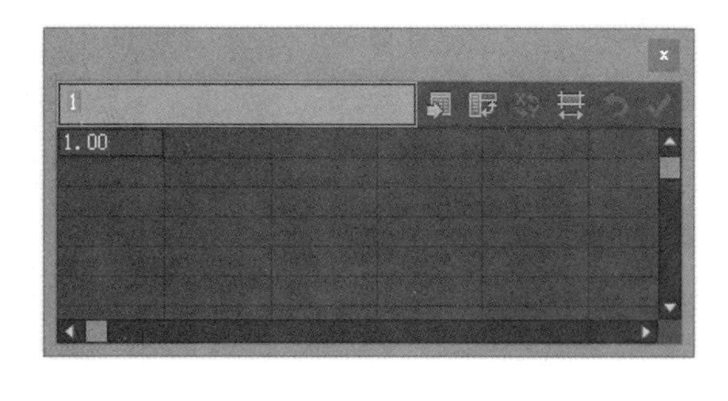

图 6-3 【图表数据】输入框

（3）在【图表数据】输入框左上方的文本框中，可以直接输入各种文本或数值，然后按【Enter】键或【Tab】键确认，文本或数值将会自动添加到单元格中，如图 6-4 所示。用鼠标单击可以选取各个单元格，输入要修改的文本或数值后，再按【Enter】键确认，也可从其他应用程序中复制、粘贴数据。

在【图表数据】对话框中的文本表格的第一格中单击，删除默认数值【1】。按照文本表格的组织方式输入数据。例如，比较平均男女人数情况，如图 6-5 所示。

图 6-4　输入文本图

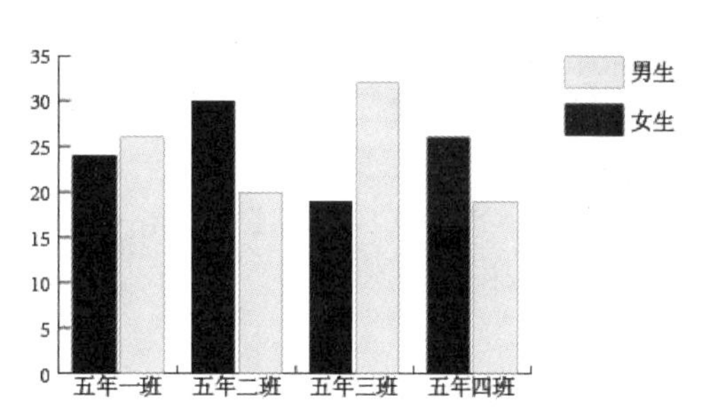

图 6-5　柱形图

单击【应用】按钮，生成图表，所输入的数据被应用到图表上，柱形图效果如图 6-5 所示，从图中可以看到，柱形图是对每一行中的数据进行比较。

（4）在【图表数据】对话框右上方有一组按钮。单击右上角的【应用】✓按钮，即可生成柱形图表，如图 6-5 所示。【导入数据】按钮可以从外部文件中输入数据信息；【换位行列】按钮可将横排或竖排的数据相互交换位置，如图 6-6 所示；切换【X Y】按钮将调换 X 轴和 Y 轴的位置；【恢复】按钮可以在没有单击【应用】✓按钮以前，使文本框中的数据恢复到前一个状态。

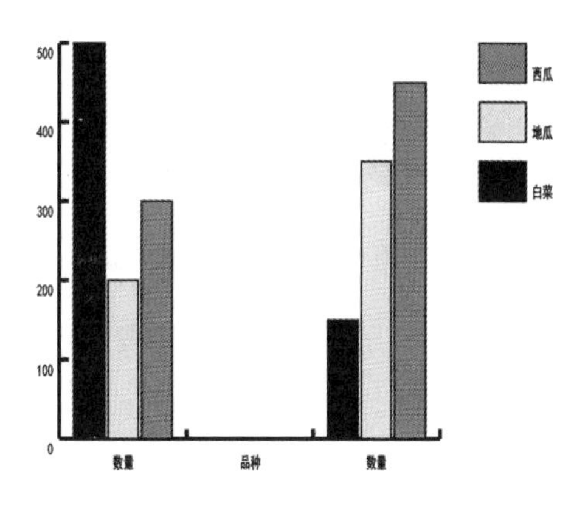

图 6-6　行列互换效果

（5）单击【单元格样式】按钮，弹出【单元格

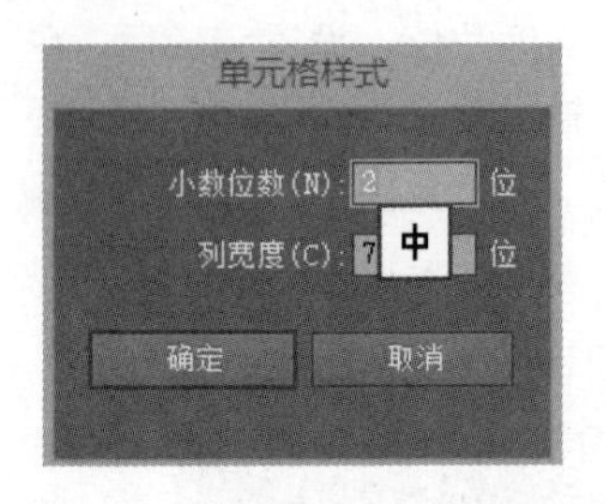

图 6-7 【单元格样式】对话框

样式】对话框，如图 6-7 所示。该对话框可以设置小数点的位数和数字栏的宽度。将鼠标放置在各单元格相交处时，将会变成两条竖线和双向箭头的形状，拖动鼠标也可以调整数字栏的宽度。

（6）双击【柱形图工具】或选择【对象】→【图表】→【类型】命令，将弹出【图表类型】对话框，如图 6-8 所示。柱形图表是默认的图表，其他参数也是采用默认设置。利用该对话框可以更改图表的类型，并可以对图表的样式、选项及坐标轴进行设置。

（7）当需要对图表中的数据进行修改时，先选中要修改的图表，选择【对象】→【图表】→【数据】命令，弹出【图表数据】输入框，可以再修改数据。设置好数据后，单击【应用】按钮，将修改好的数据应用到选定的图表中。

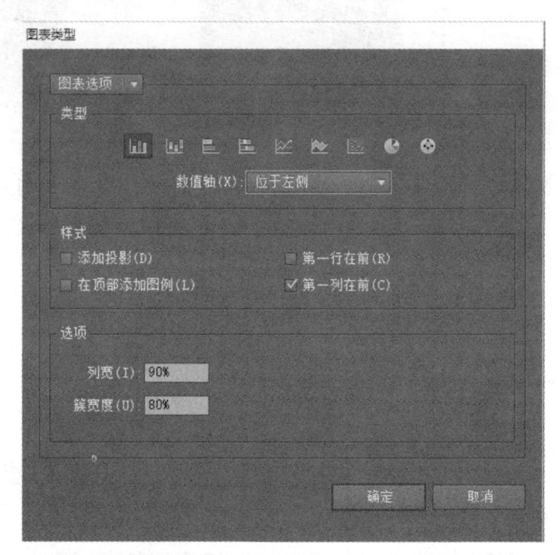

图 6-8 【图表类型】对话框

【提示】：选中图表并右击，在弹出的快捷菜单中选择【数据】命令，也可以弹出【图表数据】输入框。

2）堆积柱形图表

在使用图表的过程中，在表示某类的总数以及每一个分类对总类的作用时，选择堆叠柱状图表是一种较为理想的图表。因为该类型图表与普通的柱状图表相比较，它们都能够显示相同数量的信息，但信息的组织方式不同，堆叠柱状图表用来显示全部表目的总数，而普通柱状图表可用于每一类中单个表目的比较。

【堆积柱形图工具】与【柱形图工具】类似，只是显示方式不同，这里不再详细介绍，只是稍作简单论述。

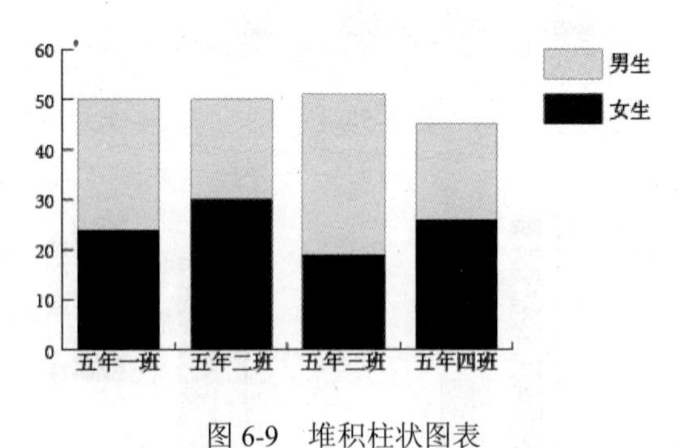

图 6-9　堆积柱状图表

（1）首先用鼠标选择工具箱中的【柱形图工具】，在弹出式工具栏中选择【堆积柱形图工具】。

（2）单击并拖动鼠标，圈出想要绘制的图表所占用的区域大小，放下鼠标键，将弹出【图表数据】对话框，在该对话框中可以输入数值，指定图例名称，设置完成后单击【应用】按钮即可，效果如图 6-9 所示。

从图表中可以看出，堆积柱形图将每一年级的男女生人数进行比较，并且男女生人数都用不同颜色的矩形来显示。

3）条形图表与堆积条形图表

【条形图工具】与【柱形图工具】类似，只是柱形图表是以垂直方向上的矩形显示图表中的各种数据，而条形图表是以水平方向上的矩形来显示图表中的数据，如图 6-10 所示。

【堆积条形图工具】绘制的图表与【堆积柱形图工具】绘制的图表类似，但是堆积条形图表是以水平方向的矩形条来显示数据总量的，与堆积柱形图表正好相反，如图 6-11 所示。

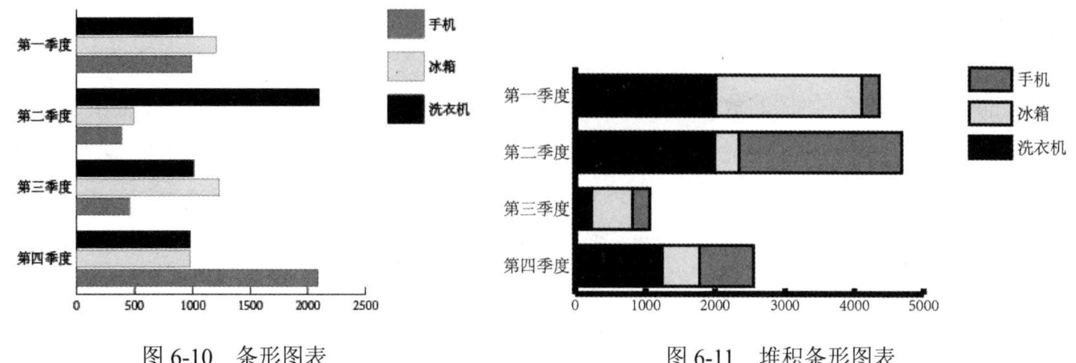

图 6-10　条形图表　　图 6-11　堆积条形图表

4）折线图表

【折线图工具】绘制的图表，可以显示出某种事物随时间变化的发展趋势，很明显地表现出数据的变化走向。折线图表也是一种比较常见的图表，给人以很直接明了的视觉效果，如图 6-12 所示。

【图表类型】对话框(【对象】→【图表】→【类型】)的线图有几个唯一的选项。

【标记数据点】：强制数据点以方块出现。如果未选中该选项框，那么只有数据点之间的线发生方向变化时才能看到数据点。

【连接数据点】：如果选中该选项，Illustrator 就在每对数据点之间绘制线。

【绘制填充线】及【线宽的相应文本框】：创建用数据点图例的颜色进行填充和用黑色为轮廓的线。

【线段边到边跨 X 轴】：将线条扩展到图表的左和右边缘。尽管结果在技术上是不正确的，但使用这项功能可以取得更好的视觉效果。

5）面积图表

【面积图表】与【折线图表】类似，面积图可能看似填充的线图。像线图一样，面积图展示了连接的数据点，但面积图是一个堆积在另一个的上面，以展示图中图例对象的总面积，如图 6-13 所示。【图表类型】对话框(选择【对象】→【图表】→【类型】命令)的面积图选项中，可以通过【添加投影】、【在顶部添加图例】、【第一行在前】和【第一列在前】选项在图表中添加样式。

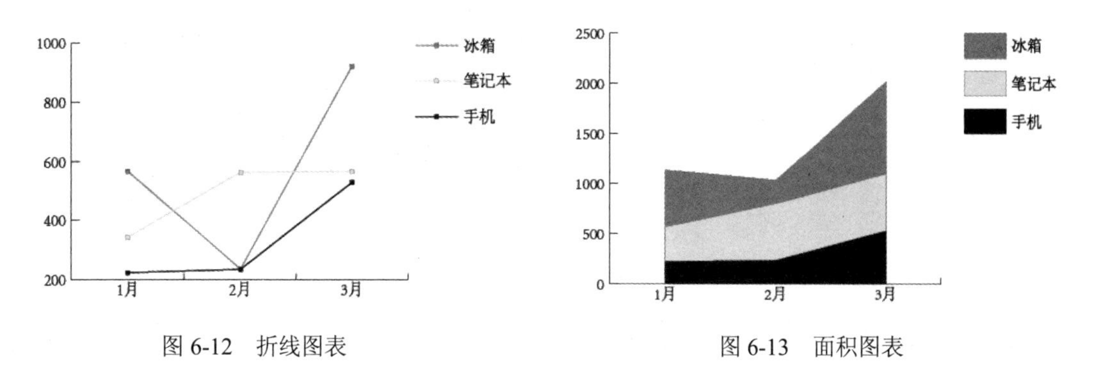

图 6-12　折线图表　　图 6-13　面积图表

6）散点图表

【散点图工具】绘制的图表与其他图表不太一样，散点图表可以将两种有对应关系的数据同时在一个图表中表现出来。散点图表的横坐标与纵坐标都是数据坐标，两组数据的交叉点形成了坐标点。【切换 X Y】按钮是专为散点图表设计的，可调换 X 轴和 Y 轴的位置，如图 6-14 所示。

7）饼形图表

【饼图工具】绘制的图表是一种常见的图表，适用于一个整体中各组成部分的比较，该类图表应用的范围比较广。饼图的数据整体显示为一个圆，每组数据按照其在整体中所占的比例，以不同颜色的扇形区域显示出来。饼图不能准确地显示出各部分的具体数值，如图 6-15 所示。

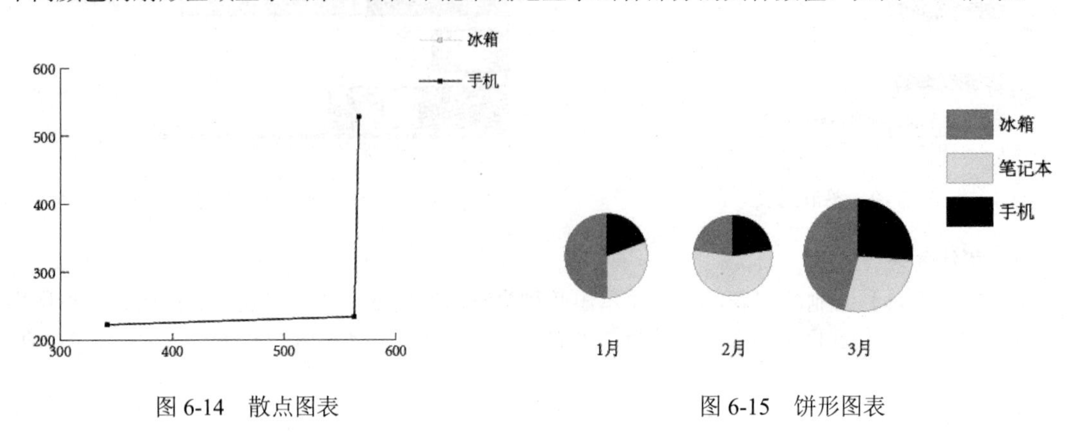

图 6-14　散点图表　　　　图 6-15　饼形图表

8）雷达图表

【雷达图工具】绘制的图表，是以一种环形的形式对图表中的各组数据进行比较，形成比较明显的数据对比。雷达图表适合表现一些变化悬殊的数据，如图 6-16 所示。

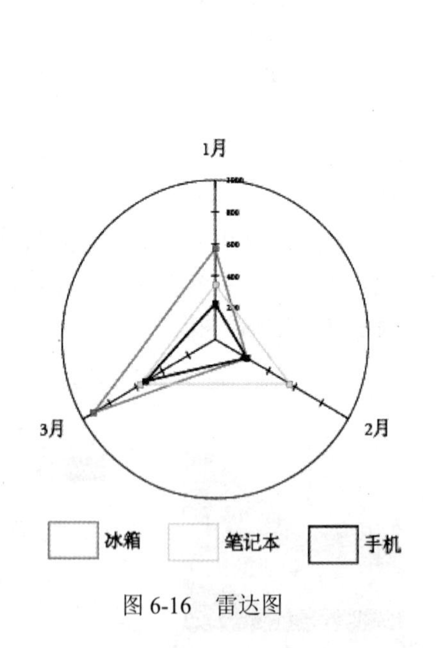

图 6-16　雷达图

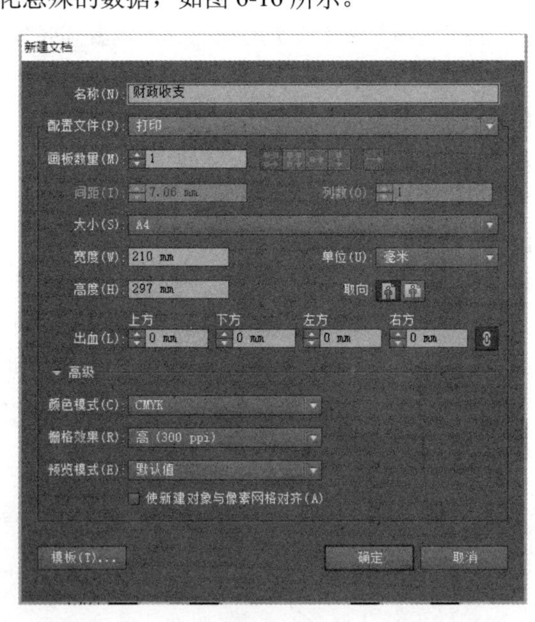

图 6-17　【新建文档】对话框

6.1.3　案例应用——制作柱形图

利用图表工具制作柱形图，具体操作步骤如下。

（1）按【Ctrl+N】快捷键，创建新文档，如图 6-17 所示。

（2）选择【文件】→【置入】命令，弹出【置入】对话框，如图 6-18 所示，置入【制作柱形图-背景】文件，效果如图 6-19 所示。

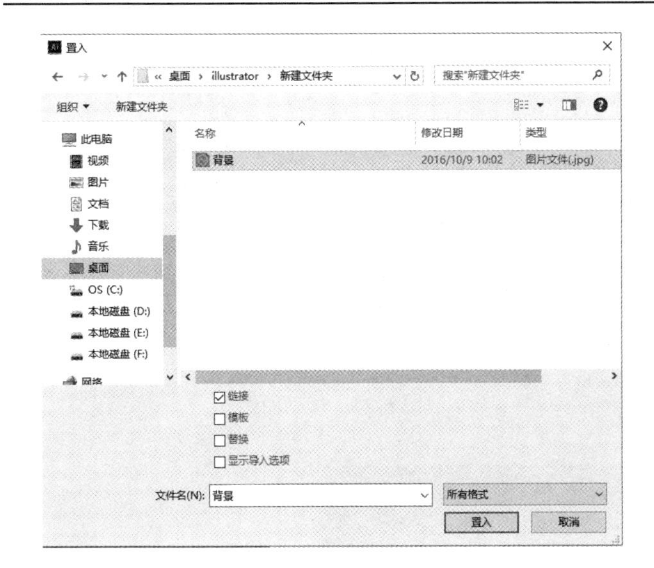

图 6-18 【置入】对话框

图 6-19　背景

（3）选择【文字工具】T，在页面输入文字内容，并修改文字字号及字体，效果如图 6-20 所示。

图 6-20　输入文字

（4）选择【柱形图工具】，在文档中拖动弹出图形和表格，如图 6-21 所示。

（5）在表格中输入数据和信息，如图 6-22 所示。

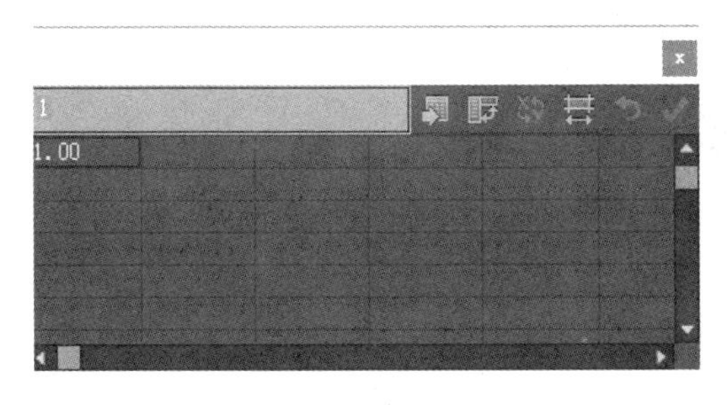

图 6-21　创建表格

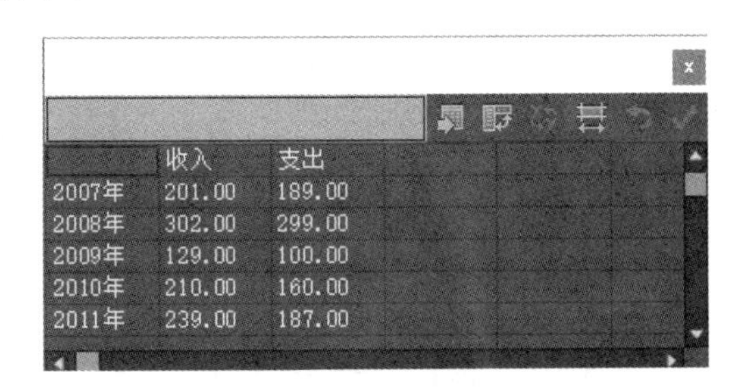

图 6-22　填入数据

（6）单击表格右上方的【应用】按钮，会出现柱形图，效果如图 6-23 所示。

（7）使用【编组选择工具】选择图例，将其移动到页面上方，效果如图 6-24 所示。

（8）再次使用【编组选择工具】选择图例及柱形条，并将其填充为【蓝色】和【红色】，完成案例制作，效果如图 6-25 所示。

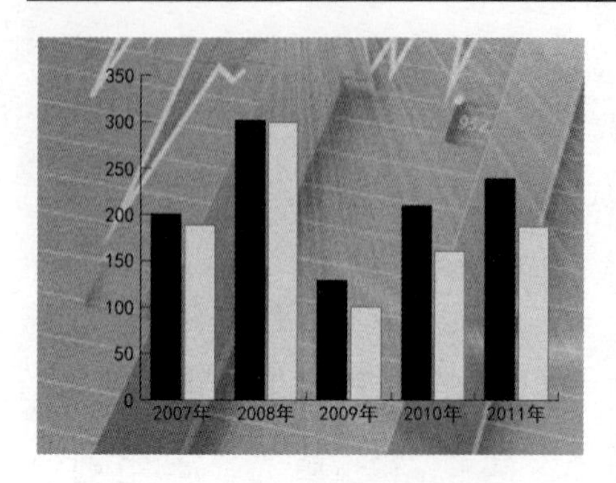

图 6-23 创建表格

图 6-24 移动图例

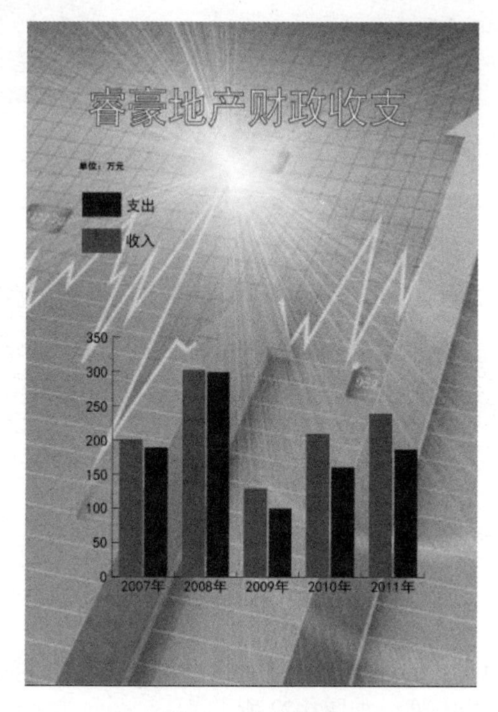

图 6-25 最终效果

6.2 设 置 图 表

Illustrator CC 可以重新调整各种类型图表的选项，可以更改某一组数据，还可以解除图表组合，应用笔画或填充颜色等功能。

6.2.1 【图表类型】对话框

选择【对象】→【图表】→【类型】命令，或双击任意图表工具，弹出【图表类型】对话框，如图 6-26 所示。利用该对话框可以更改图表的类型，并可以对图表的样式、选项及坐标轴进行设置。

1）更改图表类型

在页面中选择需要更改类型的图表，双击任意图表工具，在弹出的【图表类型】对话框中，选择需要的图表类型，然后单击【确定】按钮，即可将页面中选择的图表更改为指定的图表类型。

2）确定坐标轴的位置

除了饼形图表外，其他类型的图表都有一条数值坐标轴。在【图表类型】对话框的【数值轴】选项下拉列表中，包括【位于左侧】、【位于右侧】和【位于两侧】3 个选项，分别用来指定图表中坐标轴的位置。选择不同的图表类型，其【数值轴】中的选项也不完全相同。

3）设置图表样式

选择【样式】选项组下的各选项，可以为图表添加一些特殊的外观效果，各项具体功能如下。

（1）【添加投影】：在图表中添加一种阴影效果，使图表的视觉效果更加强烈。

（2）【在顶部添加图例】：图例将显示在图表的上方。

（3）【第一行在前】：图表数据输入框中，第一行的数据所代表的图表元素在前面。对于柱形图表、堆积柱形图表、条形图表、堆积条形图表，只有【列宽】和【条形宽度】大于 100%时，才会得到明显的效果。

4）设置图表选项

除了面积图表以外，其他类型的图表都有一些附加选项可供选择。在【图表类型】对话框中选择不同的图表类型，其【图表选项】中包含的选项也各不相同。下面分别对各类型图表的选项进行介绍。

（1）【柱形图表、堆积柱形图表、条形图表、堆积条形图表】：【列宽】是指图表中每个柱形条的宽度；【条形宽度】是指图表中每个条形的宽度；【簇宽度】是指所有柱形或条形所占据的可用空间，如图 6-27 所示。

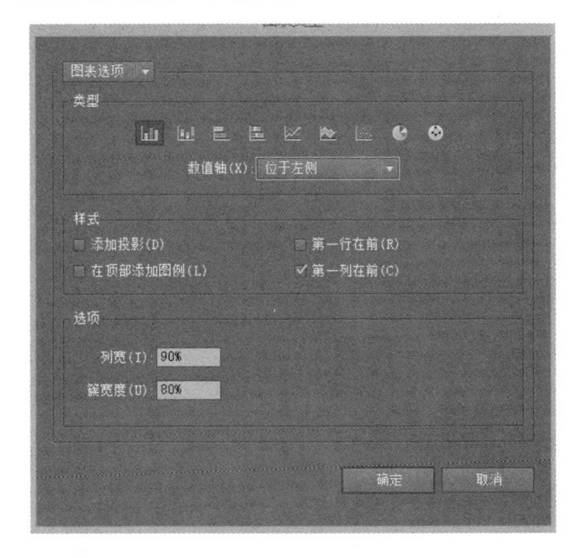

图 6-26 【图表类型】对话框

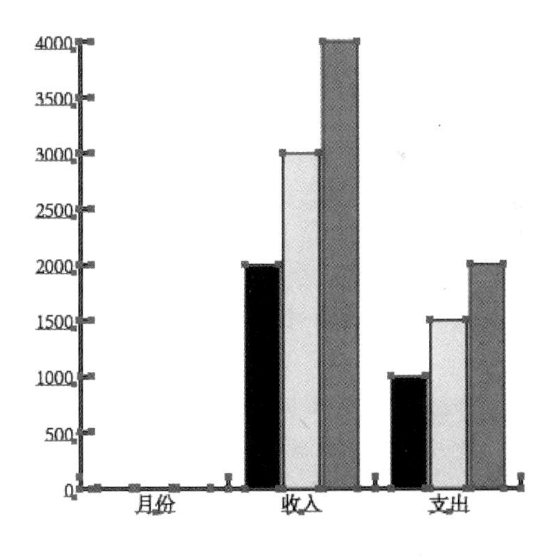

图 6-27　指定宽度

【提示】：当【列宽】和【簇宽度】大于 100%时相邻的柱形条就会重叠在一起，甚至会溢出坐标轴。

（2）【折线图表、雷达图表】：选中【标记数据点】复选框，将使数据点显示为正方形，否则直线段中间的数据点不再显示；选中【连接数据点】复选框，将在每组数据点之间进行连线，否则只显示一个个孤立的点；选中【线段边到边跨 X 轴】，连接数据点的折线将贯穿水平坐标轴；选中【绘制填充线】复选框，将激活其下方的【线宽】数值框。

（3）【散点图表】：除了缺少【线段边到边跨 X 轴】复选框之外，其他选项与折线图表和雷达图表的选项相同。

（4）【饼图】：【图例】选项用于控制图例的显示，在其下拉列表中包括【无图例】、【标准图例】、【楔形图例】。【位置】选项用于控制饼图以及扇形块的摆放位置。在其下拉列表中【比例】选项将按比例显示各个饼图的大小；【相等】选项使所有饼图的直径相等；【堆积】选项，将所有的饼图叠加在一起。【排序】选项用于控制图表元素的排列顺序，在其下拉列表中【全部】选项，是将元素信息由大到小顺时针排列；【第一个】选项是将最大值元素信息放在顺时针方向的第一个，其余按输入顺序排列；【无】选项按元素的输入顺序顺时针排列。

图 6-28　选中数值轴

6.2.2　设置坐标轴

在【图表类型】对话框顶部的下拉列表中，选择【数值轴】选项，如图 6-28 所示。

对话框中各项参数如下。

（1）【刻度值】：选中【忽略计算出的值】复选框时，下方的 3 个数值框将被激活。其中【最小值】选项表示坐标轴的起始值，也就是图表原点的坐标值；【最大值】选项表示坐标轴的最大刻度值；【刻度】选项用来决定将坐标轴上下分为多少部分。

（2）【刻度线】：【长度】下拉列表中包括 3 项：选择【无】选项，表示不使用刻度标记；选择【短】选项，表示使用短的刻度标记；选择【全宽】选项，表示刻度线将贯穿整个图表。【绘制】选项表示相邻两个刻度间的刻度标记条数。

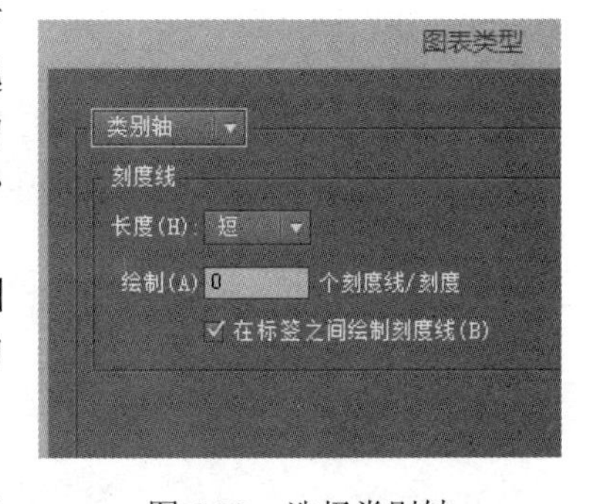

图 6-29　选择类别轴

（3）【添加标签】：【前缀】选项是指在数值前加符号；【后缀】选项是指在数值后加符号。

（4）选择【图表类型】对话框顶部下拉列表中的【类别轴】选项，弹出新的对话框，如图 6-29 所示。

6.2.3　案例应用——制作体检宣传单

利用图表工具设置图表，具体操作步骤如下。

（1）按【Ctrl+N】快捷键，宽度为【210mm】，高度为【297mm】，取向为【竖向】，颜色模式为【CMYK】，如图 6-30 所示，单击【确定】按钮。

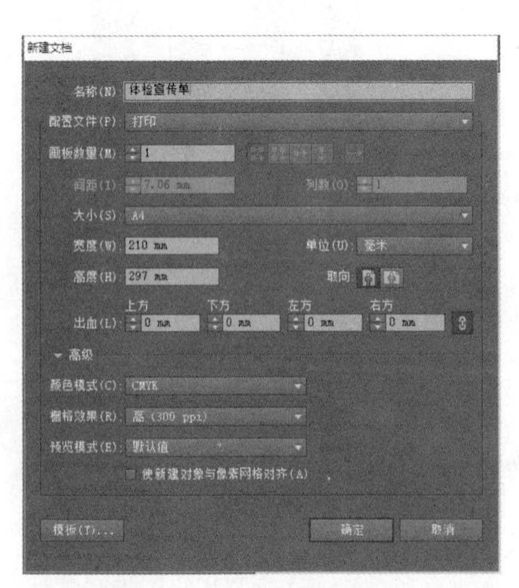

图 6-30 【新建文档】对话框

（2）选择【矩形工具】，在页面中单击鼠标，在弹出的【矩形】对话框中进行参数设置，如图 6-31 所示。单击【确定】按钮，绘制一个和页面等大的矩形，并将矩形填充为【绿色】，效果如图 6-32 所示。

（3）继续使用【矩形工具】绘制几条装饰线条，效果如图 6-33 所示。

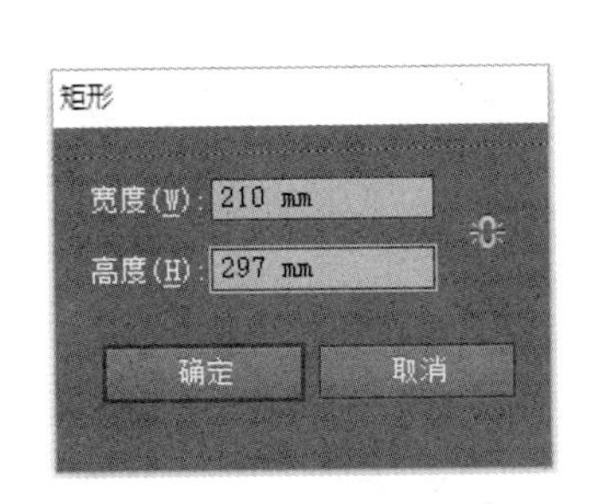

图 6-31 【矩形】对话框

图 6-32　矩形填色

图 6-33　绘制矩形条

（4）选择【椭圆工具】，绘制两个圆形，效果如图 6-34 所示。

（5）选择【混合工具】，使用鼠标分别单击两个圆形，进行图形的混合效果制作，如图 6-35 所示。

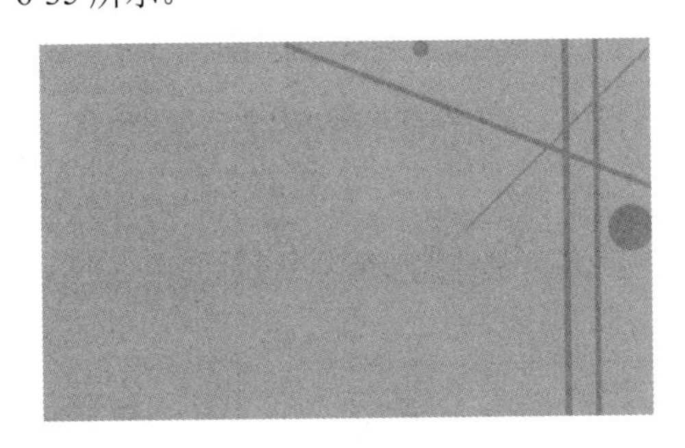

图 6-34　绘制圆形

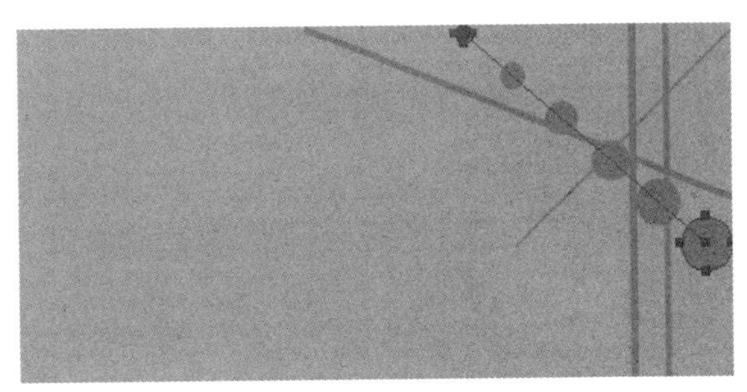

图 6-35　混合效果

（6）将混合效果复制多个，如图 6-36 所示。

（7）选择【文字工具】，在页面输入文字内容，并修改文字字号及字体，效果如图 6-37 所示。

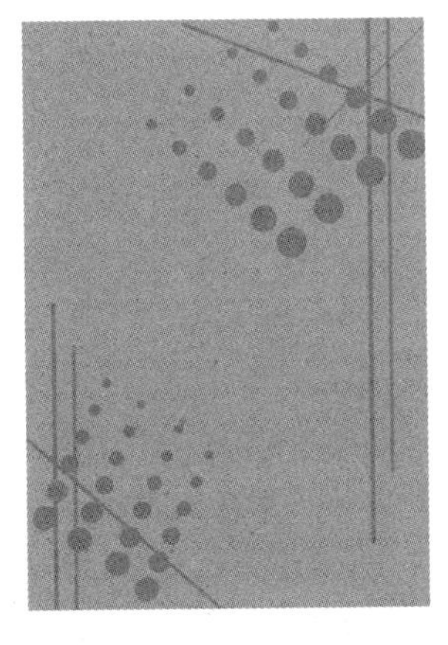

图 6-36　复制混合效果

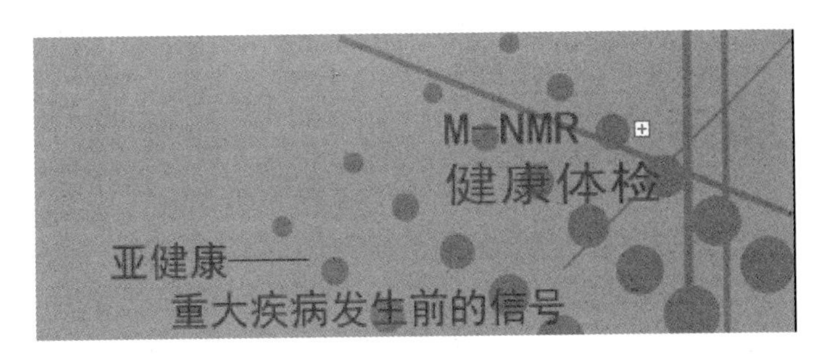

图 6-37　输入文字

（8）选择【饼图工具】，在页面中拖曳鼠标，在弹出的【图表数据】对话框中进行设置，如图 6-38 所示。输入完成后，单击【应用】按钮，关闭【图表数据】对话框，建立饼图图表，效果如图 6-39 所示。

（9）使用【编组选择工具】，分别将饼形图表的三个部分及图例进行颜色修改，效果如图 6-40 所示。

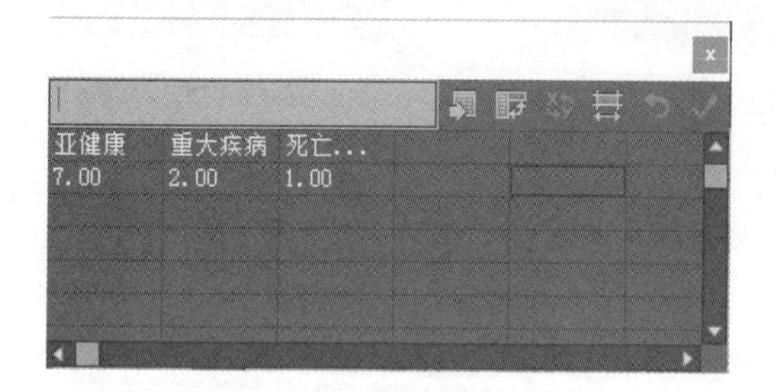

图 6-38 【图表数据】对话框

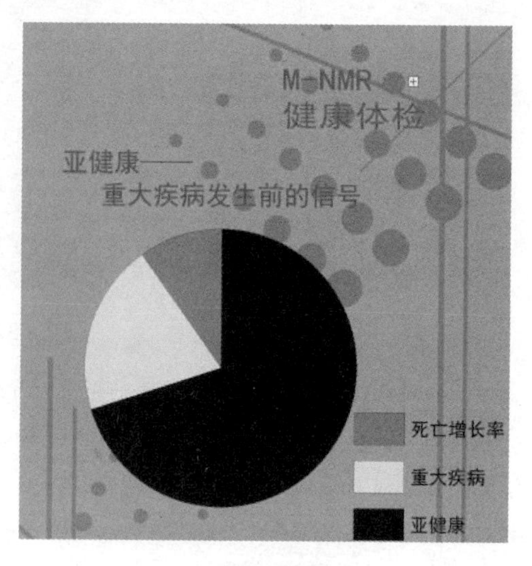

图 6-39 图表效果

（10）使用【编组选择工具】选中饼形图，选择【效果】→【3D】→【凸出和斜角】命令，弹出【3D 凸出和斜角选项】对话框，如图 6-41 所示，设置【凸出厚度】为【30pt】,单击【确定】按钮，效果如图 6-42 所示。

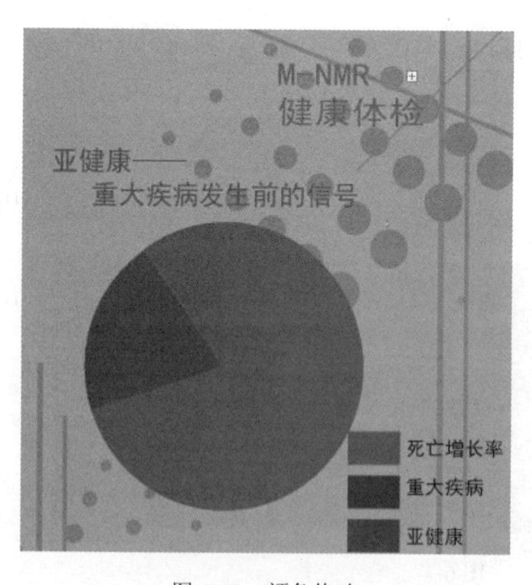

图 6-40 颜色修改

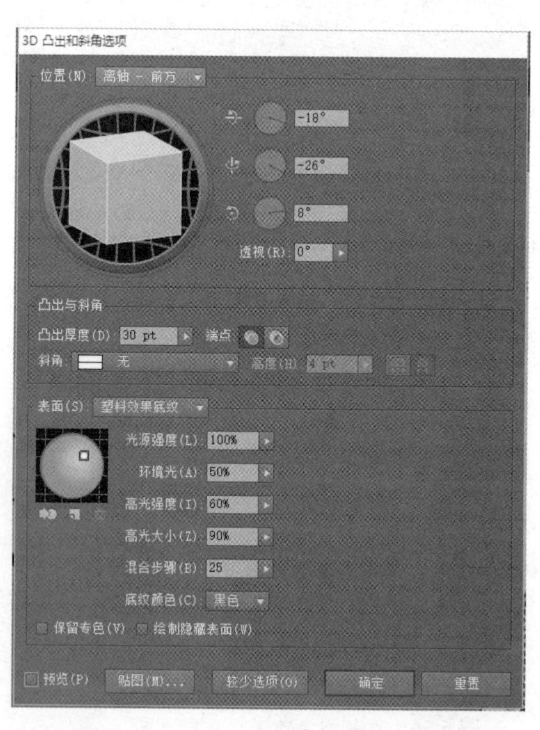

图 6-41 【3D 凸出和斜角选项】对话框

（11）选择【矩形工具】，在页面绘制一个矩形区域，选择【区域文字工具】，在页面输入文字内容，并修改文字字号及字体，从而完成体检宣传单的制作，效果如图 6-43 所示。

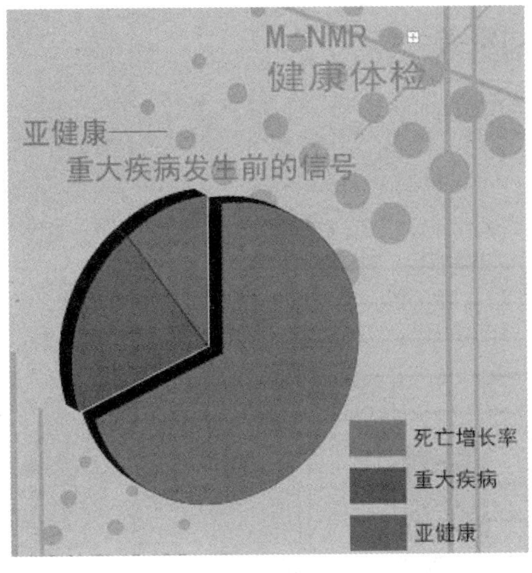

图 6-42　3D 效果

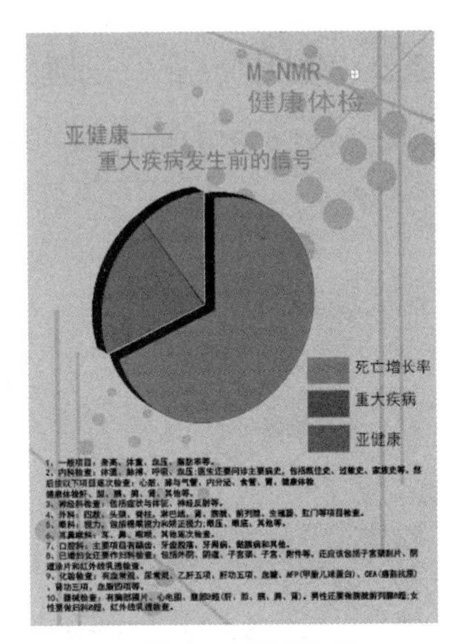

图 6-43　最终效果

6.3　使用图表图案

在 Illustrator CC 中可以自定义图表的图案，使图表更加生动。

6.3.1　自定义图表图案

自定义图表图案，操作步骤如下。

（1）选择在页面中绘制好的图形符号。

（2）选择【对象】→【图表】→【设计】命令，在弹出的【图表设计】对话框中，单击【新建设计】按钮，新建图案，如图 6-44 所示。

（3）单击【重命名】按钮，弹出【重命名】对话框，如图 6-45 所示，将系统默认的图案名称修改为【星形】，然后单击【确定】按钮。

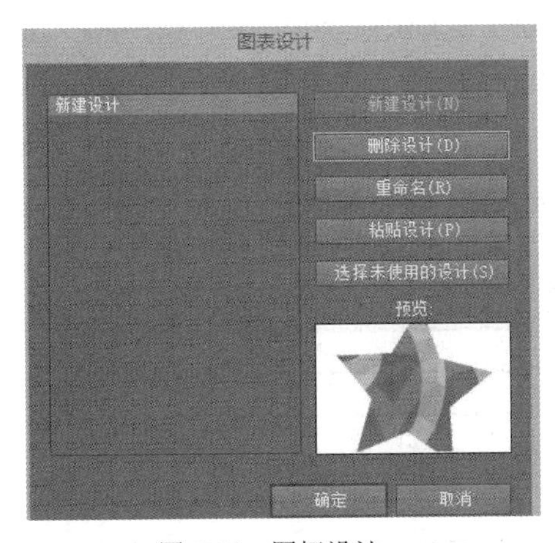

图 6-44　图标设计

图 6-45　重命名

（4）在【图表设计】对话框中单击【粘贴设计】按钮，可以将图案粘贴到页面中，可以对图案重新进行修改和编辑，编辑修改后的图案还可以再重新定义。在对话框中编辑完成后，单击【确定】按钮，从而完成对一个图表图案的定义。

6.3.2 案例应用——制作图案图表

将自定义的图案应用到图表中，具体操作步骤如下。

（1）新建文件，设计如图 6-46 所示的图表。

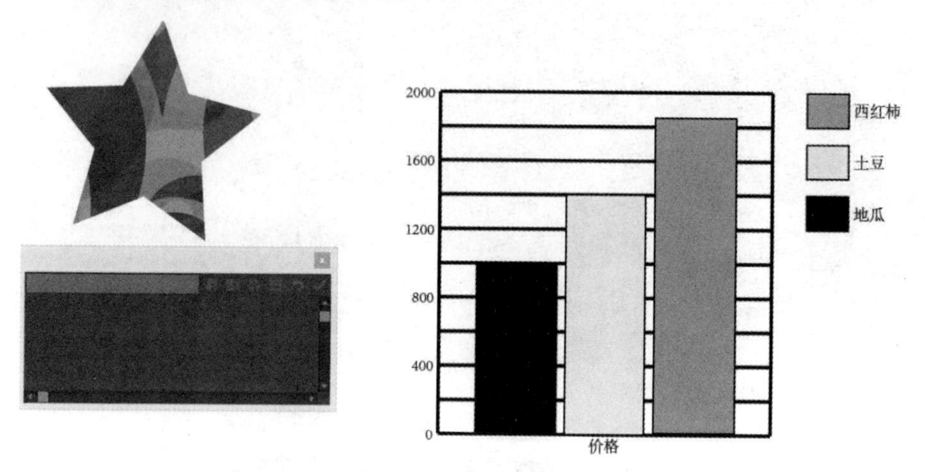

图 6-46 设计的图表

（2）选择【对象】→【图表】→【柱形图】命令，在弹出的【图表列】对话框中选择【星形】图案，选项及参数设置如图 6-47 所示。

对话框中各项参数如下。

【列类型】下拉列表中包括 4 项，【垂直缩放】选项表示根据数据的大小，对图表的自定义图案进行垂直方向上的放大与缩小；【一致缩放】选项表示图表将按照图案的比例，并结合图表中数据的大小对图案进行放大和缩小；【重复堆叠】选项可以把图案的一部分拉伸或压缩，要和【每个设计表示】选项、【对于分数】选项结合使用；【局部缩放】选项与【垂直缩放】选项类似，但可以在自定义图表图案时指定图案的局部进行放大与缩小。

【每个设计表示】下拉列表表示每个图案代表几个单位，如果在数值框中输入【100】，就表示一个图案代表【100】个单位。

在【对于分数】下拉列表中，【截断设计】选项表示若不足一个图案则由图案的一部分来表示；【缩放设计】选项表示当不足一个图案时，通过对最后那个图案成比例压缩表示。

（3）设置好以后，单击【确定】按钮，将自定义图案应用到图表中，效果如图 6-48 所示。

图 6-47 【图表列】对话框

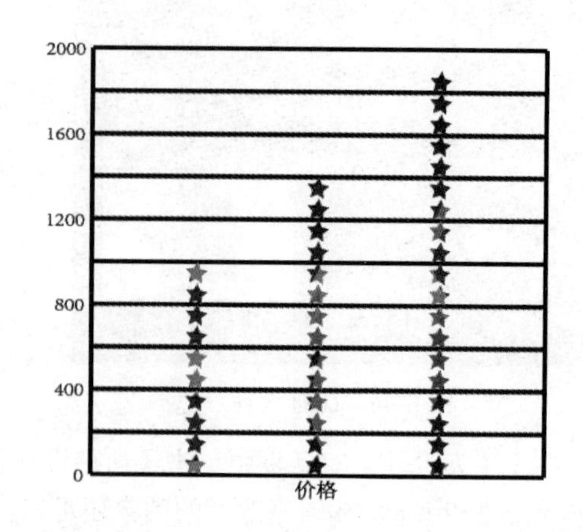

图 6-48 更改图片后的效果

6.4　综合训练——制作特色图表

本节将实际演练两个具有代表性的例子。通过对这两个例子的操作，达到强化训练和巩固知识的目的。

6.4.1　案例应用——超市商品归类统计表

超市现有商品品种 371 种，其中蔬菜商品占 33%，家电产品占 20%，副食商品占 30%，这里开始进行【超市商品归类统计表】的制作，具体操作步骤如下。

（1）按【Ctrl+N】快捷键，新建一个图形文件。

（2）选择【饼图工具】，在页面中单击，弹出【图表】对话框，自行设置参数，如图 6-49 所示。

（3）单击【确定】按钮，弹出图表数据输入框，并在页面中自动生成一个圆形。在图表数据输入框左上角的文本框中输入比例数字，如图 6-50 所示。

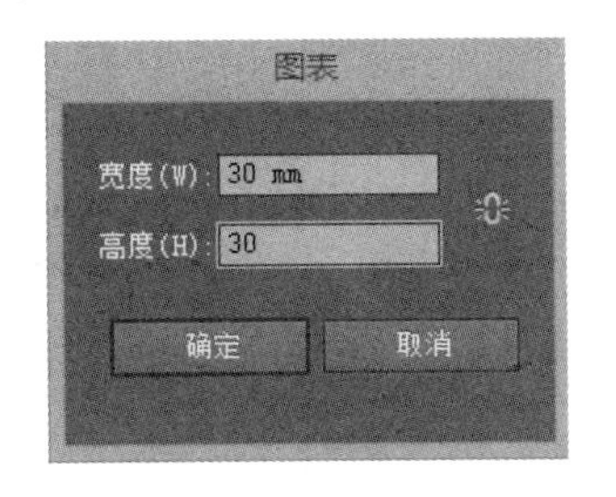

图 6-49　参数设置

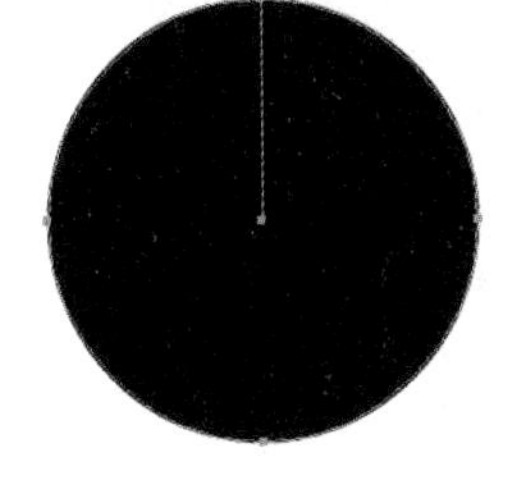

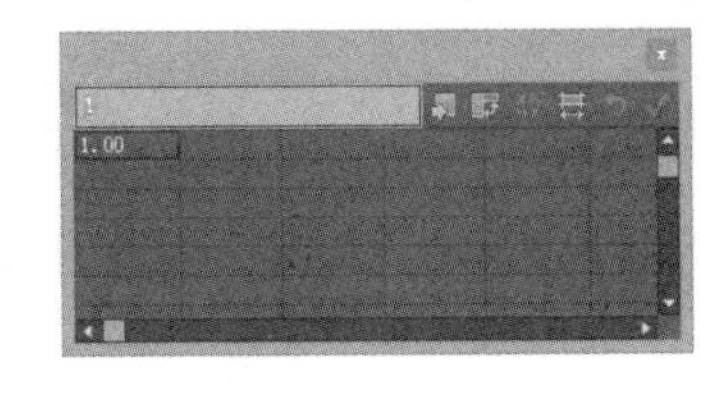

图 6-50　饼形图工具调用

（4）单击右侧的按钮，填写数据，在页面中将显示饼形统计图表，如图 6-51 所示。

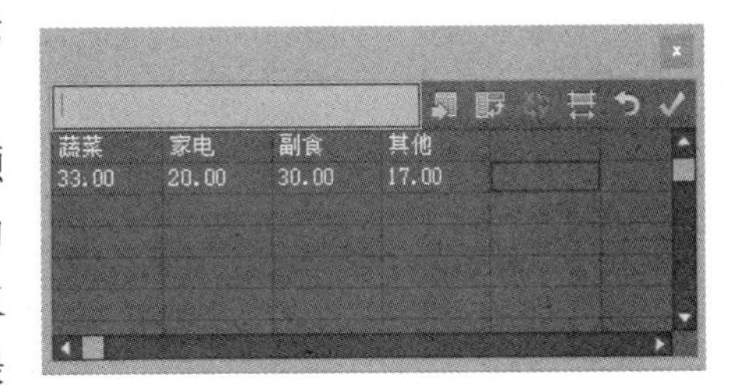

图 6-51　数据显示效果

（5）选择【编组选择工具】，选取黑色色块，填充颜色为【蓝色】（CMYK 的值为 89、51、0、0）；用同样的方法，选取深灰色色块，填充颜色为【红色】（CMYK 的值为 0、110、100、0）；选取灰色色块，填充颜色为【绿色】（CMYK 的值为 56、0、50、0）；选取浅灰色色块，填充颜色为【黄色】（CMYK 的值为 0、0、100、0）。设置圆描边宽度为【1pt】、描边色为【橙色】（CMYK 的值为 5、21、88、0），如图 6-52 所示。

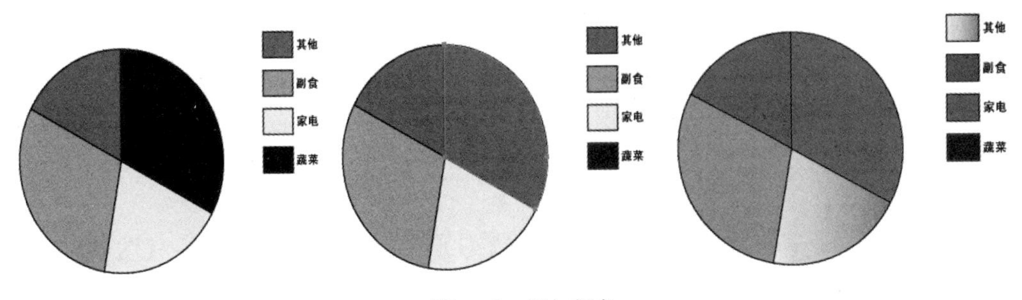

图 6-52　添加颜色

（6）双击【饼形工具】，弹出【图表类型】对话框，勾选【在顶部添加图例】复选框，完成饼图的制作。

6.4.2 案例应用——制作花朵图表

移动公司 2009 年主营业务收入为 23615 万元，2010 年为 47952 万元，2011 年为 80054 万元，公司业务呈现持续、快速增长趋势。这里进行【花朵图表】的制作，具体操作步骤如下。

（1）按【Ctrl+N】快捷键，新建一个图形文件。

（2）选择【柱形图工具】，在页面中单击，弹出【图表】对话框，在对话框中进行参数设置。单击【确定】按钮，弹出【图表数据】输入框，在对话框中输入 3 年主营业务收入数值，如图 6-53 所示。

（3）单击右侧的按钮，确认数字的输入，在页面中将显示柱形图表，如图 6-54 所示。

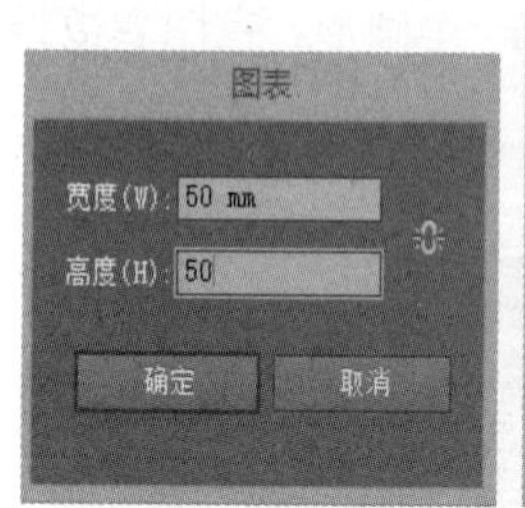

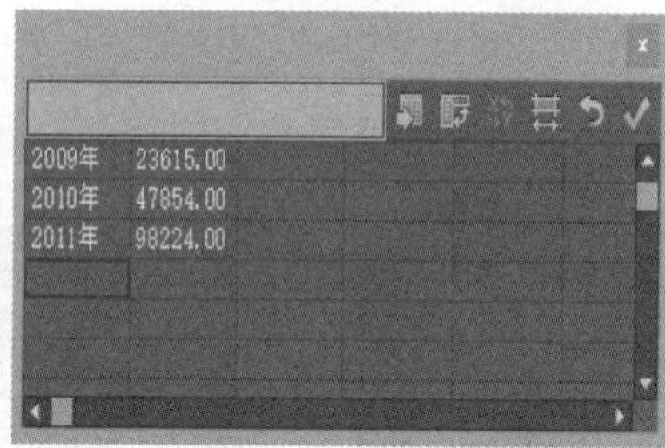

图 6-53 参数设置及数据填写

图 6-54 柱形图

（4）选择【窗口】→【符号库】→【花朵】命令，弹出【花朵】面板，选择需要的符号，拖动符号到页面中，如图 6-55 所示。

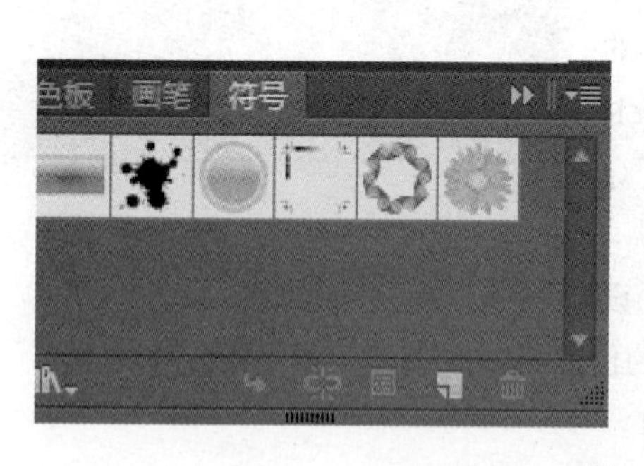

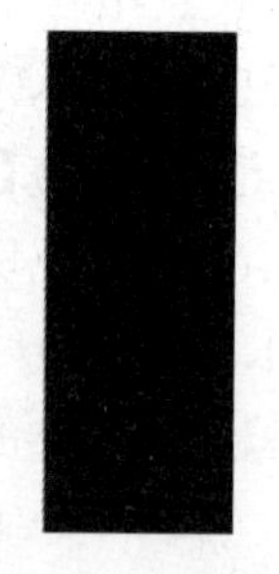

图 6-55 选择图案

（5）选择符号图形，选择【对象】→【图表】→【设计】命令，弹出【图表设计】对话框。单击【新建设计】按钮，在【预览】框中将显示花朵图案，单击【重命名】按钮更改图案的名称。然后单击【确定】按钮，完成图表图案的定义。用相同方法，创建另外两朵花并定义图案，如图 6-56 所示。

（6）使用【直接选择工具】，选择【2009 年】柱形图表，选择【对象】→【图形】→【柱形图】命令，弹出【图表列】对话框，在对话框中进行参数设置，如图 6-57 所示。

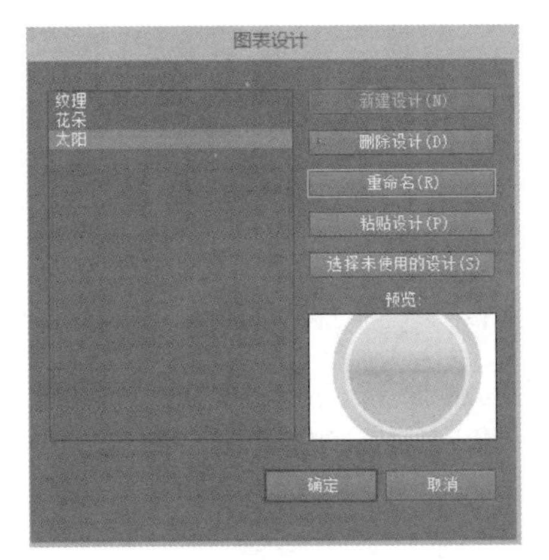

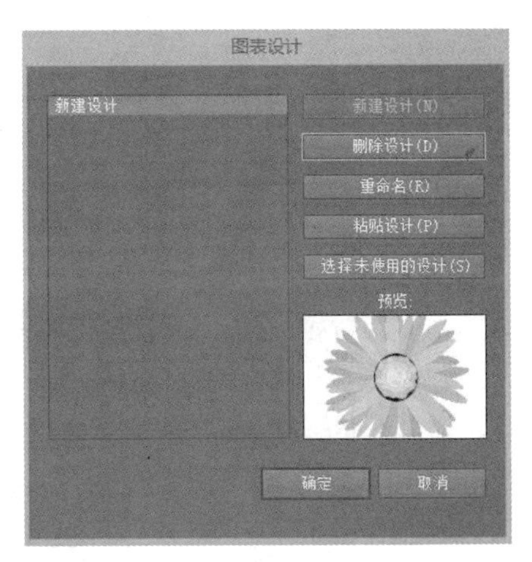

图 6-56　图案库建立

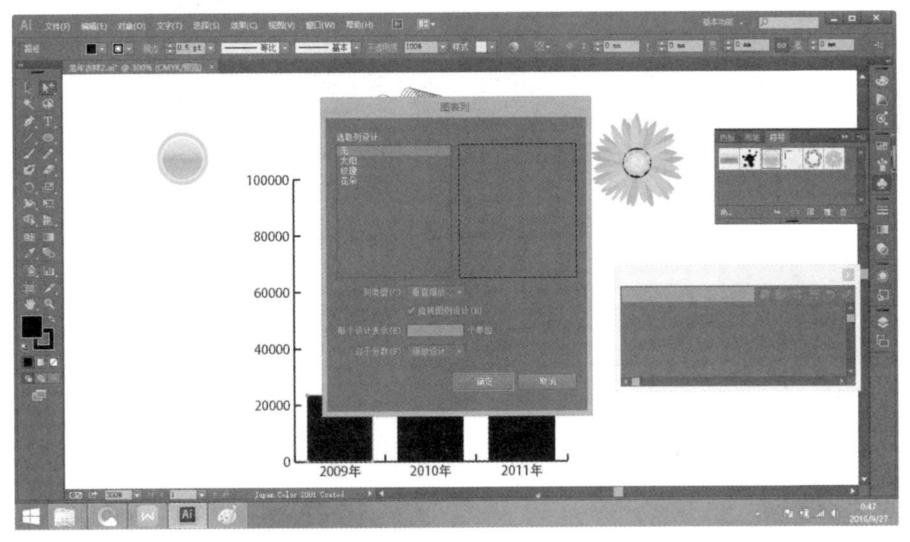

图 6-57　图案库的应用

（7）单击【确定】按钮。用相同的方法，为【2010 年】和【2011 年】，柱形图表定义图案，完成花朵图表的制作，按【Ctrl+S】快捷键保存文件，如图 6-58 所示。

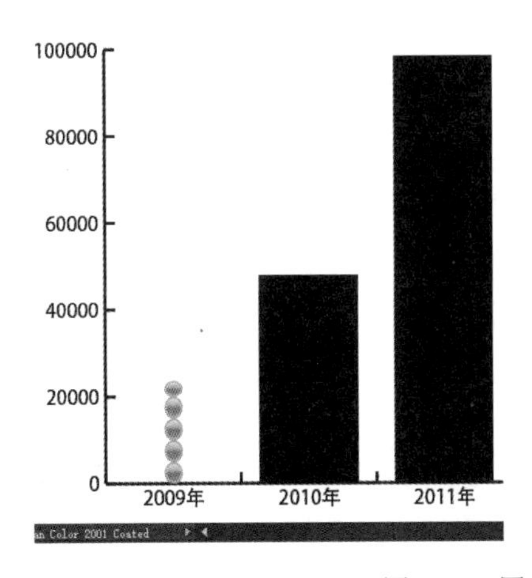

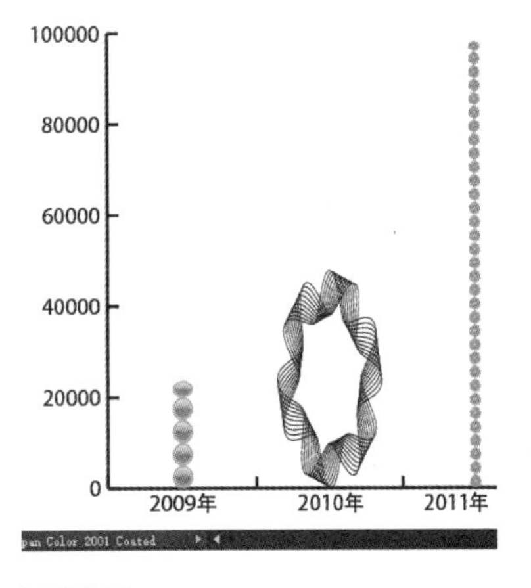

图 6-58　图案应用效果

6.5 课后练习——商品房供求价走势图

【知识要点】：使用【置入】命令置入素材图片，使用【文字工具】制作输入文字，使用【折线图工具】和【柱形图工具】制作折线图表,效果如图 6-59 所示。

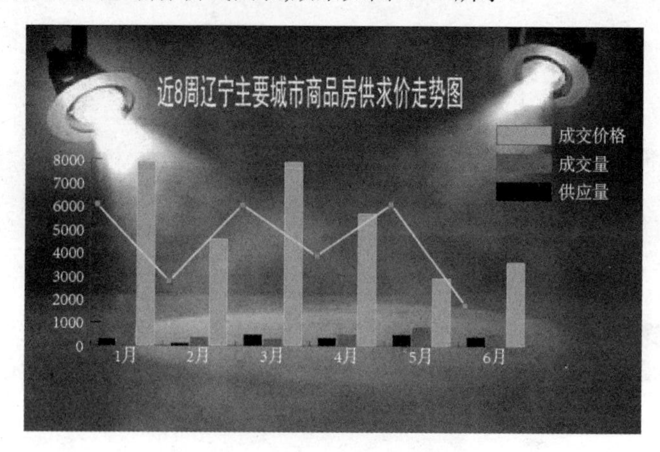

图 6-59 商品房供求价走势图

第 7 章　图层和蒙版的使用

本章将重点介绍 Illustrator CC 中图层和蒙版的使用方法，掌握图层和蒙版的功能，可以帮助读者在图形设计中提高效率，有利于快速、准确地设计和制作出精美的平面设计作品。

7.1　图层的使用

Illustrator　CC 中的图层功能和 Photoshop 中差不多，用户可以通过图层快速对图形图像进行操作。特别是在复杂图形的设计中，需要在页面上创建多个对象，使用图层将不同的对象分别放置，可以使图形图像的管理变得十分简洁、方便。图层就像一个文件夹，它可包含多个对象，也可以对图层进行多种编辑。

在【图层】控制面板中可以选择、隐藏、锁定对象，还可以修改图稿的外观。打开方式通过选择【窗口】→【图层】命令（快捷键为【F7】），弹出【图层】控制面板，如图 7-1 所示。

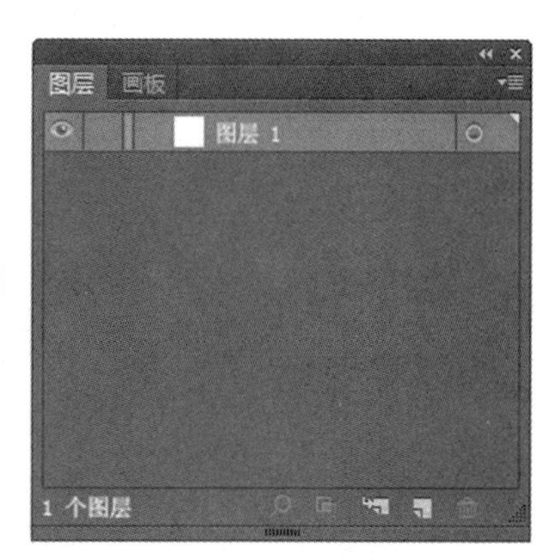

图 7-1 【图层】控制面板

7.1.1　了解图层的含义

选择【文件】→【打开】命令，弹出【打开】对话框，选择图像文件，如图 7-2 所示，单击【打开】按钮，可以打开图像，如图 7-3 所示。

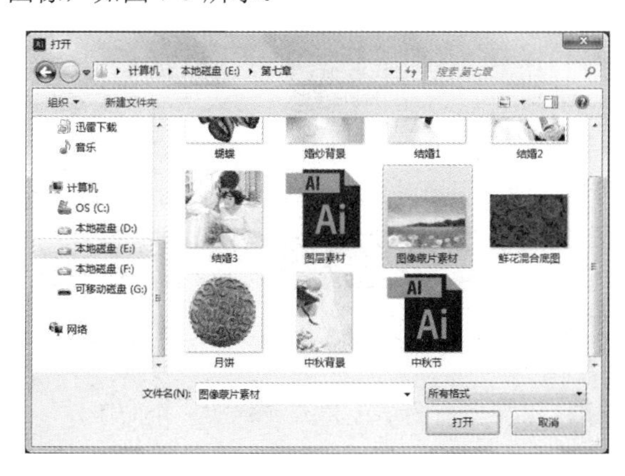

图 7-2 【打开】对话框

图 7-3　打开图像

打开图像后，在【图层】控制面板中，可以看到其中显示出 4 个图层，如图 7-4 所示。如果只想看到【图层 1】上的图像，用鼠标依次单击其他图层的眼睛图标，其他图层上的眼睛图标将关闭，如图 7-5 所示，这样就只显示【图层 1】，此时图像效果如图 7-6 所示。

Illustrator CC 的图层相当于一张透明纸，在每一层中可以绘制不同的图像，上面的图层将会影响下面的图层，修改其中的某一图层的内容，不会改动其他的图层，将这些透明纸叠在一起显示在页面区域中，就形成了一幅完整的图像。

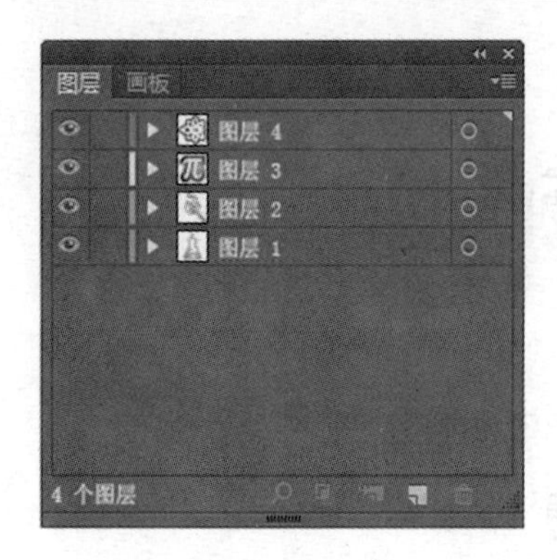

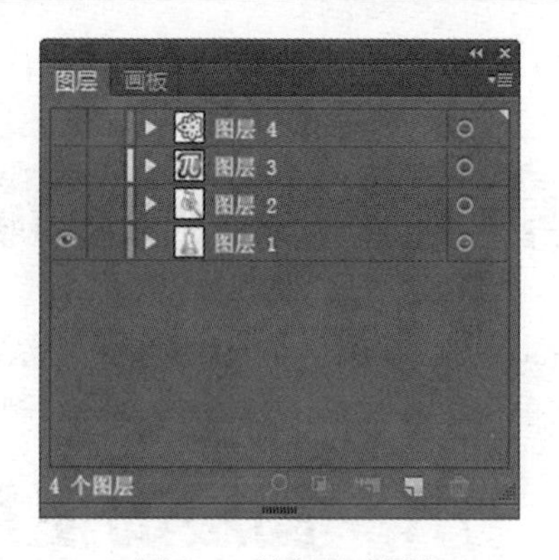

图 7-4　4 个图层　　图 7-5　关闭眼睛图标　　图 7-6　只显示【图层 1】

7.1.2　认识【图层】控制面板

选择【窗口】→【图层】命令，弹出【图层】控制面板，如图 7-7 所示。

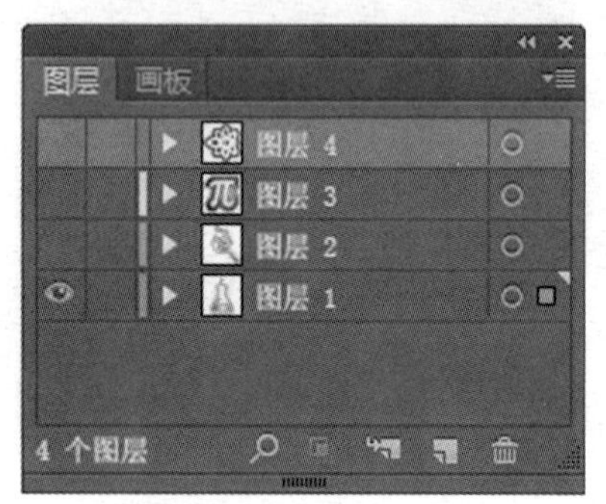

图 7-7　【图层】控制面板

在【图层】控制面板的右上方有 2 个系统按钮，分别是【最小化】按钮和【关闭】按钮。单击【最小化】按钮，可以将【图层】控制面板最小化；单击【关闭】按钮，可以关闭图层控制面板。

图层的名称会显示在当前图层中。默认情况下，新建图层时，如果未指定名称，将会以数字的递增为图层指定名称，如图层 1、图层 2 等，也可以根据需要为图层重新命名。

图层是以类似图层文件夹的形式存在，单击图层名称前的三角形按钮，可以展开或折叠图层。当按钮为时，表示此图层中的内容处于未显示状态，单击此按钮就可以展开当前图层中所有的选项；当按钮为时，表示展开了图层中的选项，单击此按钮，可以将图层折叠起来，这样可以节省【图层】控制面板的空间。

眼睛图标用于显示或隐藏图层；图层右上方的黑色三角形图标，表示当前正被编辑的图层；锁定图标表示当前图层被锁定，不能被编辑。

在【图层】控制面板的最下面有 5 个按钮，如图 7-8 所示，它们从左至右分别是【定位对象】按钮、【建立 / 释放剪切蒙版】按钮、【创建新子图层】按钮、【创建新图层】按钮、【删除所选图层】按钮。

图 7-8　【图层】控制面板的最下面的 5 个按钮

（1）【定位对象】按钮：单击此按钮，用于在【图层】控制面板定位到页面上所选中图像的图层上。

（2）【建立/释放剪切蒙版】按钮：单击此按钮，将在当前图层上建立或释放一个蒙版。

（3）【创建新子图层】按钮：单击此按钮，可以为当前图层新建一个子图层。

（4）【创建新图层】按钮：单击此按钮，可以在当前图层上面新建一个图层。

（5）【删除所选图层】按钮：即垃圾桶，可以将不想要的图层拖到此处删除，也可以选中当前图层，单击删除按钮删除所选图层。

单击【图层】控制面板右上方的【黑色三角形图标】，将弹出其下拉式菜单。

7.1.3　编辑图层

可以通过使用【图层】控制面板对图层进行编辑，如【新建图层】、【新建子图层】、【为图层设定选项】、【合并图层】、【建立图层蒙版】等，这些操作都可以通过选择图层控制面板下拉式菜单来完成。

1）新建图层

（1）使用图层控制面板右上方的下拉式菜单。单击图层控制面板右上方的图标，在弹出的菜单中选择【新建图层】命令，弹出【图层选项】对话框，如图 7-9 所示。

【名称】：该选项用于设定当前图层的名称。

【颜色】：该选项用于设定新图层的颜色，设置完成后，单击【确定】按钮，可以得到一个新建的图层。

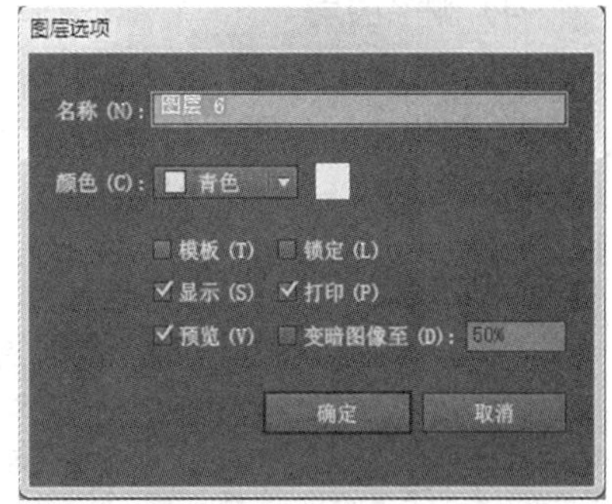

图 7-9 【图层选项】对话框

（2）使用图层控制面板按钮或快捷键。单击【图层】控制面板下方的【创建新图层】按钮，可以创建一个新图层。

按住【Alt】键，单击【图层】控制面板下方的【创建新图层】按钮，将弹出【图层选项】对话框．如图 7-9 所示。

按住【Ctrl】键，单击【图层】控制面板下方的【创建新图层】按钮，不管当前选择的是哪一个图层，都可以在图层列表的最上层新建一个图层。

在当前选中的图层中新建一个子图层，可以单击【建立新子图层】按钮，或从【图层】控制面板下拉式菜单中选择【新建子图层】命令，或者按住【Alt】键的同时，单击【建立新子图层】按钮，也可以在弹出【图层选项】对话框，它的操作方法和【新建图层】是一样的。

2）选择图层

可以单击图层名称，图层会显示为深灰色，并在名称后出现一个当前图层指示图标，即黑色三角形图标，表示此图层被选择为当前图层。

按住【Shift】键，分别单击两个图层，即可选择两个图层之间的多个连续的图层。按住【Ctrl】键，逐个单击想要选择的图层，可以选择多个不连续的图层。

3）复制图层

复制图层时，会复制图层中所包含的所有对象，包括路径、编组，以及整个图层。

（1）使用【图层】控制面板右上方的下拉式菜单。选择要复制的图层，如图 7-10 所示，即选中【图层 2】。单击【图层】控制面板右上方的图标，在弹出的菜单中选择【复制图层 2】命令，复制出的图层在【图层】控制面板上会被显示为被复制图层的副本。复制图层后，【图层】控制面板的效果如图 7-11 所示。

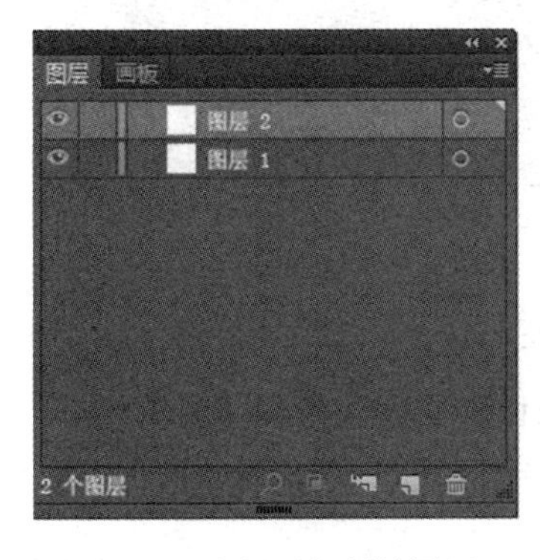

图 7-10　选择要复制的图层

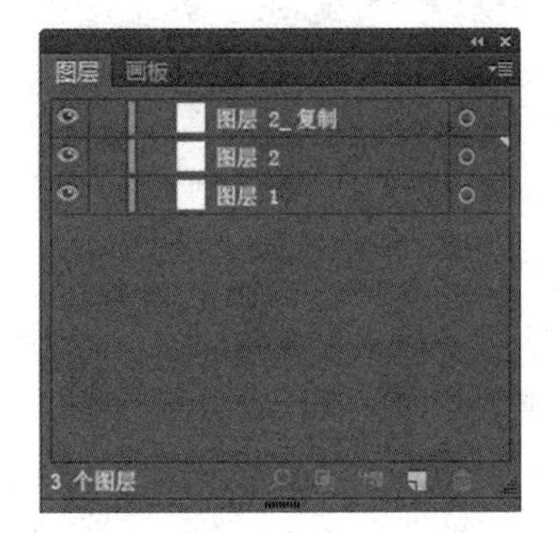

图 7-11　复制后的【图层】控制面板

（2）使用【图层】控制面板按钮。将【图层】控制面板中需要复制的图层拖曳到下方的【创建新图层】按钮上，就可以将所选的图层复制为一个新图层。

4）删除图层

（1）使用【图层】控制面板的右上方的下拉式菜单。选择要删除的图层，如图 7-12 所示，即选中【图层 2】。单击【图层】控制面板右上方的图标，在弹出的菜单中选择【删除图层 2】命令，如图 7-13 所示，图层即可被删除，删除图层后的【图层】控制面板如图 7-14 所示。

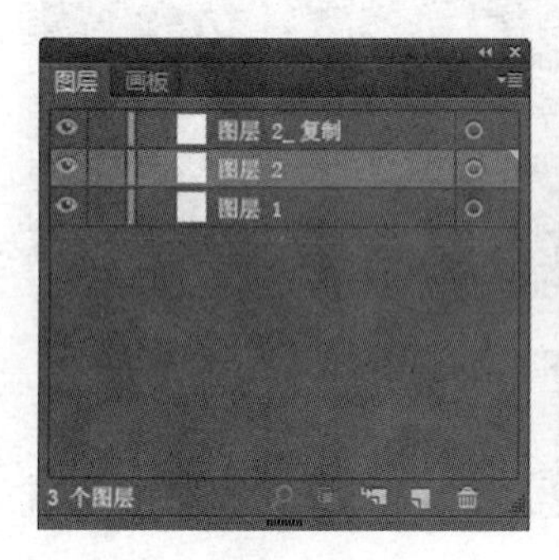

图 7-12　选择要删除的图层

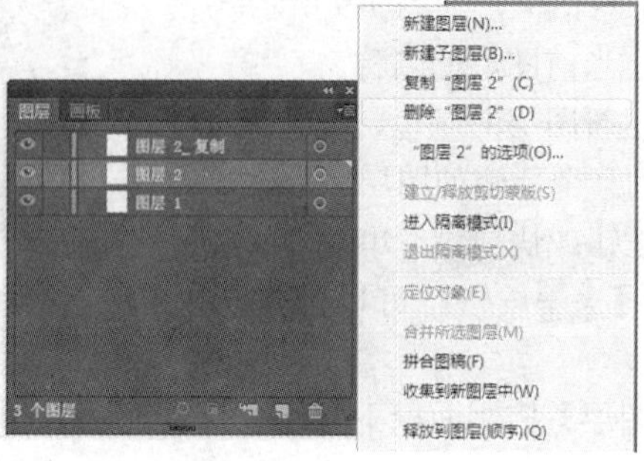

图 7-13　弹出的菜单中选择【删除图层 2】

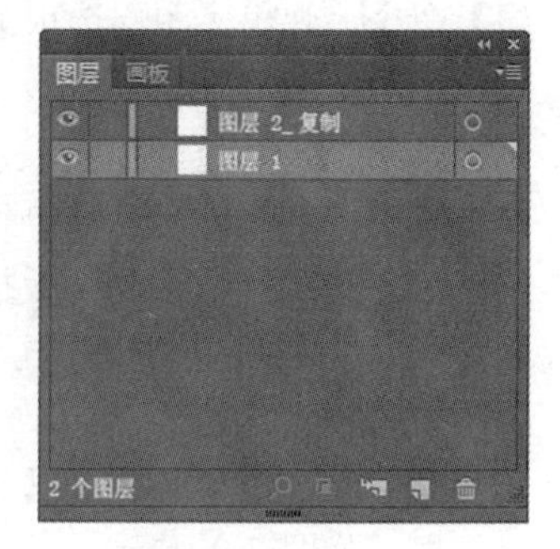

图 7-14　删除图层后

（2）使用【图层】控制面板按钮。选择要删除的图层，单击【图层】控制面板下方的【删除所选图层】按钮，可以将图层删除。用鼠标将需要删除的图层拖曳到【删除所选图层】按钮上，也可以删除图层。

5）隐藏或显示圈层

隐藏一个图层时，此图层中的对象在绘图页面上不显示，在【图层】控制面板中可以设置隐藏或显示图层。对于复杂的制作或设计作品时，可以快速隐藏图层中的路径、编组和对象。

（1）使用【图层】控制面板的右上方的下拉式菜单。选中一个图层，如图 7-15 所示。单击【图层】控制面板右上方的图标，在弹出的菜单中选择【隐藏其他图层】命令，【图层】控制面板中除当前选中的图层外，其他图层都被隐藏，效果如图 7-16 所示。

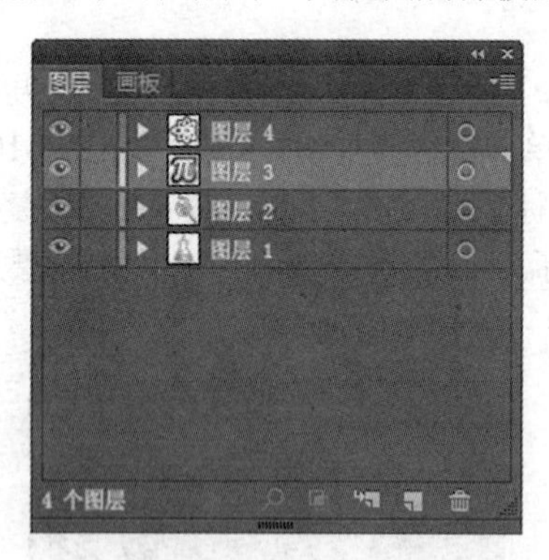

图 7-15　选中一个图层

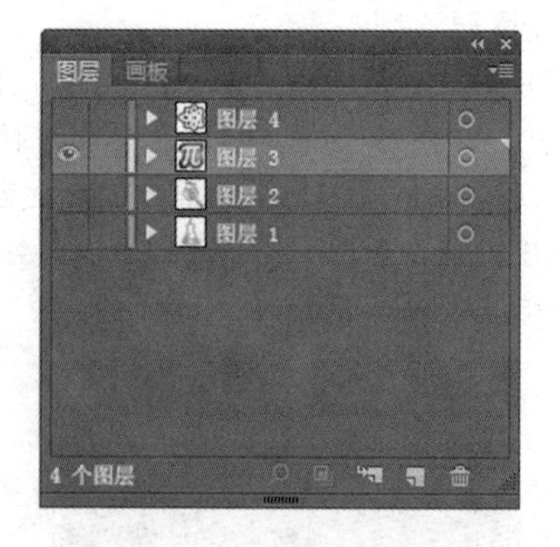

图 7-16　其他图层都被隐藏

（2）使用【图层】控制面板中的眼睛图标。在【图层】控制面板中，单击想要隐藏的图层左侧的眼睛图标，图层被隐藏。再次单击眼睛图标，会重新显示此图层。

如果在一个图层的眼睛图标上单击鼠标，可隐藏图层，按住鼠标左键不放，向上或向下拖曳，鼠标经过的图标就会被隐藏，这样可以快速隐藏多个图层。

（3）使用【图层选项】对话框。在【图层】控制面板中双击图层或图层名称，可以弹出【图层选项】对话框，取消勾选【显示】复选项，单击【确定】按钮，图层被隐藏。

6）锁定图层

【图层】控制面板可快速锁定解锁图层，当锁定图层后，此图层中的对象不能再被选择或编辑，使用【图层】控制面板，能够快速锁定多个路径、编组和子图层。

（1）使用【图层】控制面板的右上方的下拉式菜单。选中一个图层，如图 7-17 所示。单击【图层】控制面板右上方的图标，在弹出的菜单中选择【锁定其他图层】命令，【图层】控制面板中除当前选中的图层外，其他所有图层都被锁定，效果如图 7-18 所示。选择【解锁所有图层】命令，可以解除所有图层的锁定。

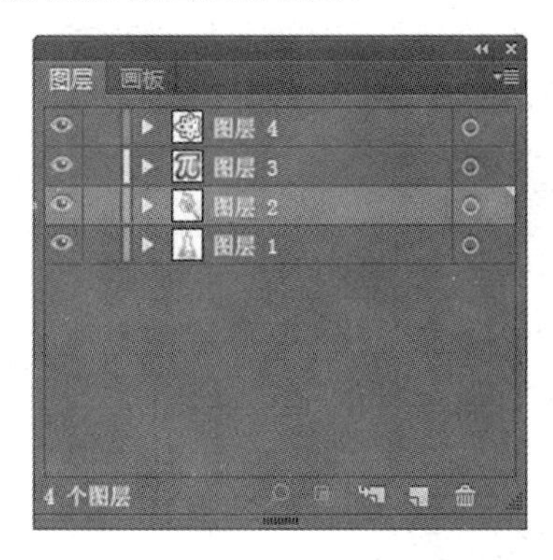

图 7-17　选中一个图层

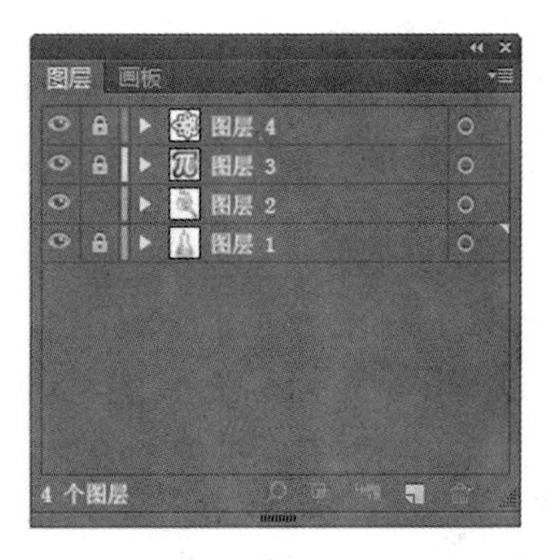

图 7-18　其他所有图层都被锁定

（2）使用对象菜单命令。选择【对象】→【锁定】→【其他图层】命令，可以锁定其他未被选中的图层。

（3）使用【图层】控制面板中的【锁定图标】。在想要锁定的图层左侧的方框中单击鼠标，出现锁定图标，图层被锁定。再次单击锁定图标，图标消失，即可解锁该图层。

如果在一个图层左侧的方框中单击鼠标，可锁定图层，按住鼠标左键不放，向上或向下拖曳，鼠标经过的方框出现锁定图标，就可以快速锁定多个图层。

（4）使用【图层选项】对话框。在【图层】控制面板中双击图层或图层名称，可以弹出【图层选项】对话框，勾选【锁定】复选项，单击【确定】按钮，图层被锁定。

7）合并图层

在【图层】控制面板中选择需要合并的图层，如图 7-19 所示，单击图层控制面板右上方的图标，在弹出的菜单中选择【合并所选图层】命令，所有选择的图层将合并到最后一个选择的图层或编组中，效果如图 7-20 所示。

图 7-19　选择需要合并的图层

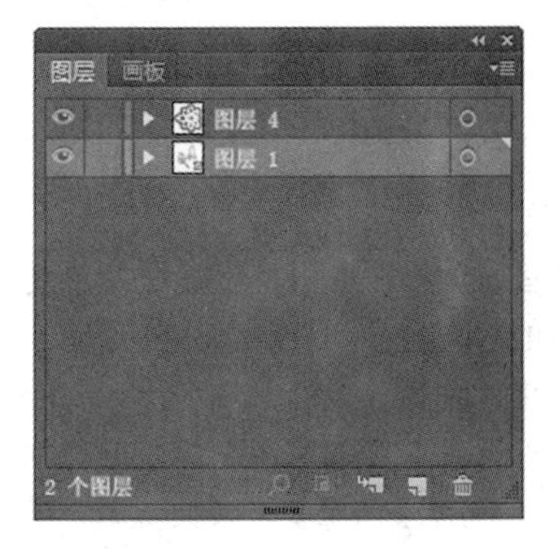

图 7-20　合并所选图层

选择下拉式菜单中的【拼合图稿】命令，所有可见的图层将合并为一个图层，合并图层时，不会改变对象在绘图页面上的排序。

7.1.4 使用图层

使用【图层】控制面板，可以选择页面区域中的对象，还可以切换对象的显示模式，更改对象的外观属性。

1）选择对象

（1）使用【图层】控制面板中的目标图标。在同一图层中的几个图形对象处于未选取状态，如图 7-21 所示。单击【图层】控制面板中要选择对象所在图层右侧的目标图标，如图 7-22 所示。单击目标图标变为，此时，图层中的对象被全部选中，效果如图 7-23 所示。

图 7-21 处于未选取状态的图像

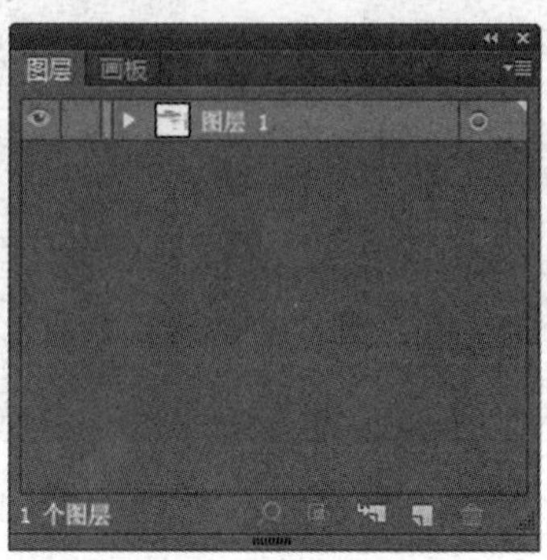

图 7-22 右侧的目标图标

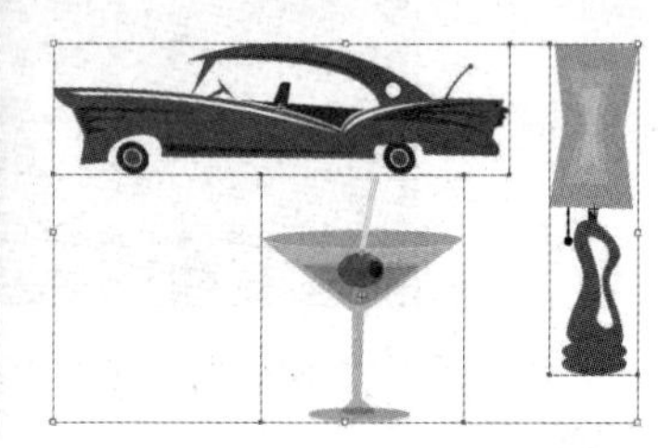

图 7-23 对象被全部选中

（2）结合快捷键并使用【图层】控制面板。按住【A1t】键的同时，单击【图层】控制面板中的图层名称，此图层中的对象将被全部选中。

（3）使用【选择】菜单下的命令。使用【选择工具】，选中同一图层中的一个对象，如图 7-24 所示。选择【选择】→【对象】→【同一图层上的所有对象】命令，此图层中的对象被全部选中，如图 7-25 所示。

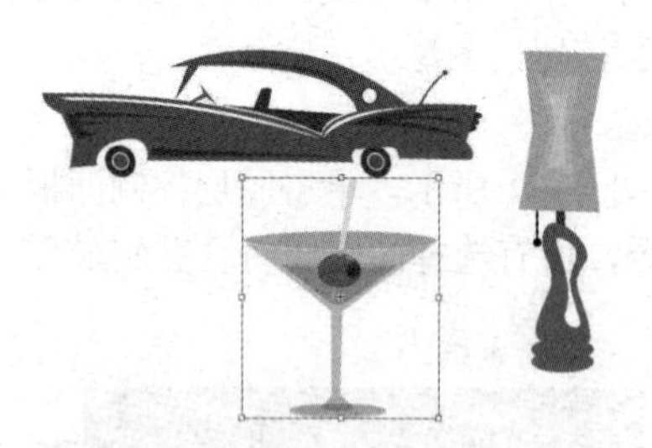

图 7-24 选中同一图层中的一个对象

图 7-25 对象被全部选中

2）更改对象的外观属性

使用【图层】控制面板可以轻松地改变对象的外观。如果对一个图层应用一种特殊效果，则在该图层中的所有对象都将应用这种效果。如果将图层中的对象移动到此图层之外，对象将不再具有这种效果。因为效果仅仅作用于该图层，而不是对象。

选中一个想要改变对象外观属性的图层，如图 7-26 所示，选取图层中的全部对象，效果如图 7-27 所示。选择【效果】→【变形】→【弧形】命令，在弹出的【变形选项】对话框中进行设置，如图 7-28 所示，单击【确定】按钮，选中的图层中包括的对象全部变成弧形效果，如图 7-29 所示，也就改变了此图层中对象的外观属性。

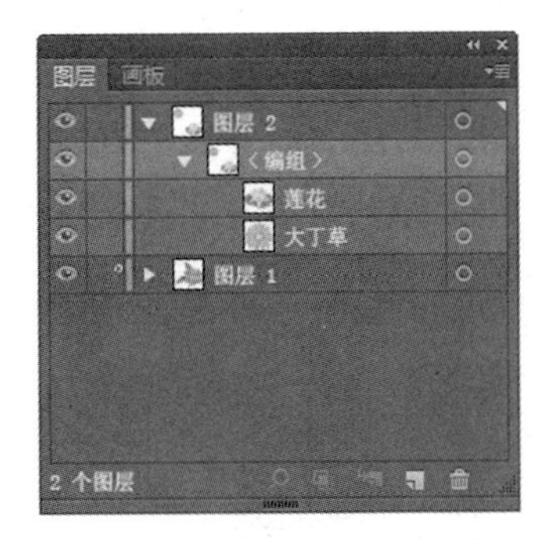

图 7-26　想要改变对象外观

图 7-27　选取图层中的全部对象

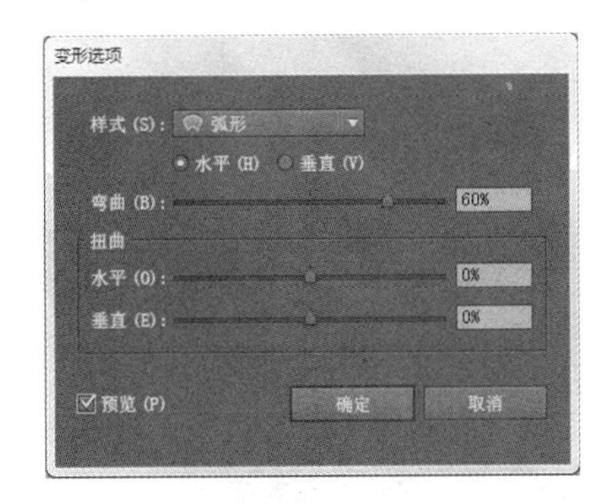

图 7-28　【变形选项】对话框

图 7-29　全部变成弧形效果

在【图层】控制面板中，图层的目标图标◎也是变化的。当目标图标显示为◎时，表示当前图层在绘图页面上没有对象被选择，并且没有外观属性；当目标图标显示为◎时，表示当前图层在绘图页面上有对象被选择，且没有外观属性；当目标图标显示为◎时，表示当前图层在绘图页面上没有对象被选择，但有外观属性；当目标图标显示为◎时，表示当前图层在绘图页面上有对象被选择，也有外观属性。

选择具有外观属性的对象所在的图层，拖曳此图层的目标图标到需要应用的图层的目标图标上，就可以移动对象的外观属性。在拖曳的同时按住 Alt 键，可以复制图层中对象的外观属性。

选择具有外观属性的对象所在的图层，拖曳此图层的目标图标到【图层】控制面板底部的【删除所选图层】按钮上，这时可以取消此图层中对象的外观属性。如果此图层中包括路径，将会保留路径的填充和描边填充。

3）移动对象

在设计制作的过程中，有时需要调整各图层之间的顺序，而图层中对象的位置也会相应地发生变化。选择需要移动的图层，按住鼠标左键将该图层拖曳到需要的位置，释放鼠标，图层被移动。移动图层后，图层中的对象在绘图页面上的排列次序也会被移动。

选择想要移动的【图层 2】中的对象，如图 7-30 所示，再选择【图层】控制面板中需要放置对象的【图层 1】，如图 7-31 所示，选择【对象】→【排列】→【发送至当前图层】命令，可以将对象移动到当前选中的【图层 1】中，效果如图 7-32 所示。

图 7-30　选择想要移动的对象

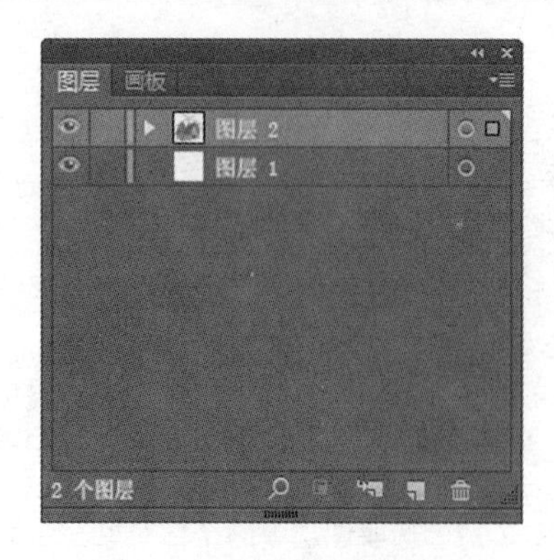

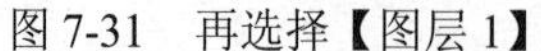

图 7-31　再选择【图层 1】

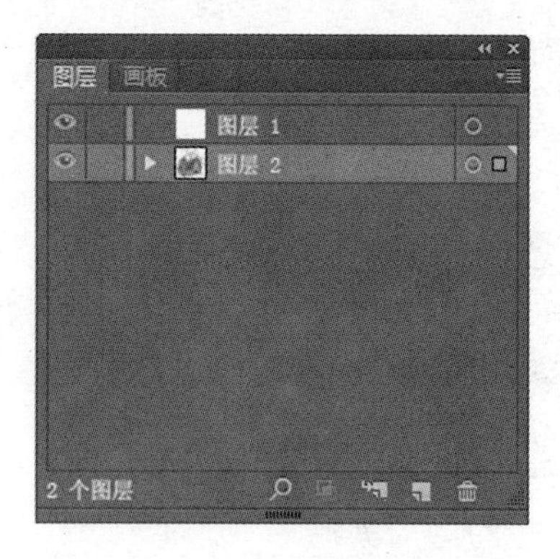

图 7-32　移动对象

单击【图层 1】右边的方形图标，按住鼠标左键不放，将该图标拖曳到【图层 2】中，如图 7-33 所示，可以将对象移动到【图层 2】中，效果如图 7-34 所示。

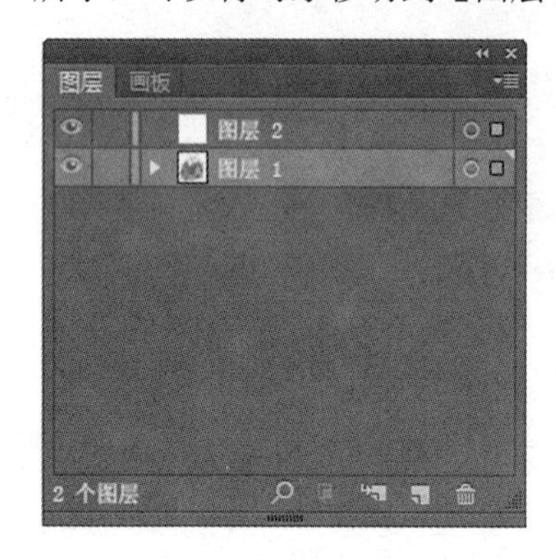

图 7-33　拖曳【图层 1】

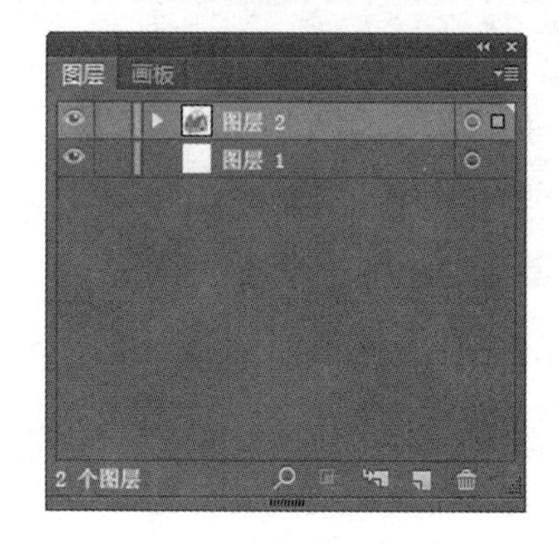

图 7-34　将对象移动到【图层 2】中

7.1.5　案例应用——制作立体盒子

利用【图层】控制面板制作立体盒子效果，制作完成效果如图 7-35 所示。

（1）使用【多边形】工具绘制一个正六边形，填充色为【品红色】，使用【变换】面板旋转 90°，效果如图 7-36 所示。

（2）打开【图层】面板，选择右上角的下拉三角，选择【复制路径】，在【图层 1】下复制出一个新的多边形，效果如图 7-37 所示。

图 7-35 立体盒子效果

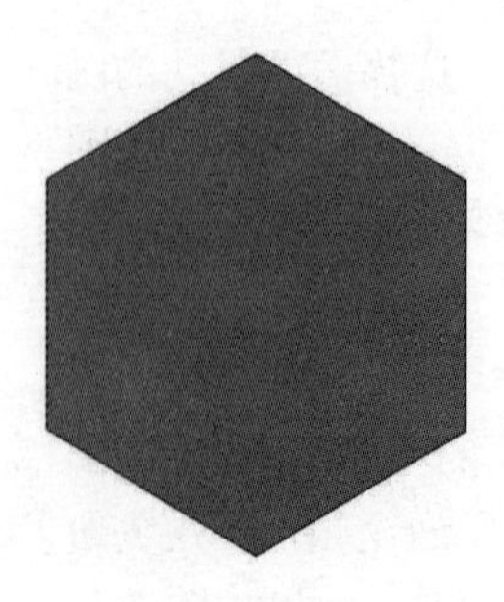

图 7-36　绘制一个正六边形

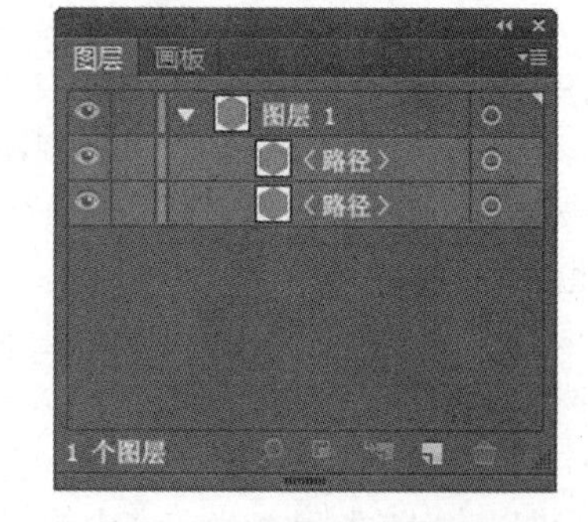

图 7-37　图层 1 下复制出一个新的多边形

（3）将复制出的多边形，移动到原多边形的左下角位置，斜边对齐，效果如图 7-38 所示。

（4）在【图层 1】中再次使用右上角的下拉三角，选择【复制路径】，在【图层 1】下再复制出一个新的多边形，效果如图 7-39 所示。

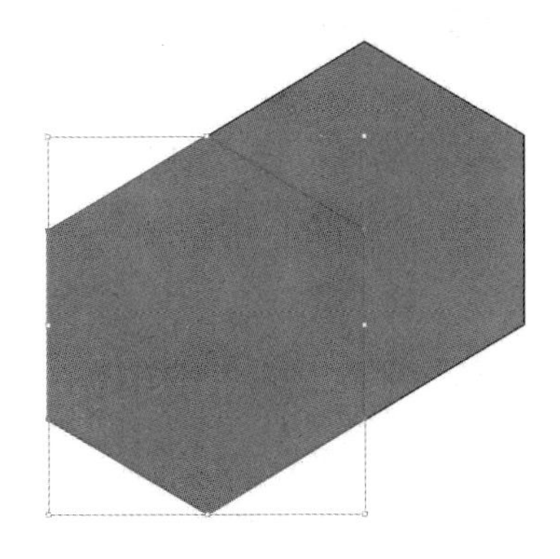

图 7-38　移动到原多边形的左下角位置

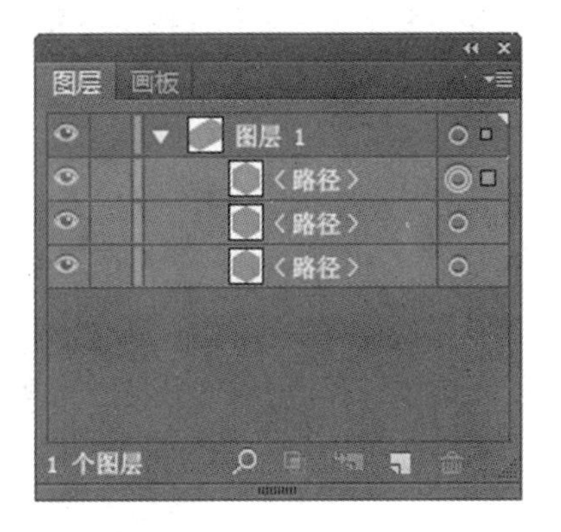

图 7-39　在图层 1 下再复制出一个新的多边形

（5）在【图层】面板，单击下面的【新建图层】按钮，新建【图层 2】，效果如图 7-40 所示。

（6）将【图层 1】中第三个多边形拖动到【图层 2】中，效果如图 7-41 所示。

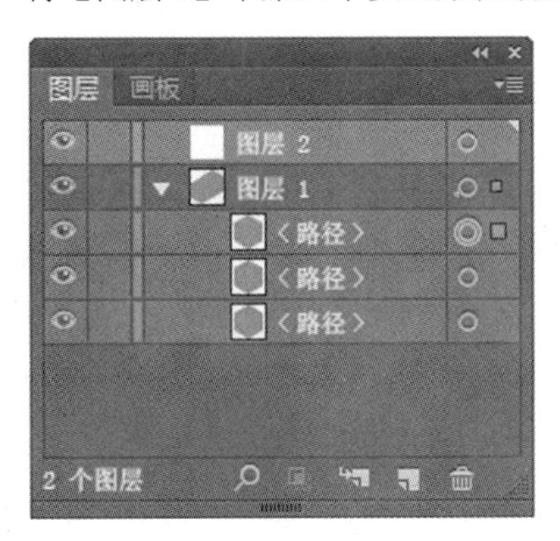

图 7-40　新建【图层 2】

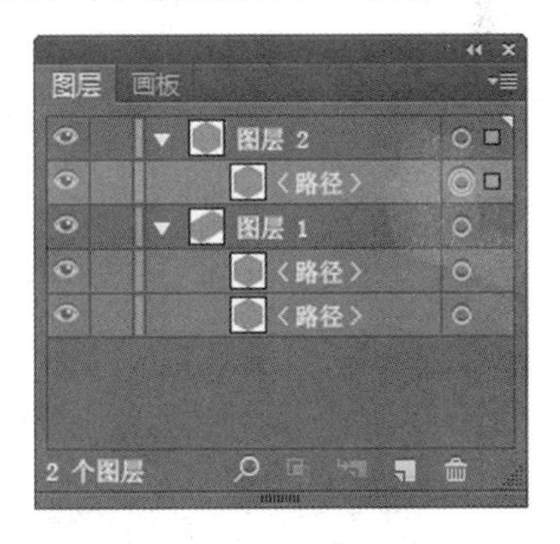

图 7-41　第三个多边形拖动到【图层 2】中

（7）将多边形填充色改为【绿色】，效果如图 7-42 所示。

（8）选【图层 2】中的绿色多边形路径，选择图层右上角下拉三角按钮复制多边形路径，效果如图 7-43 所示。

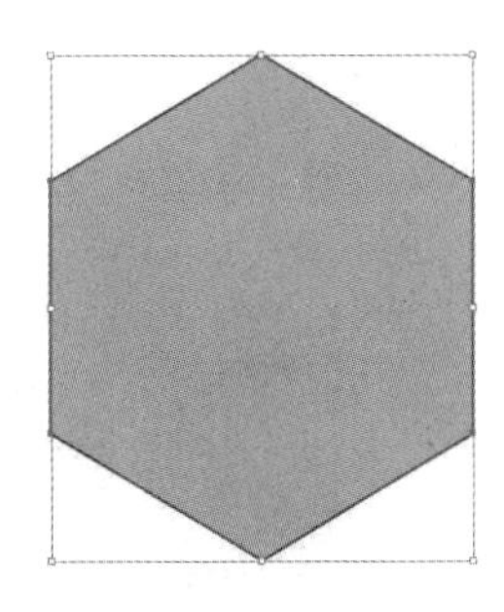

图 7-42　填充色改为绿色

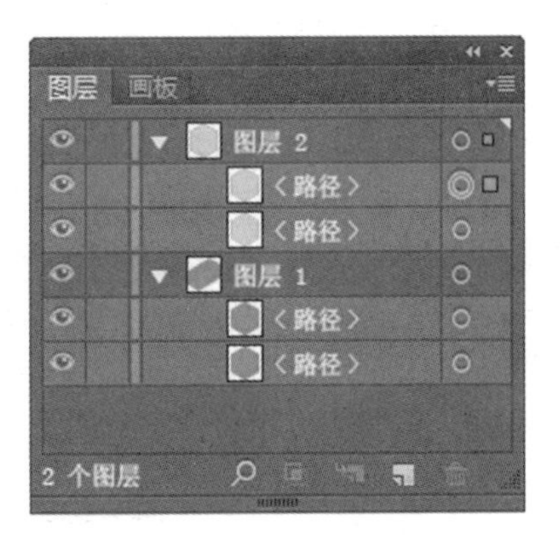

图 7-43　复制多边形路径

（9）将【图层 2】中复制的多边形移动到绿色多边形的右下角位置，斜边对齐，效果如图 7-44 所示。

（10）用同样的方法制作【图层 3】，填充色改为【黄色】，并将其向正上方拖动，效果如图 7-45 所示。

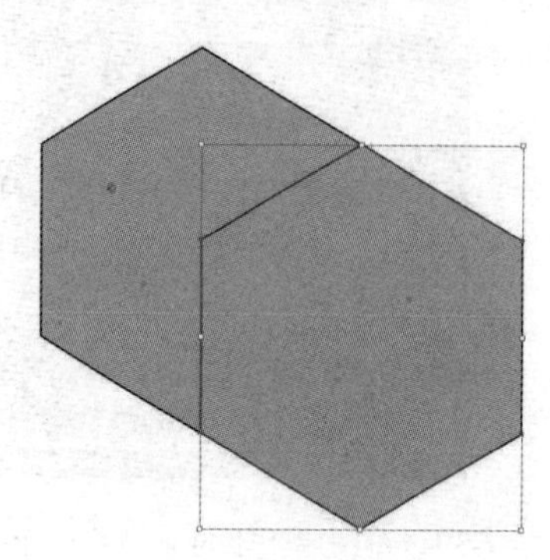

图 7-44 移动到绿色多边形的右下角位置

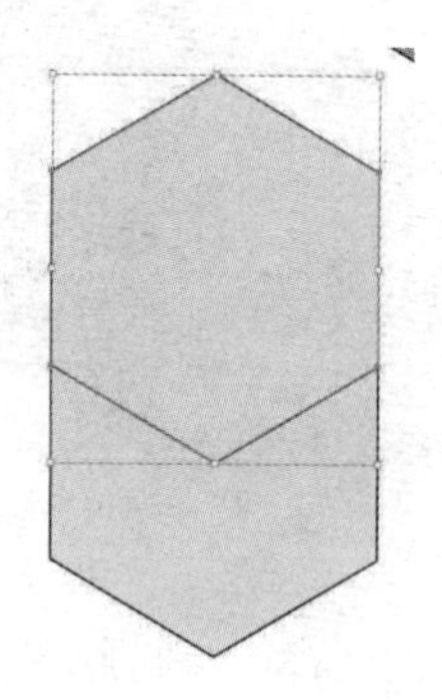

图 7-45 向正上方拖动

（11）单击【图层 1】，单击下方的【建立/释放剪切蒙版】，进行图形剪切，效果如图 7-46 所示。

（12）对【图层 2】、【图层 3】也同样进行图形剪切，效果如图 7-47 所示。

图 7-46 进行图形剪切

图 7-47 同样进行图形剪切

（13）单击【图层 2】圆圈后面的位置，会出现一个方块□，效果如图 7-48 所示。

（14）拖动页面上【图层 2】所在的绿色菱形图形，向品红色菱形靠近，效果如图 7-49 所示。

（15）同样，将【图层 3】所代表的黄色菱形，也向品红色菱形靠近，效果如图 7-49 所示。

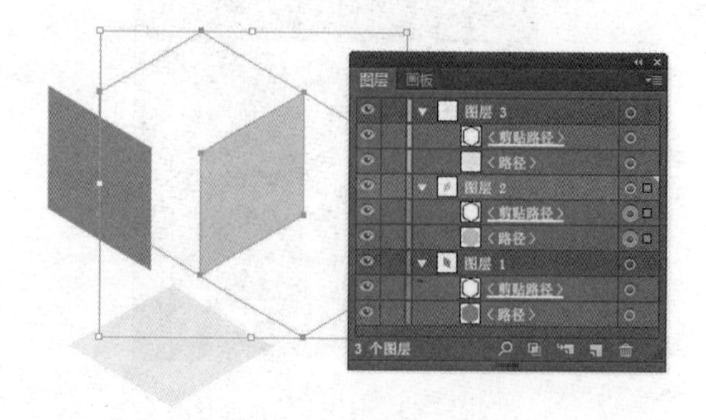

图 7-48 单击图层 2 圆圈后面的位置

图 7-49 移动菱形组成多边形

7.2　制作图层蒙版

蒙版是指用于遮挡其形状以外的图形，而蒙版的效果可以控制对象在视图中显示的范围，被蒙版的对象只在蒙版形状以内的部分才能显示和打印。在 Illustrator CC 中，蒙版可分为两种：一种是剪切蒙版；另一种是不透明蒙版。

7.2.1　制作图像蒙版

（1）使用【创建】命令制作。选择【文件】→【置入】命令，在弹出的【置入】对话框中选择图像文件，如图 7-50 所示，单击【置入】按钮，图像出现在页面中，效果如图 7-51 所示，选择【椭圆工具】，在图像上绘制一个椭圆形作为蒙版，如图 7-52 所示。

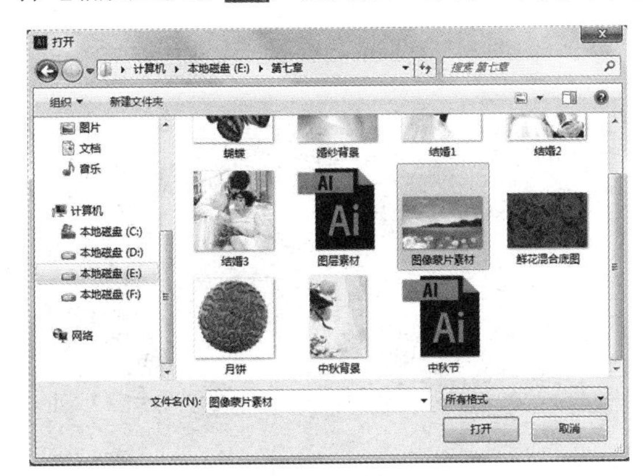

图 7-50 【置入】对话框

图 7-51 【置入】图像

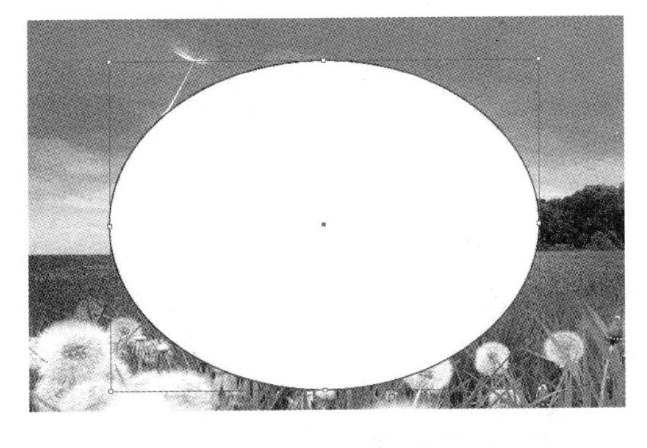

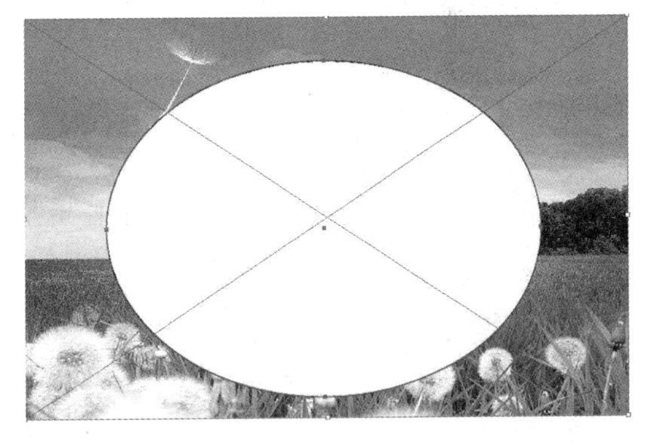

图 7-52　绘制一个椭圆形作为蒙版

图 7-53　选中图像和椭圆形

使用【选择工具】，同时选中图像和椭圆形，如图 7-53 所示（作为蒙版的图形必须在图像的上层）。选择【对象】→【剪切蒙版】→【建立】命令（组合键为 Ctrl+7），制作出蒙版效果，如图 7-54 所示。图像在椭圆形蒙版外面的部分被隐藏，取消选取后，蒙版的效果如图 7-55 所示。

对多个图像进行蒙版，可以放置多个图像作为底图，置入两个图像，效果如图 7-56 所示。在两个图像上面绘制一个椭圆作为蒙版，使用【选择工具】，同时选中两个图像和椭圆形，效果如图 7-57 所示。选择【对象】→【剪切蒙版】→【建立】命令（组合键为【Ctrl+7】），制作出蒙版效果，如图 7-58 所示。

图 7-54 蒙版效果

图 7-55 取消选取后的效果

图 7-56 置入两个图像

图 7-57 同时选中两个图像和椭圆形

图 7-58 制作出蒙版效果

（2）使用鼠标右键的弹出菜单制作蒙版。使用【选择工具】，选中图像和椭圆形，在选中的对象上单击鼠标右键，在弹出的快捷菜单中选择【建立剪切蒙版】命令，制作出蒙版效果。

（3）用【图层控制面板】制作蒙版。使用【选择工具】，选中图像和椭圆形，单击【图层】控制面板右上方的图标，在弹出菜单中选择【建立剪切蒙版】命令，制作出蒙版效果。

7.2.2 编辑图像蒙版

制作蒙版后，还可以对蒙版进行编辑，如查看、移动、添加蒙版和减少蒙版区域等。

（1）查看蒙版。使用【选择工具】，选中蒙版图像，如图 7-59 所示。单击【图层】控制面板右上方的图标，在弹出的菜单中选择【定位对象】命令，【图层】控制面板如图 7-60 所示，可以在【图层控制面板】中查看蒙版状态，也可以编辑蒙版。

（2）移动蒙版。使用【选择工具】，拖动蒙版会使蒙版和底图一起移动，效果如图 7-61 所示。使用【直接选择工具】，拖动蒙版会使底图移动，蒙版区域并没有移动，效果如图 7-62 所示。

图 7-59　选中蒙版图像

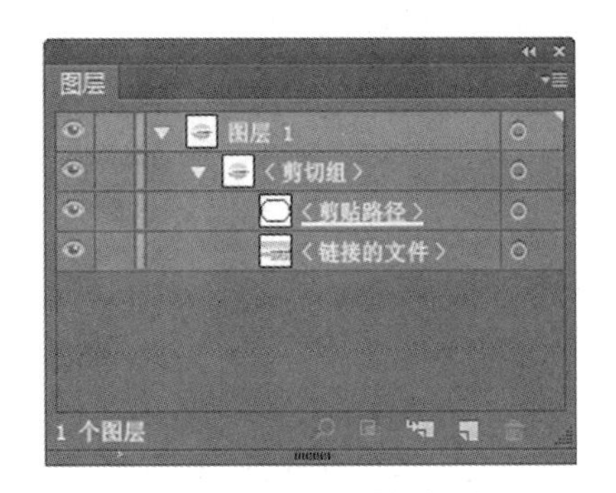

图 7-60　查看蒙版状态

图 7-61　蒙版和底图一起移动

图 7-62　底图移动

（3）添加对象到蒙版。选中要添加的对象，如图 7-63 所示。选择【编辑】→【剪切】命令，剪切该对象。使用【直接选择工具】，选中被蒙版图形中的对象，如图 7-64 所示。选择【编辑】→【贴在前面】或【贴在后面】命令，就可以将要添加的对象粘贴到相应的蒙版图形的前面或后面，并成为图形的一部分，贴在前面的效果如图 7-65 所示（如果粘贴的图像没在显示区域里面，可以用直接选择工具将其移动到区域里面）。

图 7-63　选中要添加的对象

图 7-64　选中被蒙版图形中的对象

图 7-65　贴在前面

（4）锁定蒙版。使用【选择工具】，选中需要锁定的蒙版图像。选择【对象】→【锁定】→【所选对象】命令，可以锁定蒙版图像。

（5）解除蒙版，还原对象。选中被蒙版的对象，选择【对象】→【裁切蒙版】→【解除裁切蒙版】，解除后原图被还原，蒙版区域颜色为透明色。

7.3 制作文本蒙版

在 Illustrator CC 中，可以将文本制作为蒙版。根据设计需要来制作文本蒙版，可以使文本产生丰富的效果。

7.3.1 制作文本蒙版

（1）使用【对象】命令制作文本蒙版。使用【矩形工具】，绘制一个矩形，在【图形样式】控制面板中选择需要的样式，如图 7-66 所示，矩形被填充上图形样式，如图 7-67 所示。

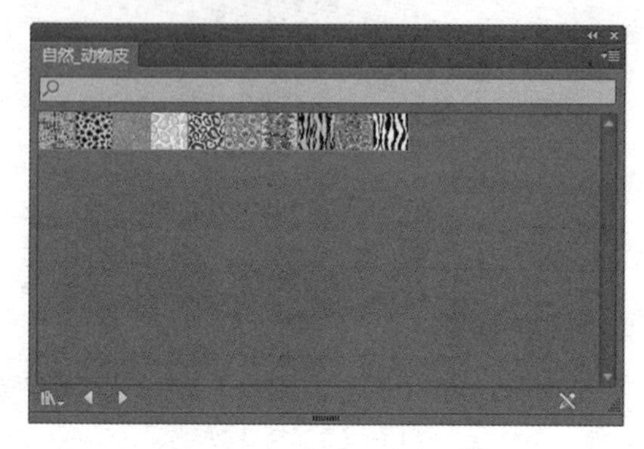

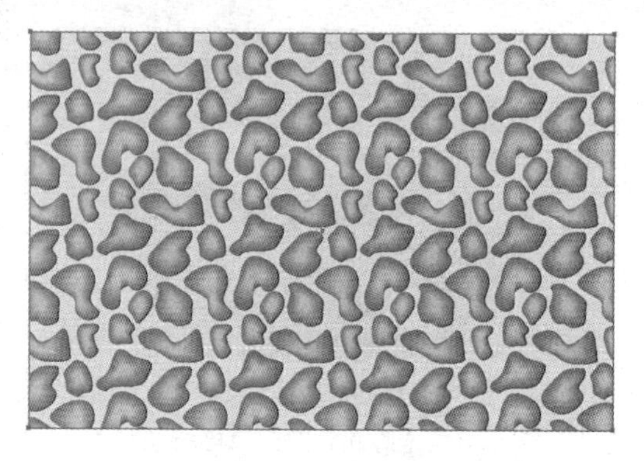

图 7-66 【图形样式】控制面板

图 7-67 矩形被填充上图形样式

选择【文字工具】，在矩形上输入文字，使用【选择工具】，选中文字和矩形，如图 7-68 所示。选择【对象】→【剪切蒙版】→【建立】命令（组合键为【Ctrl+7】），制作出蒙版效果，如图 7-69 所示（为使轮廓清晰可以加入描边）。

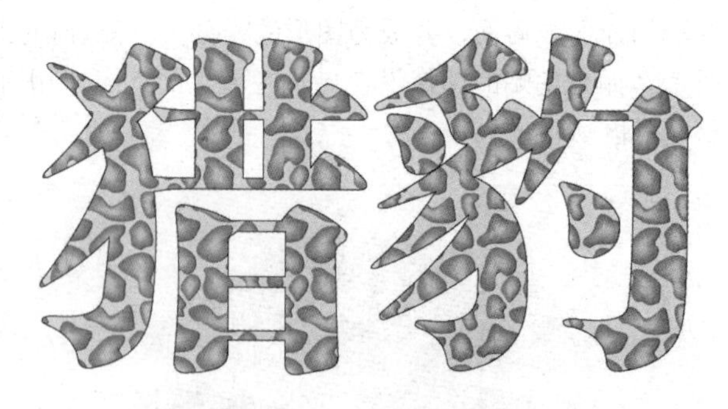

图 7-68 选中文字和矩形

图 7-69 制作出蒙版效果

（2）使用鼠标右键弹出菜单命令制作文本蒙版。使用【选择工具】，选中图像和文字，在选中的对象上单击鼠标右键，在弹出的快捷菜单中选择【建立剪切蒙版】命令，制作出蒙版效果。

（3）使用【图层】控制面板中的命令制作蒙版。使用【选择工具】，选中图像和文字，单击【图层】控制面板右上方的图标，在弹出的菜单中选择【建立剪切蒙版】命令，制作出蒙版效果。

7.3.2　编辑文本蒙版

使用【选择工具】，选取被蒙版的文本，如图 7-70 所示。选择【文字】→【创建轮廓】命令，将文本转换为路径，路径上出现了许多锚点，效果如图 7-71 所示。

使用【直接选择工具】，选取路径上的锚点，就可以编辑修改被蒙版的文本，效果如图 7-72 所示。

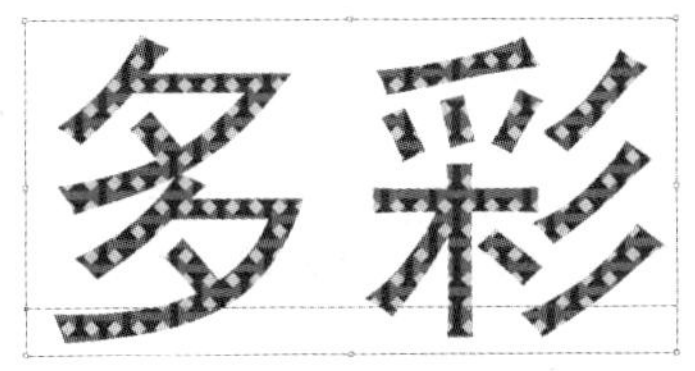

图 7-70　选取被蒙版的文本

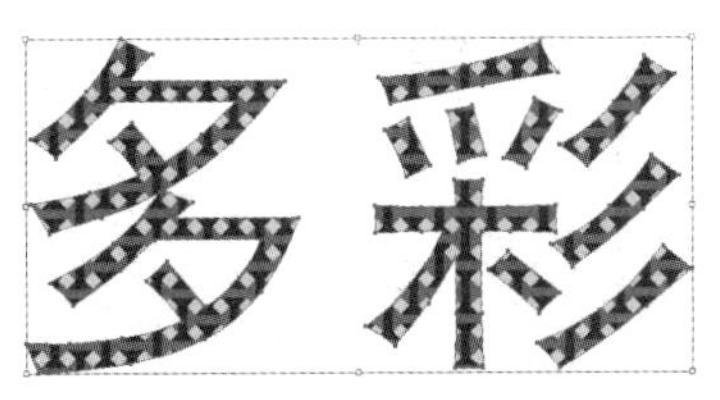

图 7-71　将文本转换为路径

图 7-72　编辑修改被蒙版文本

7.4　透明度控制面板

在透明度控制面板中可以对图像添加透明度，还可以设置透明度的混合模式，以及不透明蒙版的建立。

7.4.1　认识【透明度】控制面板

透明度是 Illustrator CC 中改变图像外观属性的一个重要命令。Illustrator CC 的透明度设置，通过改变透明度的不同比例来改变图像的透明情况。在【透明度】控制面板中，可以给对象添加不透明度，还可以改变混合模式，从而制作出新的效果。

选择【窗口】→【透明度】命令或（组合键为 Shift+Ctrl+F10），弹出【透明度】控制面板，如图 7-73 所示。单击控制面板右上方的图标，在弹出的菜单中选择【显示缩略图】命令，可以将【透明度】控制面板中的缩略图显示出来，如图 7-74 所示。在弹出的菜单中选择【显示选项】命令，可以将【透明度】控制面板中的选项显示出来，如图 7-75 所示。

图 7-73　【透明度】控制面板

图 7-74　显示缩略图图

图 7-75　显示选项

1）【透明度】控制面板的表面属性

在图 7-75 所示的【透明度】控制面板中，当前选中对象的缩略图出现在其中，当【不透明度】选项设置为不同的数值时，效果如图 7-76 所示（默认状态下，对象是完全不透明的）。

①【隔离混合】选项：可以使不透明度设置，只影响当前组合或图层中的其他对象。

不透明度值为 0 时

不透明度值为 50 时

不透明度值为 100 时

图 7-76 不透明度的不同数值

②【挖空组】选项：可以使不透明度设置，不影响当前组合或图层中的其他对象，但背景对象仍然受影响。

③【不透明度和蒙版用来定义挖空形状】选项：可以使用不透明度蒙版，定义对象的不透明度所产生的效果。

选中【图层】控制面板中要改变不透明度的图层，用鼠标单击图层右侧的图标，将其定义为目标图层，在【透明度】控制面板的【不透明度】选项中，调整不透明度的数值，此时的调整会影响到整个图层不透明度的设置，包括此图层中已有的对象和将来绘制的任何对象。

2）【透明度】控制面板中的混合模式

【透明度】控制面板中提供了 16 种混合模式，如图 7-77 所示。置入【鲜花混合底图】素材，如图 7-78 所示。在图像上绘制一个椭圆形并保持其选取状态，如图 7-79 所示。分别选择不同的混合模式，可以看到图像的不同变化效果，效果如图 7-80 所示。

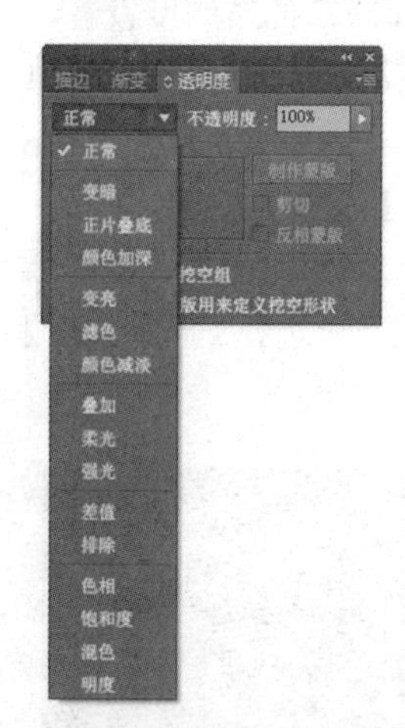

图 7-77 16 种混合模式

图 7-78 置入一张图像

图 7-79 选取椭圆

正常模式

变暗模式

正片模式

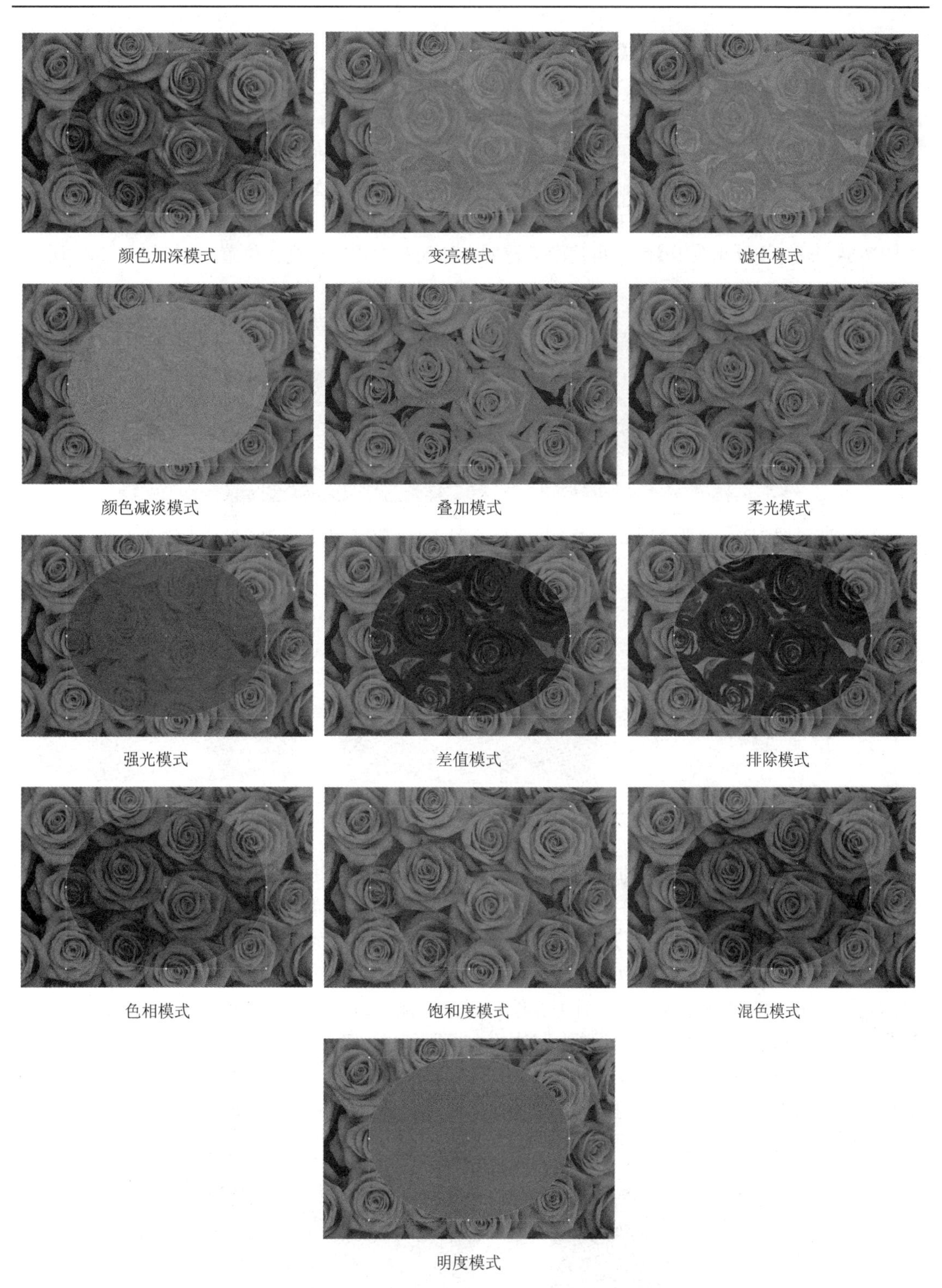

图 7-80　选择不同的混合模式

7.4.2　不透明蒙版

不透明蒙版主要用来制作渐变不透明效果，给图像增加很多精彩效果。

绘制一个矩形，填充色为【青色】，边框为无色。在其上绘制一个椭圆形，填充线性渐变，颜色为左白右黑，边框为无色。将两个图形同时选中，如图 7-81 所示。单击【透明度】控制面板右上方的图标，弹出下拉菜单，选择【建立不透明蒙版】命令，【透明度】控制面板显示的效果如图 7-82 所示（青色背景的矩形在左边方框中，上面的椭圆形在右边的方框中）。制作不透明蒙版的效果如图 7-83 所示，原来渐变填充为白色的地方变成完全透明，可以看到下面的青色，而原来渐变填充为黑色的地方变成白色，中间变为半透明色。【剪切】命令可使背景释放出来，效果如图 7-84 所示。【反相蒙版】命令可使渐变透明在透明和白色之间交换位置，效果如图 7-85 所示。

图 7-81 将两个图形同时选中

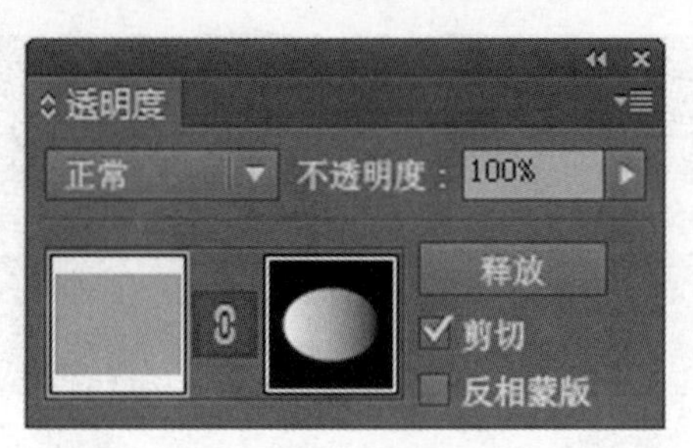

图 7-82 【透明度】控制面板显示效果

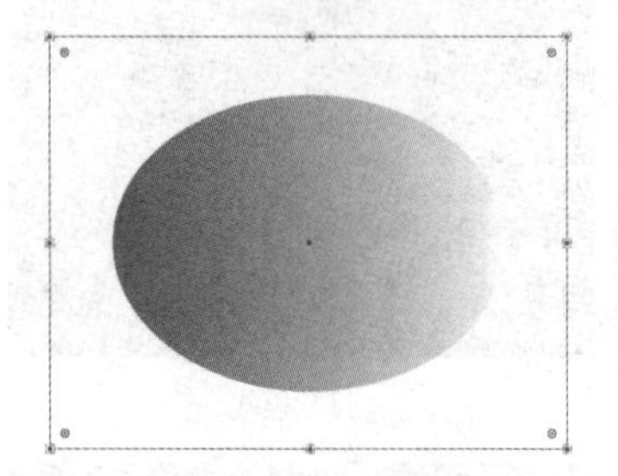

图 7-83 制作不透明蒙版的效果

图 7-84 去掉【剪切】效果

图 7-85 【反相蒙版】效果

单击左边青色背景方框，方框内侧有一圈黑边表示选中。使用【选择工具】，拖动图像看到矩形图形和椭圆形一起移动。选择【取消链接不透明蒙版】，蒙版对象和被蒙版对象之间的链接关系被取消，此时使用【选择】工具，只能移动背景的矩形。如果单击右边渐变椭圆所在方框，方框内侧也有一圈黑边表示选中（这时表示进入到蒙版里面），此时使用【选择】工具，拖动时只有蒙版的椭圆能够进行移动（这时再去绘制其他图像还是会产生透明蒙版效果）。如果绘制其他带颜色的图像要退出蒙版，只要单击左边的方框即可退出蒙版。

选择下拉菜单中的【释放不透明蒙版】命令，制作的不透明蒙版将被释放，图形将恢复原来的效果，如图 7-86 所示。选中制作的不透明蒙版，选择【停用不透明蒙版】命令，不透明蒙版被禁用，【透明度】控制面板的变化，如图 7-87 所示。

图 7-86 图形将恢复原来的效果

图 7-87 透明蒙版被禁用

7.4.3　案例应用——水晶球效果

（1）绘制一个正圆，填充为径向渐变色，颜色从【白】到【品红】，边框为无色，效果如图 7-88 所示。

（2）再绘制一个椭圆，填充为线性渐变色，颜色从【白】到【黑】，边框为无色，角度为【90°】，效果如图 7-89 所示。

（3）同时选中两个圆，在【透明度】控制面板单击右上方的图标，在下拉菜单中选择【建立不透明蒙版】，去掉【剪切】选项，效果如图 7-90 所示。

（4）使用【选择工具】，按住【Alt】键拖动，复制出一些水晶球。选择每个水晶球下面的正圆，改变渐变填充色，即可得到多个五彩水晶球效果，如图 7-91 所示。

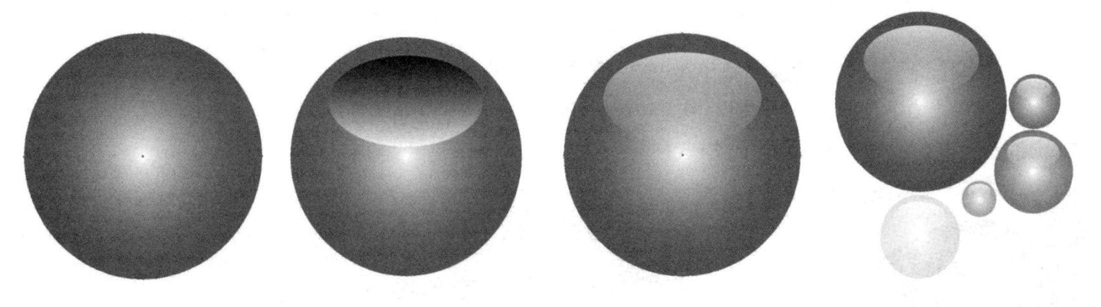

图 7-88　制作渐变填充　　图 7-89　绘制椭圆　　图 7-90　建立不透明蒙版　　图 7-91　制作多个水晶球

7.4.4　综合训练——婚纱后期效果制作

利用不透明蒙版制作婚纱后期效果，制作完成的效果如图 7-92 所示。

图 7-92　婚纱完成效果

（1）置入素材图片，【婚纱背景.jpg】、【结婚 1.jpg】、【结婚 2.jpg】、【结婚 3.jpg】，将【结婚 1】图片缩放到合适大小，并使用【选择工具】将【结婚 1 图片】进行旋转，效果如图 7-93 所示。

（2）在【结婚 1】的图片上绘制一个椭圆，并填充从【白】到【黑】的径向渐变填充，效果如图 7-94 所示。

图 7-93 置入素材图片

图 7-94 绘制椭圆并填充渐变填充

（3）用【渐变工具】调整渐变中心位置，效果如图 7-95 所示。

（4）同时选中【结婚 1】图片和上方的椭圆，选择【透明度】面板右上方的下拉箭头，选择建立不透明蒙版，效果如图 7-96 所示。

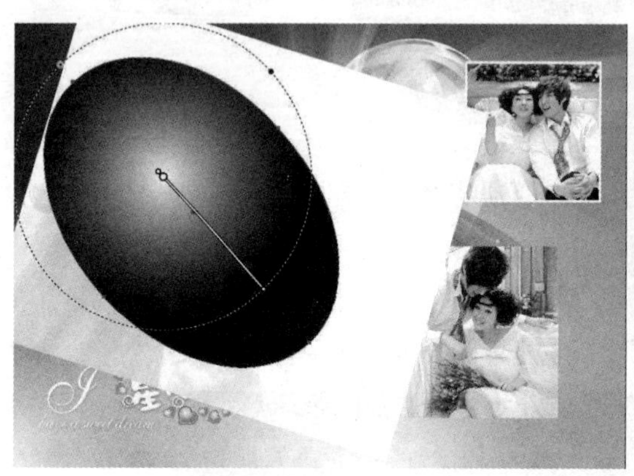

图 7-95 调整渐变中心位置

图 7-96 建立不透明蒙版（一）

（5）将【结婚 2】图片缩放到合适大小，在其上绘制一个椭圆，并填充从【白】到【黑】的径向渐变填充，效果如图 7-97 所示。

（6）同时选中【结婚 2】图片和上方的椭圆，选择【透明度】面板右上方的下拉箭头，选择建立不透明蒙版，效果如图 7-98 所示。

图 7-97 对椭圆径向渐变填充

图 7-98 建立不透明蒙版（二）

（7）在【透明度】面板中，单击蒙版方框，效果如图 7-99 所示。

（8）选择【渐变】面板，将渐变滑块向黑色方向移动，使透明的地方增大，效果如图 7-100 所示。

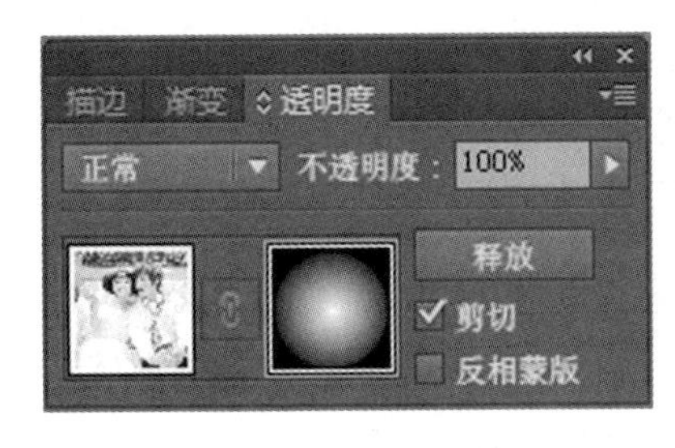

图 7-99　单击蒙版方框的效果

图 7-100　渐变滑块向黑色方向移动

（9）【结婚 3】图片也是同样的方法制作。

（10）制作完成效果如图 7-92 所示。

7.5　课后习题——绘制中秋节插画

【知识要点】：使用不透明蒙版制作中秋月饼，使月饼融入背景图中；使用【混合工具】制作中秋节放射文字，效果如图 7-101 所示。

图 7-101　中秋节插画效果图

第 8 章　使用混合与封套效果

本章将重点讲解混合和封套效果的使用方法。使用混合命令可以产生颜色和形状的混合，生成中间对象的过渡变形。封套是 Illustrator CC 中很实用的一个命令，使用封套命令可以用图形轮廓来改变其他对象的形状。

8.1　混合效果的使用

混合效果可以将两个自由形状，变换成一系列样式递变的过渡图形。该命令可以在两个或两个以上的图形对象之间使用。

8.1.1 创建混合对象

选择混合命令可以对整个图形、部分路径或控制点进行混合。利用混合工具及相关命令，可以在多个对象之间创建形状和形状的连续变化效果。也就是说，混合功能同时具有复制、变形和色彩调整的效果。

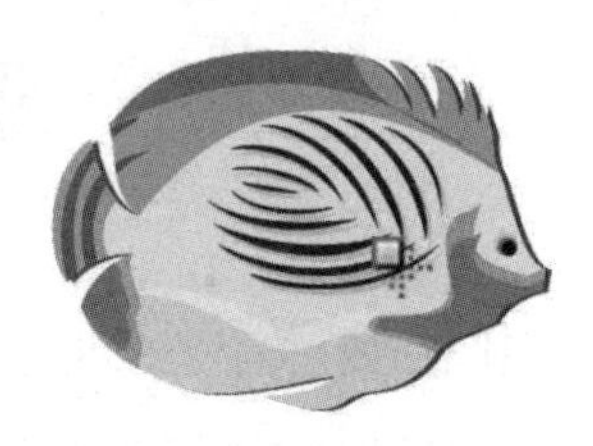

图 8-1　起始图像

1）创建混合对象

（1）使用混合工具创建混合对象。选择【混合工具】，用鼠标单击要混合的起始图像，如图 8-1 所示。在另一个要混合的图像上单击鼠标，将它设置为目标图像，如图 8-2 所示，绘制出的混合图像效果如图 8-3 所示。

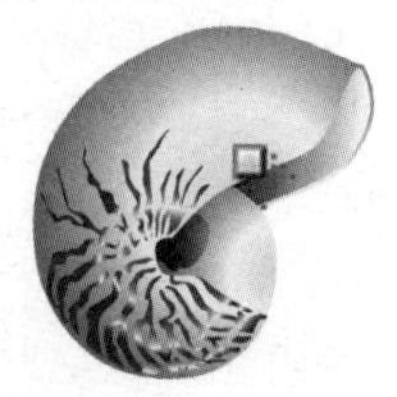

图 8-2　单击目标图像

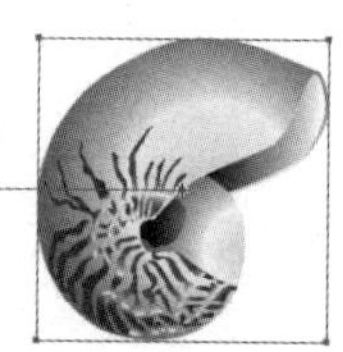

图 8-3　绘制出的混合图像

（2）应用菜单命令创建混合对象。选择【选择工具】，再选取要进行混合的两个对象，如图 8-4 所示。选择【对象】→【混合】→【建立】命令（组合键为 Alt+Ctrl+B），制作出混合图像，如图 8-5 所示。

图 8-4　选取要进行混合的两个对象

图 8-5　制作出混合图像效果

2）释放混合对象

选择【选择工具】，选取一组混合对象，如图 8-6 所示；选择【对象】→【混合】→【释放】命令（组合键为 Alt+Shift+Ctrl+B），释放混合对象，效果如图 8-7 所示。

图 8-6　选取一组混合对象

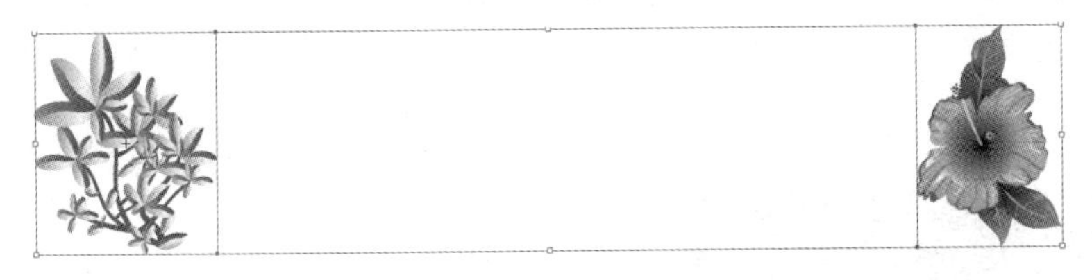

图 8-7　释放混合对象

3）使用混合选项对话框

选择【选择工具】，选取混合后的对象，双击选择【混合工具】或选择【对象】→【混合】→【混合选项】命令，弹出【混合选项】对话框，在对话框中【间距】选项的下拉列表中选择【平滑颜色】，可以使混合的颜色保持平滑，如图 8-8 所示。

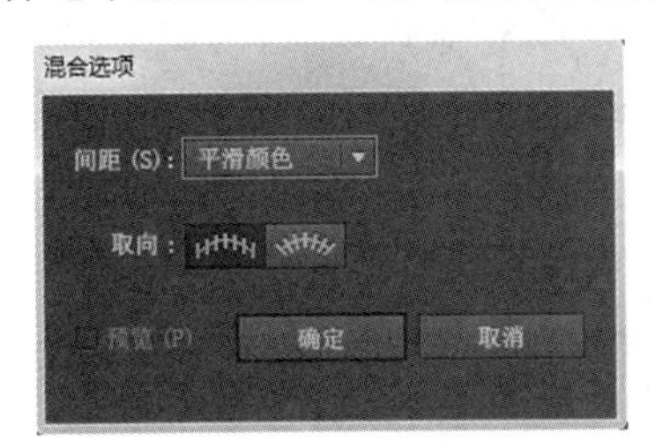

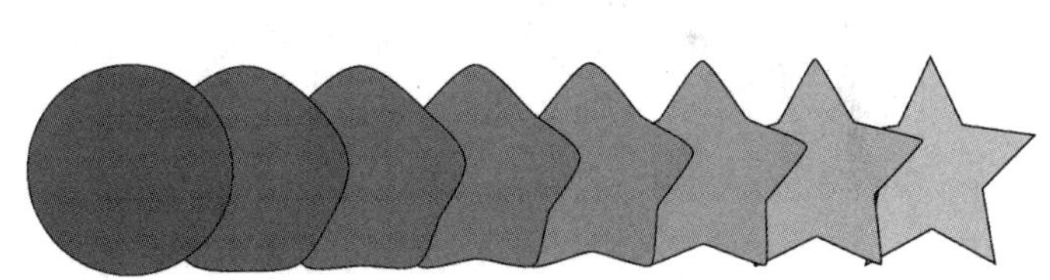

图 8-8　选择【平滑颜色】

在对话框中【间距】选项的下拉列表中选择【指定的步数】，可以设置混合对象的中间过渡图像的数量，如图 8-9 所示。

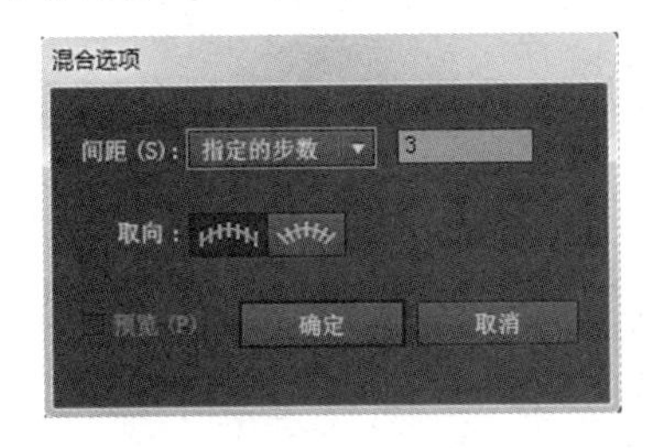

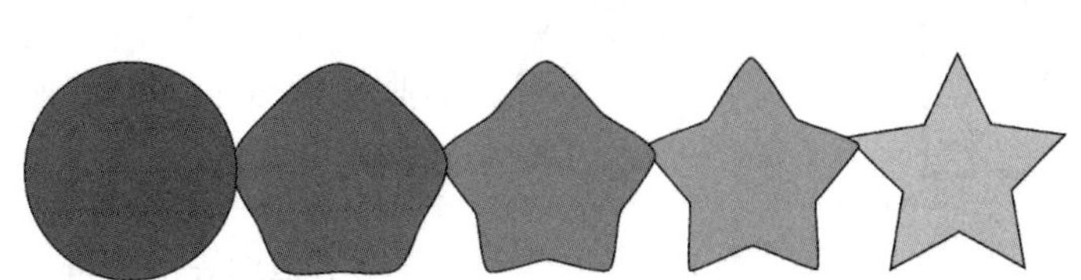

图 8-9　选择【指定的步数】

在对话框中【间距】选项的下拉列表中，选择【指定的距离】选项，可以设置混合对象间的距离。数值越小，图像越多；数值越大，图像越少。如图 8-10 所示。

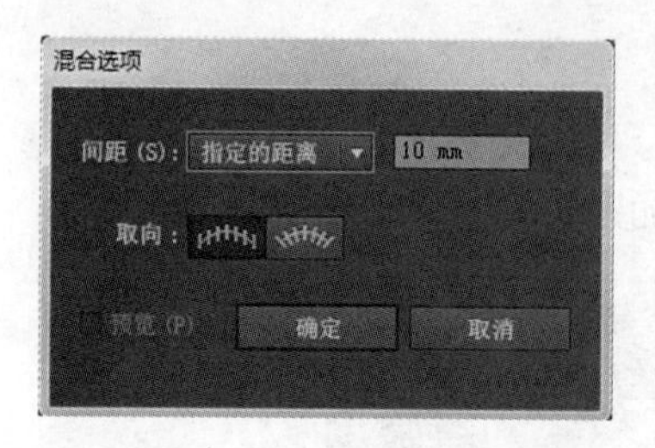

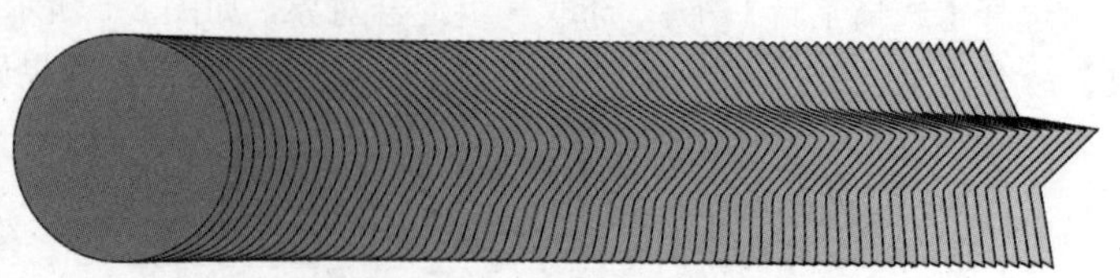

图 8-10　选择【指定的距离】

在对话框的【取向】选项组中有 2 个选项，如图 8-11 所示。主要用来改变弯曲混合路径下图像的变化情况，可以选择：【对齐页面】选项，将混合对象对齐于页面，即混合对象垂直于页面的水平轴；【对齐路径】选项，将混合对象对齐于路径，即混合对象垂直于路径。如图 8-12 所示。

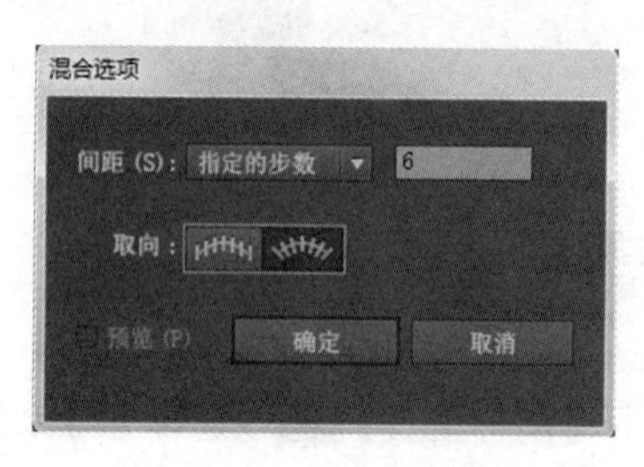

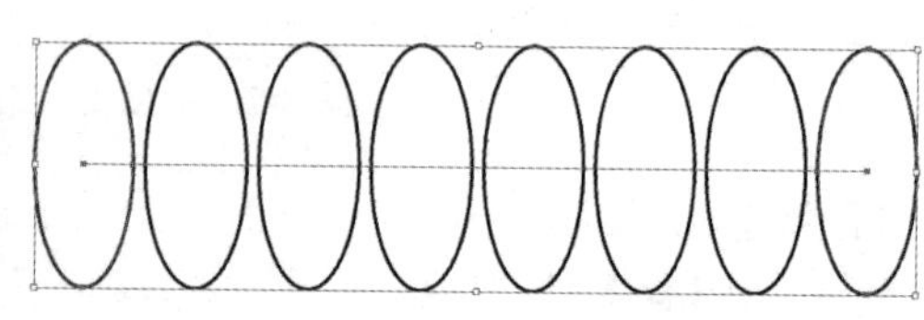

图 8-11　【取向】选项组

图 8-12　【对齐页面】选项和【对齐路径】选项

8.1.2　混合的形状

1）多个对象的混合变形

选择【矩形工具】、【椭圆形工具】、【多边形工具】、【星形工具】，分别在页面上绘制 4 个形状不同的图形，效果如图 8-13 所示。

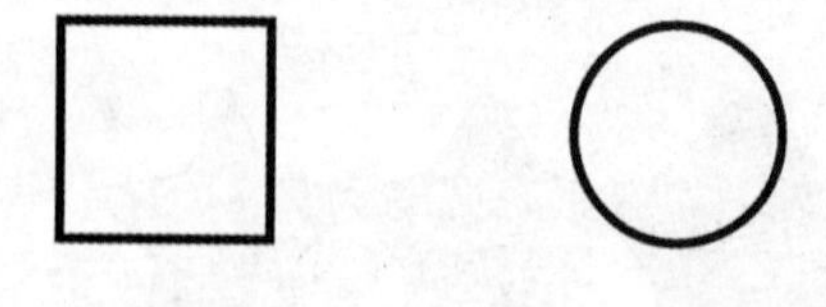

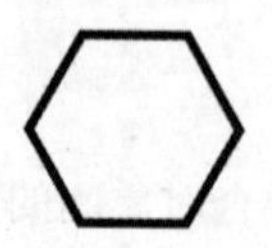

图 8-13　4 个形状不同的图形

选择【混合工具】，用鼠标单击第 1 个图形，接着按照顺时针的方向，依次单击每个图形，这样每个对象都被混合了（此例中，选择的指定步数为 2 步），如图 8-14 所示。

2）绘制立体效果

选择【椭圆形工具】，绘制两个椭圆，效果如图 8-15 所示。选择【混合工具】，分别单击两个椭圆，制作灯笼的龙骨。双击【混合】工具，打开混合选项，设置【指定的步数】为 2，如图 8-16 所示。在灯笼的上下各绘制两个矩形，填充色为白色，如图 8-17 所示。

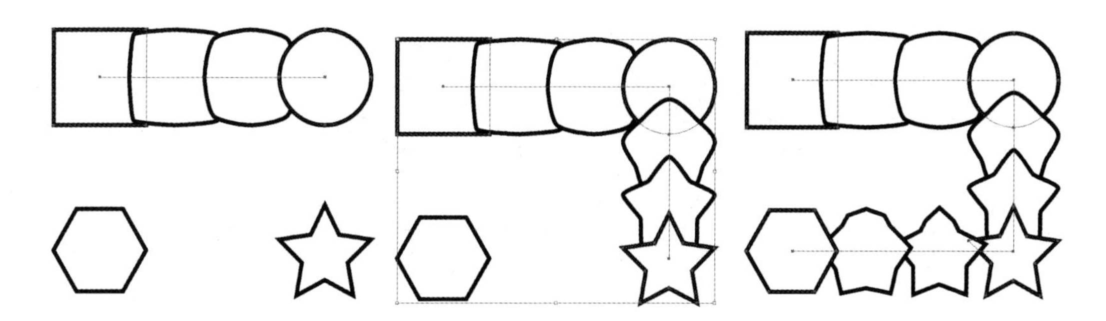

图 8-14　依次单击每个图形进行混合

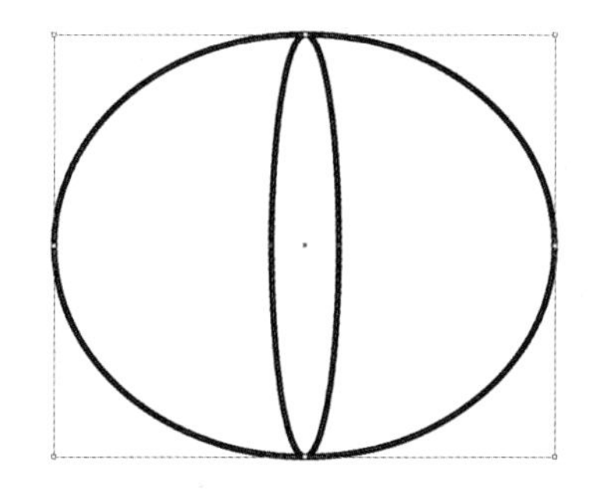

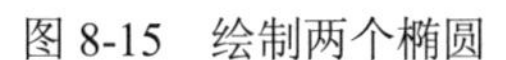

图 8-15　绘制两个椭圆

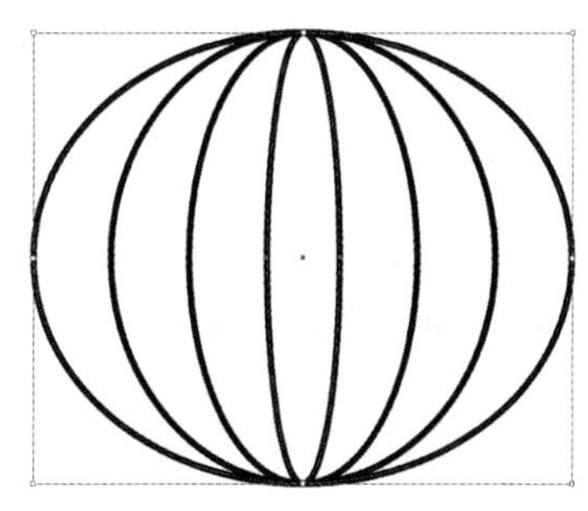

图 8-16　制作混合效果

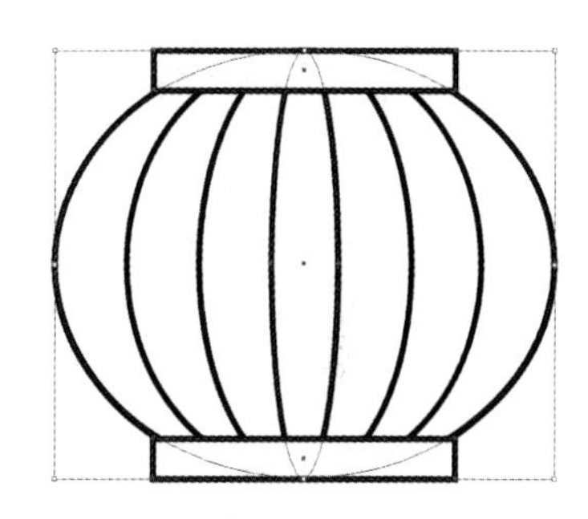

图 8-17　绘制两个矩形

8.1.3　编辑混合路径

混合得到的图形由混合路径相连接，自动创建的混合路径默认是直线，效果如图 8-18 所示，可以编辑这条混合路径。编辑混合路径可以添加、减少控制点，扭曲混合路径，也可以将直线控制点转换为曲线控制点。

1）直接将路径弯曲

选择混合后的图像，并选择【转换锚点工具】，拖动任意一个节点，使曲线弯曲，同时看到整个图像延曲线排列，如图 8-19 所示。

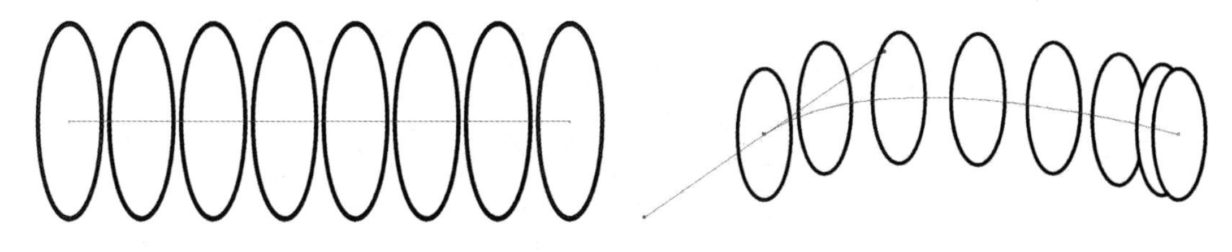

图 8-18　混合路径默认是直线　　　图 8-19　选用【转换锚点工具】

2）替换混合路径

使混合后的图像延着新设置的路径进行排列。使用基本图形工具，如【矩形工具】、【椭圆形工具】、【多边形工具】、【星形工具】绘制一个基本图形，也可以使用【钢笔工具】，绘制一个任意路径，同时选取混合后的图形和绘制的路径，选择【对象】→【混合】→【替换混合轴】命令，可以替换混合图形中的混合路径，混合前后的效果对比如图 8-20 和图 8-21 所示。

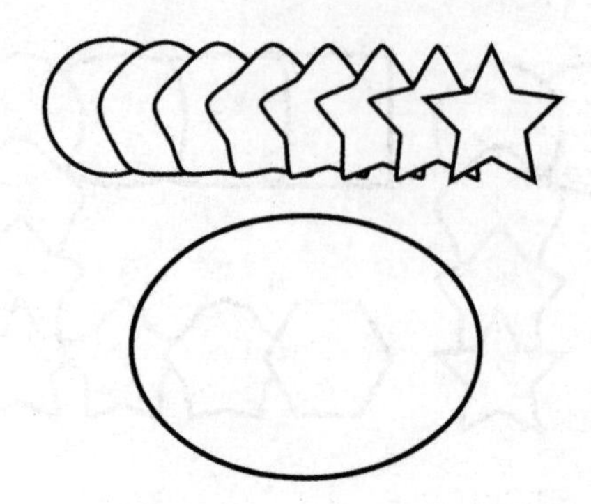

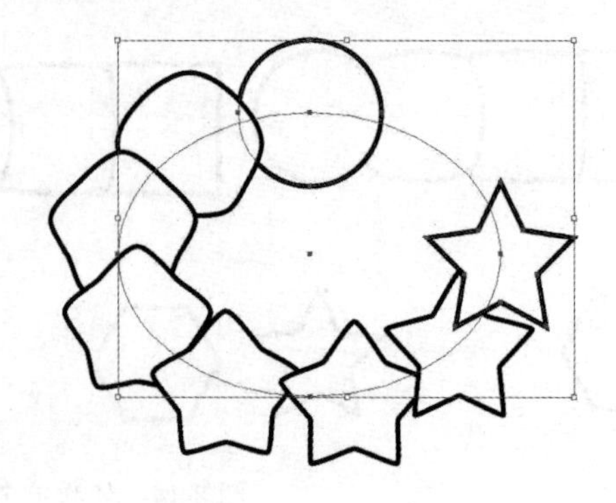

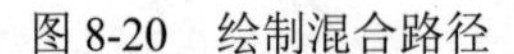

图 8-20　绘制混合路径　　　　图 8-21　替换混合轴

8.1.4　操作混合对象

1）改变混合图像的重叠顺序

选取混合后的图像，选择【对象】→【混合】→【反向堆叠】命令，混合图像的重叠顺序将被改变，改变前后的效果对比如图 8-22 和图 8-23 所示。

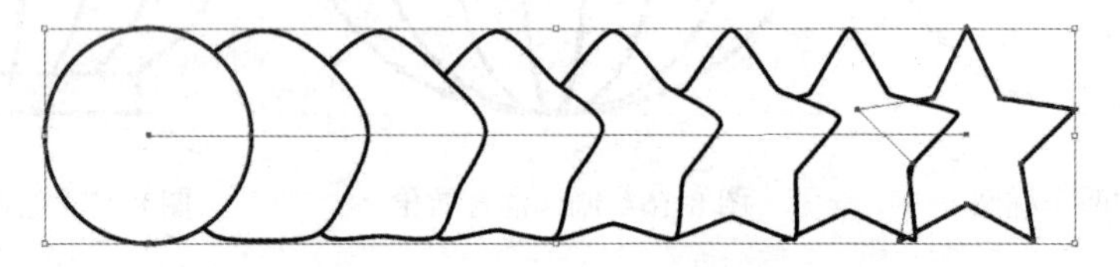

图 8-22　选取混合后的图像

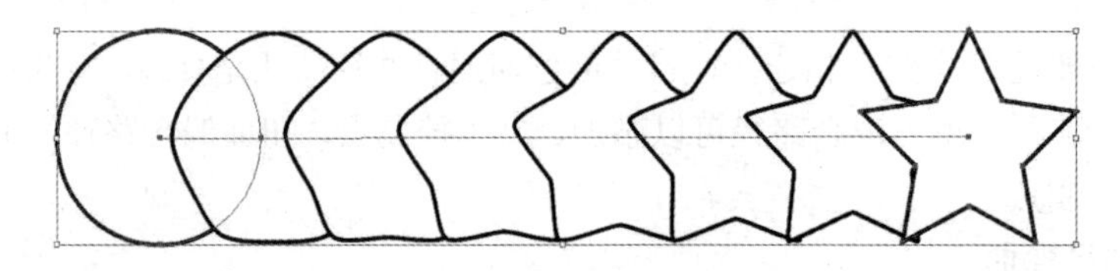

图 8-23　反向堆叠

2）混合图像反向

选取混合后的图像，选择【对象】→【混合】→【反向混合轴】命令，混合图像的起始图像和终止图像互换位置，改变前后的效果对比如图 8-24 和图 8-25 所示。

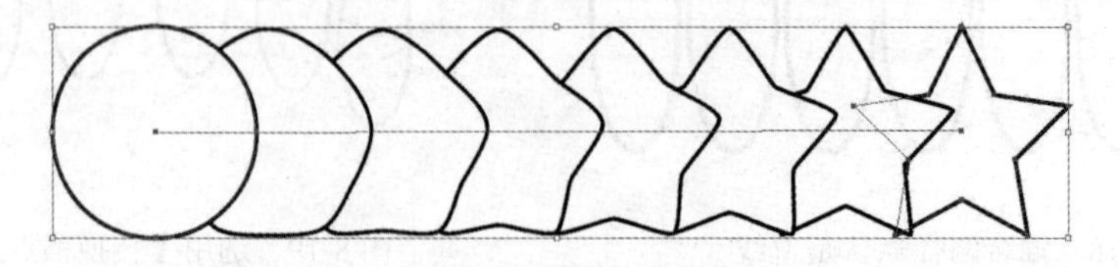

图 8-24　选取混合图像

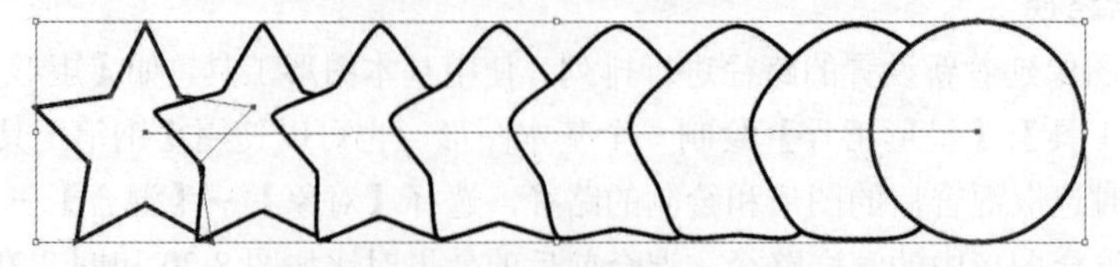

图 8-25　反向混合轴

3）分离混合图像

选取混合后的图像，选择【对象】→【混合】→【扩展】命令，混合图像将被分散，分散后图像失去混合的作用，成为一个个独立的图像，取消编组后，可单独取出使用。效果对比如图 8-26 和图 8-27 所示。

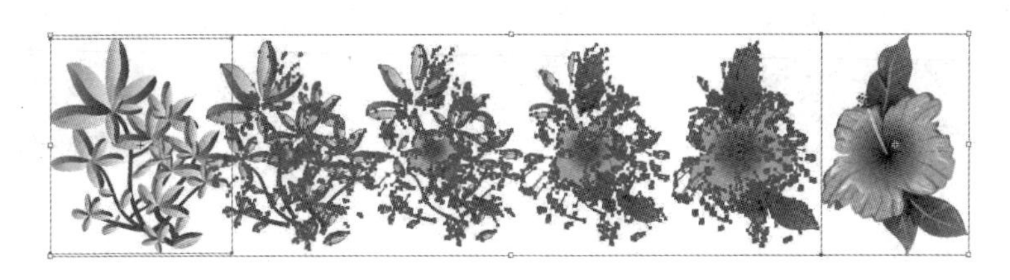

图 8-26　选取混合后的图像

图 8-27　分散的图像

8.1.5　案例应用——火焰效果和爱心活动效果

1）火焰效果

利用【混合工具】制作火焰效果，制作完成效果如图 8-28 所示。

（1）使用【钢笔工具】绘制火焰外形，如图 8-29 所示。

（2）复制并缩小火焰，将其与大火焰底端及水平中心对齐，如图 8-30 所示。

图 8-28　制作完成效果　　图 8-29　绘制火焰外形　　图 8-30　复制并缩小火焰

（3）大火焰填充为红色，小火焰填充为【黄色】，如图 8-31 所示。

（4）制作两个图的混合，设置指定步数为 4 步，如图 8-32 所示。

图 8-31 填充颜色

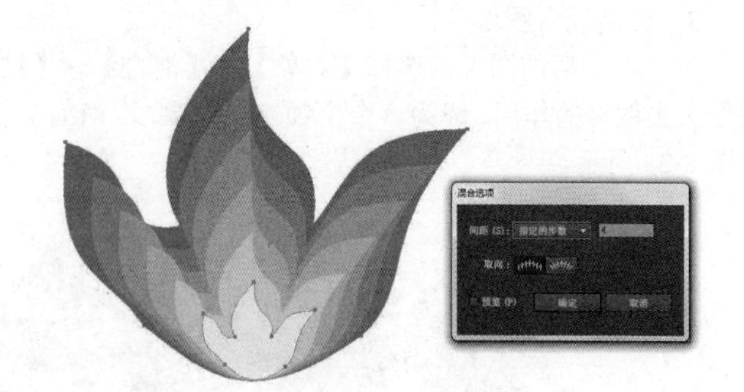

图 8-32 制作图像混合

（5）绘制一个椭圆，作为火焰的底盘，如图 8-33 所示。

（6）再使用【钢笔工具】绘制木柴，将其放到火焰下方，如图 8-34 所示。

2）爱心活动效果

利用混合工具制作爱心活动图形，制作完成效果如图 8-35 所示。

图 8-33 制作火焰底盘　　图 8-34 绘制木柴　　图 8-35 制作完成效果图

（1）打开【爱心活动素材】图片，效果如图 8-36 所示。

（2）复制一个心形，填充渐变颜色从【白】到【黄】，径向方式，效果如图 8-37 所示。

图 8-36 打开【爱心活动素材】图片

图 8-37 复制填充渐变颜色

（3）再复制一个心形，等比例缩小，填充为【红色】，边框为【黑色】，在右边复制一个同样大小的心形，效果如图 8-38 所示。

（4）在两个红色心形之间制作混合效果，效果如图 8-39 所示。

图 8-38　在右边复制一个同样大小的心形　　图 8-39　制作混合效果

（5）双击【混合工具】，在指定步数中设置为 29，效果如图 8-40 所示。

（6）同时选择混合后的图形和无色心形，选择【对象】→【混合】→【替换混合轴】命令，效果如图 8-41 所示。

图 8-40　指定步数设置为 29　　图 8-41　替换混合轴

（7）将黄色渐变心形放到替换混合轴后的多个心形下面，效果如图 8-42 所示。

（8）选择【文字工具】，输入文字【爱心活动】，效果如图 8-43 所示。

爱心活动

图 8-42　将黄色渐变心形放到下面　　图 8-43　输入文字“爱心活动”

（9）制作文字背景，选择【矩形工具】,绘制一个矩形，选择色板面板，单击左下角【色板库】菜单，选择【图案】→【自然自然】→【叶子】→【莲花方形颜色】命令，效果如图 8-44 所示。

（10）同时选择文字和矩形，单击鼠标右键，选择建立剪切蒙版，描边设置为【黑色】，效果如图 8-45 所示。

图 8-44 填充图案填充

图 8-45 建立文字剪切蒙版

（11）使用【圆角矩形工具】，绘制一个圆角正方形，填充为【黄色】，在右边复制一个，效果如图 8-46 所示。

（12）使用【混合工具】，制作两个方框的混合效果，指定步数设置为【2】，效果如图 8-47 所示。

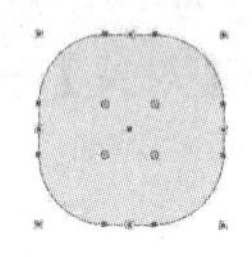

图 8-46 绘制一个圆角正方形，复制一个

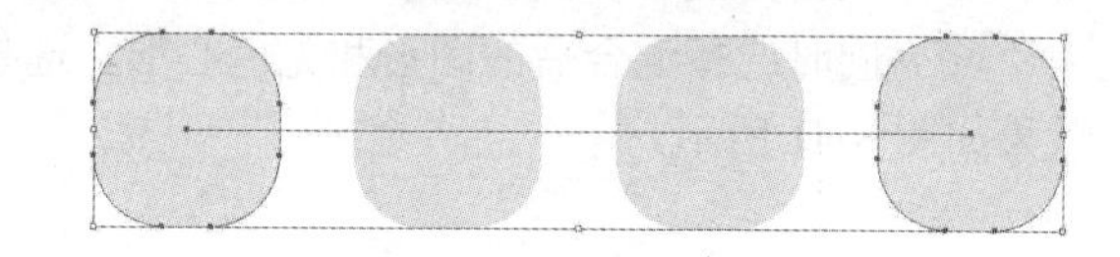

图 8-47 制作混合效果

（13）选择【文字工具】，输入文字【扶危助困】，将文字和下面的黄色圆角矩形一一对应，效果如图 8-48 所示。

（14）将爱心女生放置在文字【扶危助困】的下面，效果如图 8-49 所示。

（15）制作放射五角星，使用【多边形工具】，绘制一个正五角星，填充红色，边框为【浅绿色】，复制将其缩小放在大五角星后面，效果如图 8-50 所示。

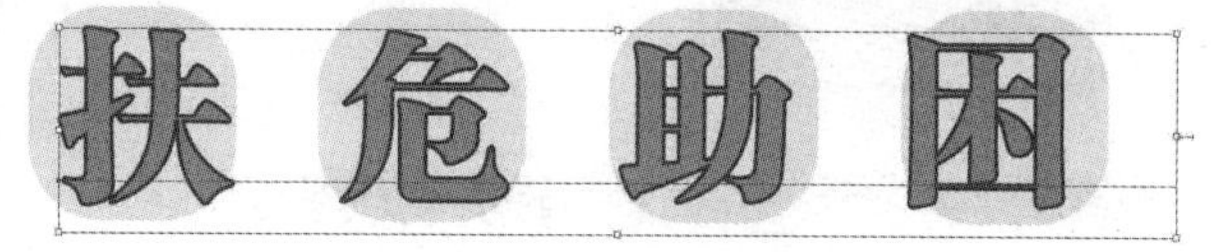

图 8-48 输入文字“扶危助困”

（16）使用【混合工具】，制作大小五角星的混合效果，效果如图 8-51 所示。

图 8-49 放入爱心女生

图 8-50 制作两个五角星

图 8-51 制作混合效果

（17）用同样的方式再制作一个绿色的，将两个五角星放在【爱心活动】文字上下，效果如图 8-52 所示。

（18）将和平鸽缩小，放在合适的位置，复制一个并缩小，放到下面的位置，效果如图 8-53 所示。

（19）使用【混合工具】，制作两个和平鸽的混合效果，指定步数设置为【2】，效果如图 8-54 所示。

图 8-52　放在“爱心活动”文字上下　　图 8-53　将和平鸽复制并缩小　　图 8-54　制作混合效果

（20）复制一份混合后的和平鸽放到右边，效果如图 8-55 所示。

（21）使用【镜像工具】，对右边的和平鸽进行镜像，效果如图 8-56 所示。

图 8-55　复制一份放到右边

图 8-56　使用镜像工具进行镜像

8.2　封套效果的使用

封套扭曲是 Illustrator CC 中最灵活、最具控制性的实用变形工具。封套扭曲可以将所选对象按照封套的图形进行变形。封套是对所选对象进行扭曲的操作，被扭曲对象可继续编辑封套形状或封套内容，还可以删除或扩展封套。

Illustrator CC 中提供了不同形状的封套类型，利用不同的封套类型可以改变选定对象的形状。封套不仅可以应用到选定的图形中，还可以应用于路径、复合路径、文本对象、网格、混合或导入的位图之中。

8.2.1　创建封套

当需要改变对象的形状时，可以应用程序预设的封套样式，或者使用网格工具调整对象，还可以使用自定义图形作为封套来改变图像。

（1）从应用程序预设的样式创建封套。选中对象，选择【对象】→【封套扭曲】→【用变形建立】命令（组合键为【Alt+Shift+Ctrl+W】），弹出【变形选项】对话框，如图 8-57 所示。

在【样式】选项的下拉列表中提供了 15 种封套类型，可根据需要选择．如图 8-58 所示。

【水平】选项和【垂直】选项用来设置指定封套类型的放置位置。选定一个选项，在【弯曲】选项中设置对象的弯曲程度，可以设置应用封套类型在水平或垂直方向上的比例，勾选【预览】复选项，预览设置的封套效果。单击【确定】按钮，将设置好的封套应用到选定的对象中，图形应用封套前后的对比效果如图 8-59 所示。

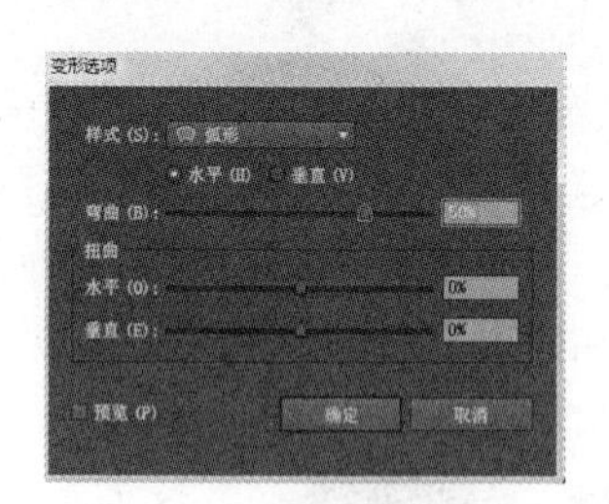

图 8-57 【变形选项】对话框

图 8-58 【样式】选项

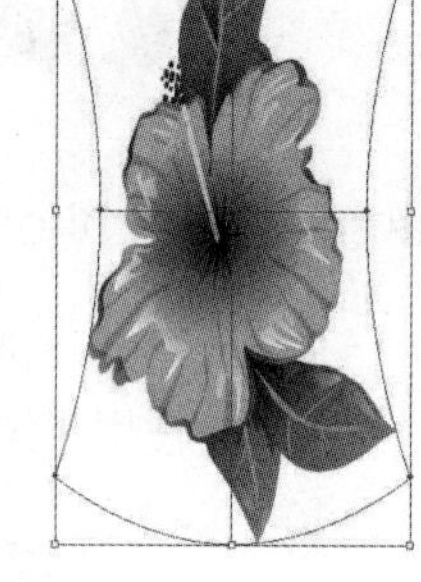

图 8-59　封套前后的对比效果

（2）使用网格建立封套。选中对象，选择【对象】→【封套扭曲】→【用网格建立】命令（组合键为【Alt+Ctrl+M】)，弹出【封套网格】对话框，在【行数】选项和【列数】选项的数值框中，可以根据需要输入网格的行数和列数，如图 8-60 所示，单击【确定】按钮，设置完成的网格封套将应用到选定的对象中，如图 8-61 所示。

设置完成的网格封套还可以通过【网格】工具进行编辑。选择【网格工具】，单击网格封套对象，即可增加对象上的网格数，如图 8-62 所示。按住【Alt】键的同时，单击对象上的网格点和网格线，可以减少网格封套的行数和列数。用【网格】工具拖曳网格点可以改变对象的形状，如图 8-63 所示。

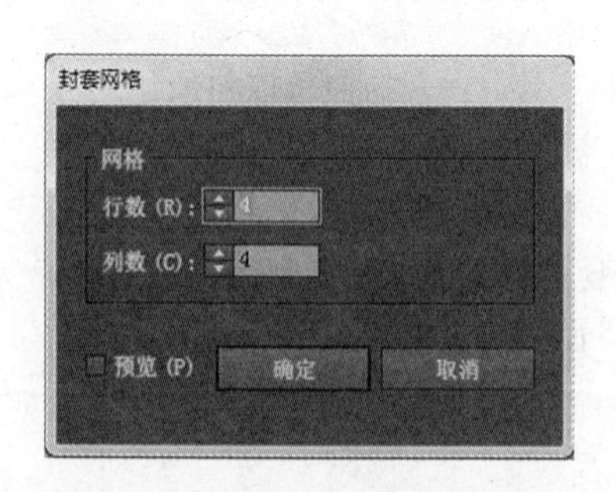

图 8-60 【封套网格】对话框

图 8-61　设置完成网格封套对象

图 8-62　增加对象上的网格数

（3）使用路径建立封套。同时选中对象和需要作为封套的区域（此时封套区域必须处于所有对象的最上层)，如图 8-64 所示。选择【对象】→【封套扭曲】→【用顶层对象建立】命令（组合键为【Alt+Ctrl+C】)，使用区域创建的封套效果如图 8-65 所示。

图 8-63　用【网格】工具拖曳改变对象的形状

图 8-64　选中对象和封套的区域

图 8-65　用顶层对象建立封套

8.2.2　编辑封套

用户可以对创建的封套进行编辑。由于创建的封套是将封套和对象组合在一起的，所以既可以编辑封套，也可以编辑对象，但是两者不能同时编辑。

1）编辑封套形状

选择【选择工具】，选取一个已封套的图像。选择【对象】→【封套扭曲】→【用变形重置】命令或【用网格重置】命令，弹出【变形选项】对话框或【重置封套网格选项】对话框，这时可以根据需要重新设置封套类型，效果如图 8-66 和图 8-67 所示。

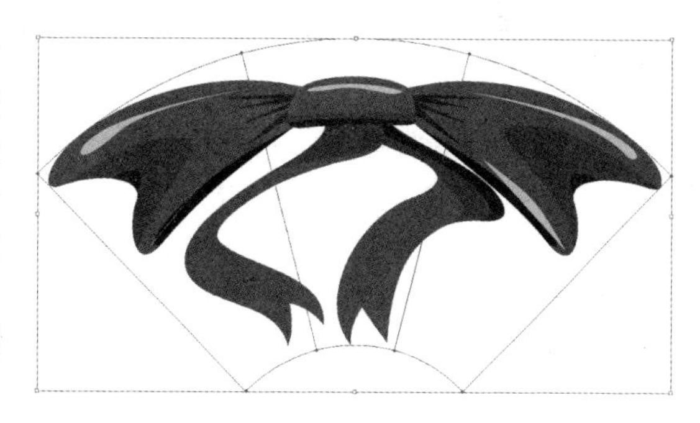
图 8-66　用变形重置

选择【直接选择工具】，或使用【网格工具】，可以拖动封套上的锚点进行编辑；还可以使用【变形工具】，对封套进行扭曲变形，如图 8-68 和图 8-69 所示。

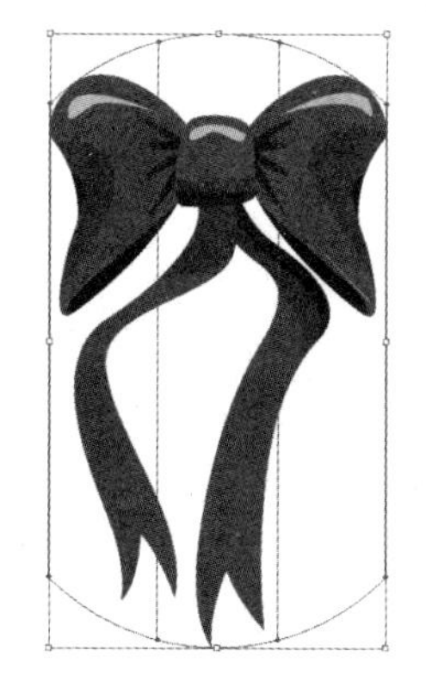
图 8-67　用网格重置

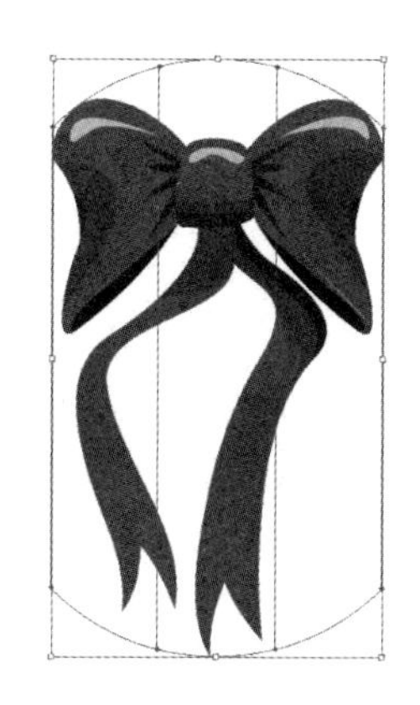
图 8-68　用【网格】工具编辑

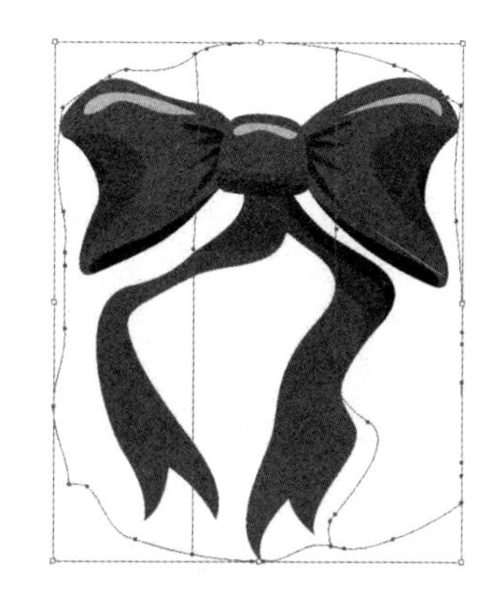
图 8-69　用【变形】工具进行扭曲变形

2）编辑封套内的对象

选择【选择工具】，选取一个已封套的图像。如图 8-70 所示。选择【对象】→【封套扭曲】→【编辑内容】命令（组合键为【Shift+Ctrl+V】），对象将会显示原来的选择框，如图 8-71 所示。这时，在【图层】控制面板中的封套图层左侧，将显示一个小三角形，这表示可以修改封套中的内容，如图 8-72 所示。

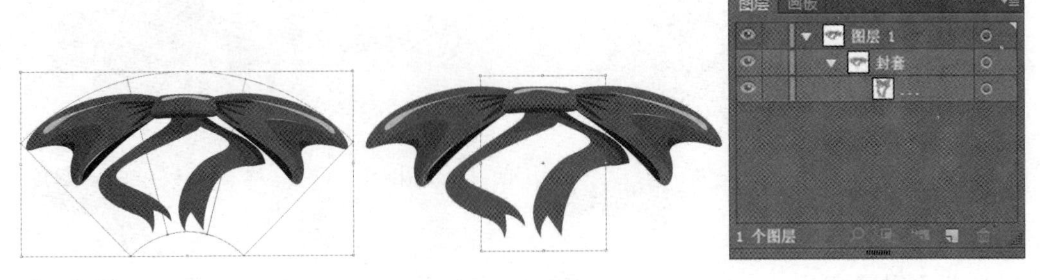

图 8-70　选取一个已封套的图像　　图 8-71　编辑内容　　图 8-72　控制面板中的封套图层效果

8.2.3　释放封套

释放封套可以去掉封套效果，使图形还原。选择已封套对象，选择【对象】→【封套扭曲】→【释放】命令，释放后被封套图像得到还原，封套图像被显示出来，效果如图 8-73 所示。

8.2.4　封套扩展

扩展可使封套后的图像独立出来，可独立使用。选择已封套对象，效果如图 8-74 所示。选择【对象】→【封套扭曲】→【扩展】命令，取消两次编组后，可单独选择封套扩展后的图像，还可进行再次编辑。效果如图 8-75 所示。

图 8-73　释放封套

图 8-74　选择已封套对象

图 8-75　封套扩展

8.2.5　设置封套属性

可以对封套进行设置，使封套更好地符合图形绘制的要求。

选择一个封套对象，选择【对象】→【封套扭曲】→【封套选项】命令，弹出【封套选项】对话框，如图 8-76 所示。勾选【消除锯齿】复选项，可以在使用封套变形的时候防止锯齿的产生，使图形清晰度增强。在编辑曲线封套时，可以选择【剪切蒙版】和【透明度】两种方式保护图形。【保真度】选项设置对象封套的曲线更加平滑。当勾选【扭曲外观】复选项后，下方的两个选项将被激活。它可使对象具有外观属性，如应用了特殊效果，对象也随着发生扭曲变形。【扭曲线性渐变】和【扭曲图案填充】复选项，分别用于扭曲对象的直线渐变填充和图案填充。

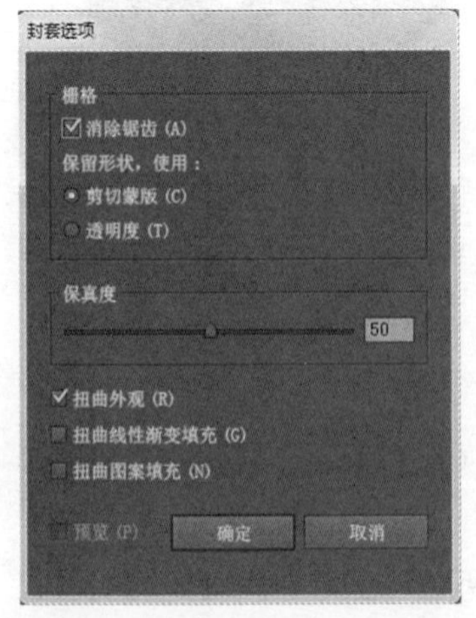

图 8-76 【封套选项】对话框

8.2.6　案例应用——头昏的女孩和相机镜头里的别墅

1）头昏的女孩

利用【封套扭曲】→【用网格建立】命令制作头昏的女孩效果，制作完成效果如图 8-77 所示。

（1）从【符号】面板中选择左下角【符号库菜单】，从中选择【提基】（一款游戏），从中拖拽出女孩符号到页面上，按 Alt 键复制出一个同样的女孩并缩小一点，效果如图 8-78 所示。

图 8-77　制作完成效果图　　　　图 8-78　插入【符号】面板中的女孩

（2）选中复制出的女孩，选择【对象】→【封套扭曲】→【用网格建立】命令，在【封套网格】对话框中设置，如图 8-79 所示。

（3）将设置后的图像用【直接选择工具】，选中第二行向右拖动，再选中第四行向右拖动，效果如图 8-80 效果。

图 8-79　在【封套网格】对话框中设置　　　　图 8-80　用【直接选择】工具拖动

（4）在女孩头上画出两个椭圆和一些星星，效果如图 8-81 所示，完成制作。

2）相机镜头里的别墅

利用【封套扭曲】→【用顶层对象建立】命令制作相机镜头里的别墅效果，制作完成效果如图 8-82 所示。

图 8-81 绘制椭圆和星星，制作完成　　图 8-82 制作完成效果图

（1） 置入素材图片【相机】，如图 8-83 所示。

（2）从【符号】面板中选择左下角【符号菜单】，从中选择【提基】，从中拖拽出 TiKi 棚屋符号到页面上，效果如图 8-84 所示。

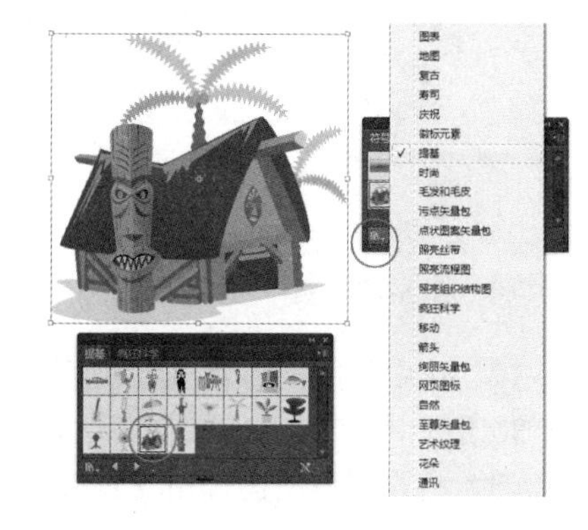

图 8-83 置入相机素材图片　　图 8-84 插入【符号】面板中的 TiKi 棚屋

（3）比照相机镜头大小画一个椭圆，效果如图 8-85 所示。并将椭圆移动到 TiKi 棚屋符号上，效果如图 8-86 所示。

图 8-85 比着相机镜头大小画一个椭圆　　图 8-86 将椭圆移动到 TiKi 棚屋符号上

（4）将椭圆和 TiKi 棚屋符号图片一起选中，选择【对象】→【封套扭曲 】→【用顶层对象建立】命令，效果如图 8-87 所示。

（5）将制作好的封套移动到镜头上方，制作完成，效果如图 8-88 所示。

图 8-87　用顶层对象建立

图 8-88　移动封套，制作完成

8.3　综合训练——花卉票样

利用混合效果和封套扭曲制作花卉票样，制作完成效果如图 8-89 所示。

（1）打开素材文件，按【Ctrl+O】组合键，打开素材中的【第八章】→【花卉展览素材】文件，如图 8-90 所示。选择【文字工具】，在页面中输入文字【2016】。选择【选择工具】，在属性栏中选择合适的字体，并设置文字大小，设置文字填充颜色为【红色】，描边色为【白色】，描边粗细【0.25pt】，效果如图 8-91 所示。

（2）选择【选择工具】，选取文字，按住【Alt】键的同时，用鼠标拖曳图形，将图形进行复制，调整其大小并设置文字描边色为【灰色】，效果如图 8-92 所示。

图 8-89　制作完成效果

图 8-90　打开素材

2016

图 8-91　输入文字

2016

图 8-92　复制并调整文字

（3）选择【选择工具】，按住【Shift】键，同时选取两组文字，双击【混合工具】，在弹出的【混合选项】对话框中进行设置，如图 8-93 所示，单击【确定】按钮，分别在两个图形上单击鼠标，图形混合的效果如图 8-94 所示。

（4）选择【文字工具】，在页面中输入文字【花卉展览】。选择【选择工具】，在属性栏中选择合适的字体并设置文字大小，设置文字填充色为【蓝色】（CMYK 的值为 85、50、0、0），设置描边色为【黄色】(CMYK 的值为 0、50、100、0)，在属性栏中将【描边粗细】选项设置为【0.25】，效果如图 8-95 所示。

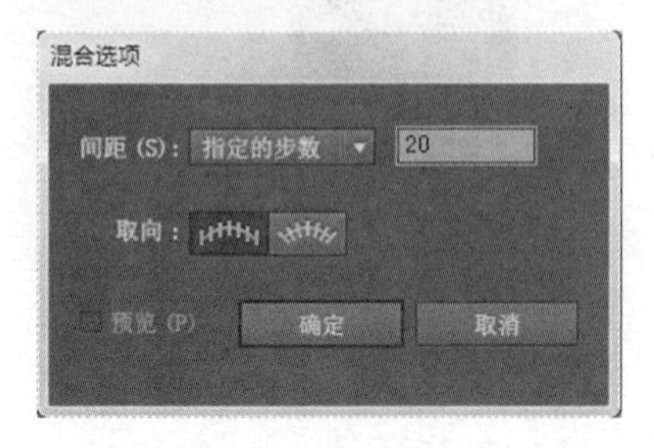

图 8-93 【混合选项】对话框　　图 8-94　图形混合后的效果　　图 8-95　输入文字

(5) 选择【对象封套扭曲 】→【用变形建立】命令，在弹出的【变形选项】对话框中进行设置，如图 8-96 所示，单击【确定】按钮，文字的变形效果如图 8-97 所示。

(6) 选择【文字工具】T，在页面中输入文字【票样】，设置文字填充色为【品红色】(CMYK 的值为 10、100、50、0)，设置描边色为无色，如图 8-98 所示。

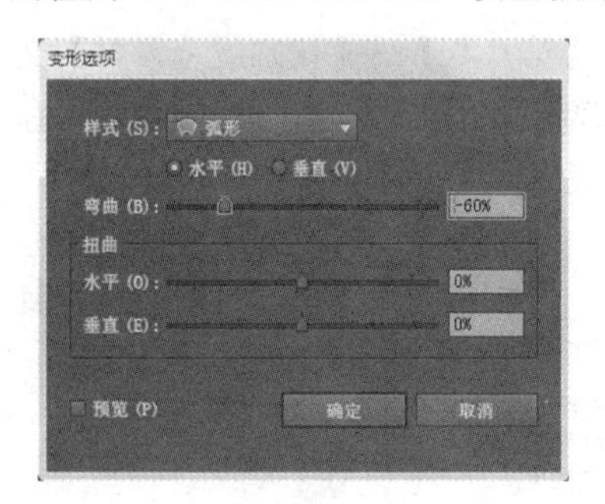

图 8-96　在【变形选项】对话框中设置　　图 8-97　建立变形效果　　图 8-98　输入文字

(7) 绘制一个正五角星，设置填充色为【绿色】(CMYK 的值为 50、0、100、0)，并在右侧复制一个，在水平方向上进行对齐，效果如图 8-99 所示。双击【混合工具】，在弹出的【混合选项】对话框中进行设置，如图 8-100 所示，单击【确定】按钮，分别在两个五角星上单击鼠标，图形混合的效果如图 8-101 所示。

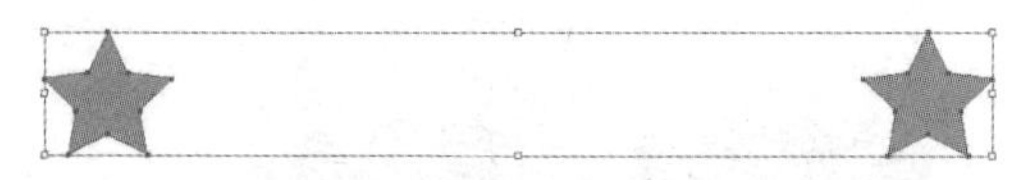

图 8-99　选取两个五角星

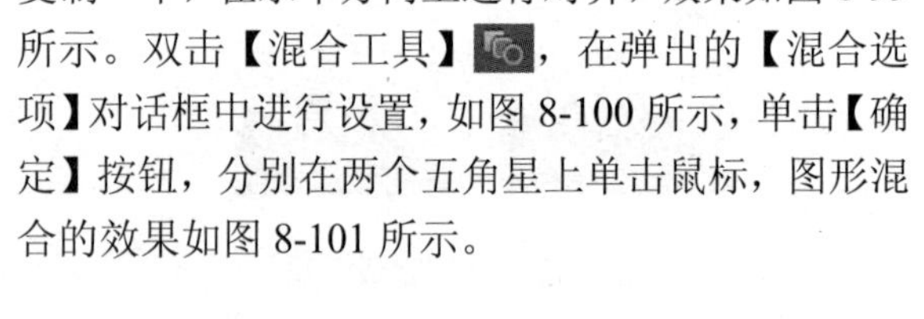

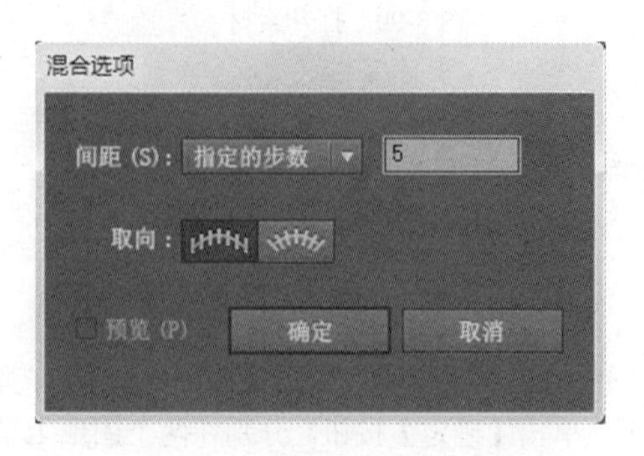

图 8-100 【混合选项】对话框

图 8-101　图形混合后的效果

(8) 选中混合后的对象，用【转换锚点工具】，拖动混合轴左边的锚点使混合轴变弯曲，效果如图 8-102 所示。为了保持图像的对称，同样在混合轴右边的锚点也进行拖动，效果如图 8-103 所示。双击【混合工具】，选择【混合选项】对话框中的【取向】选项，选择【对齐路径】按钮，效果如图 8-104 所示。

图 8-102　用【转换锚点工具】使混合轴变弯曲

图 8-103　用【转换锚点工具】调整另一边的锚点

（9）制作完成，效果如图 8-105 所示。

图 8-104　【对齐路径】效果

图 8-105　制作完成效果

8.4　课后练习——绘制征雁南飞插画

【知识要点】：使用【混合工具】制作一排大树，从大到小；同样使用【混合工具】制作人字型大雁；使用【封套扭曲】命令制作文字扭曲效果。完成效果如图 8-106 所示。

图 8-106　征雁向南飞完成效果图

第 9 章　效果的使用

本章将主要介绍 Illustrator CC 中强大的效果功能及运用。通过本章的学习，读者可以领会效果的强大功能，掌握效果的使用方法，并把变化丰富的图形图像的效果应用到实践中。

9.1　应 用 效 果

9.1.1　效果介绍

图 9-1　效果菜单

【效果】菜单下还有两类菜单组：一类是 Illustrator 效果；另一类是 Photoshop 效果。

Illustrator 效果为矢量效果，主要应用于矢量图形，只有部分命令可以应用到位图图像上。Photoshop 效果为位图效果，可以应用到位图图像上，但无法应用到矢量对象或黑白位图对象上。 所有的效果命令都放置在【效果】菜单下面，如图 9-1 所示。

9.1.2　重复应用效果命令

选择【效果】→【应用上一个效果】命令，可以直接使用上次效果操作所设置好的数值，把效果添加到图像上。

新建一个空白文档，绘制一个矩形，填充为【绿色】，如图 9-2 所示。使用【效果】→【扭曲和变换】→【扭转】命令，设置扭曲度为【30°】，效果如图 9-3 所示。选择【效果】→【应用扭转】命令，可以在原基础上使图像再次扭转【30°】，如图 9-4 所示。

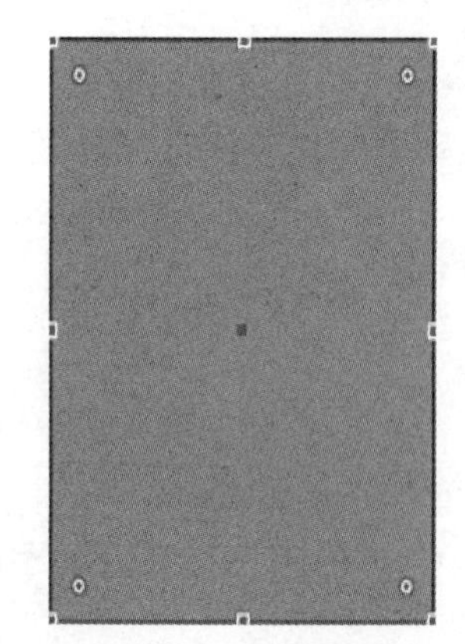

图 9-2　绘制矩形

图 9-3　扭转效果

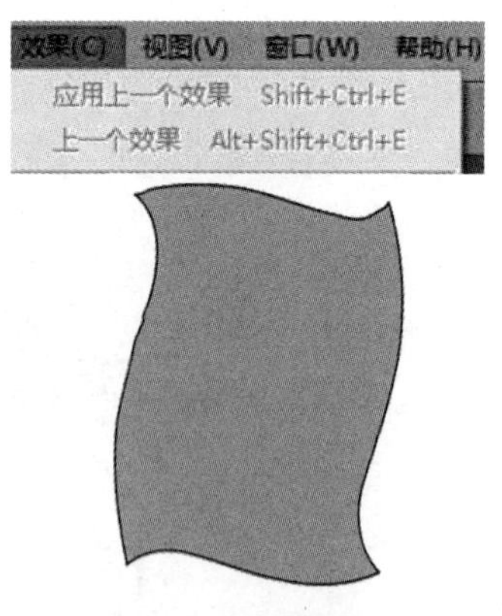

图 9-4　再次扭转

9.2　Illustrator 效果

Illustrator 效果是应用于矢量图像的效果，它包括 10 个效果组，有些效果组又包括多个效果。

9.2.1 【3D】效果

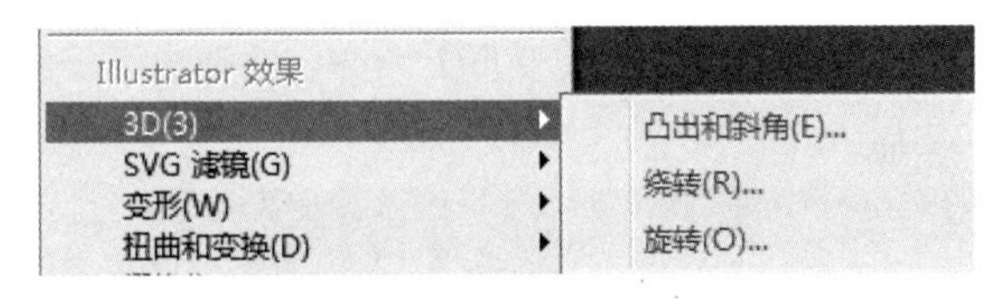

图 9-5　3D 效果命令

【3D】效果命令（如图 9-5 所示）可以从二维（2D）图形创建三维（3D）对象。用户可以通过高光、阴影、旋转及其他属性来控制 3D 对象的外观，还可以为 3D 对象中的每一个表面贴图。

【3D】效果组中的各种效果如图 9-6 所示。

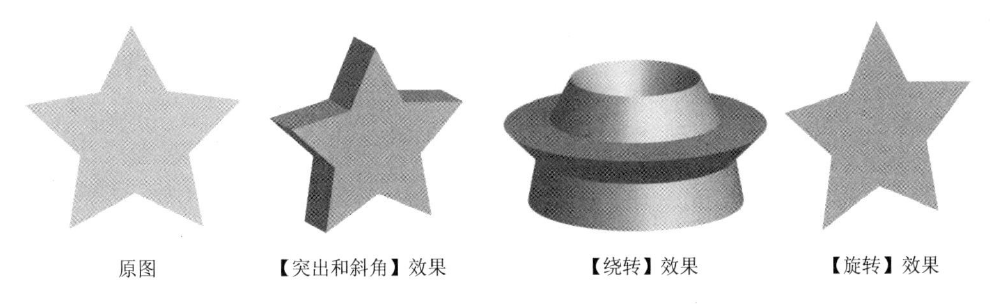

原图　【突出和斜角】效果　【绕转】效果　【旋转】效果

图 9-6　3D 效果

9.2.2 【SVG 滤镜】效果

【SVG 滤镜】命令是一种综合的效果命令，它可以将图像以各种纹理进行填充，并且可以产生模糊及设置阴影效果，如图 9-7 所示。

【SVG 滤镜】是将图像描述为形状、路径、文本和滤镜效果的矢量格式，生成的文件较小，并且提供对文本和颜色的高级支持，确保用户看到的图像和在画板上所显示的颜色一致。由于是矢量格式，所以可以在屏幕上放大视图而不损失图像的锐利程度、细节和清晰度。

【SVG 滤镜】效果是一系列描述数学运算的 XML 属性，生成的效果会应用于目标对象，而不是源图形。如果对象使用了多个效果，则它必须是最后一个效果。

9.2.3 【变形】效果

使用【变形】效果命令，可以对选择的对象进行各种弯曲效果设置，如图 9-8 所示。

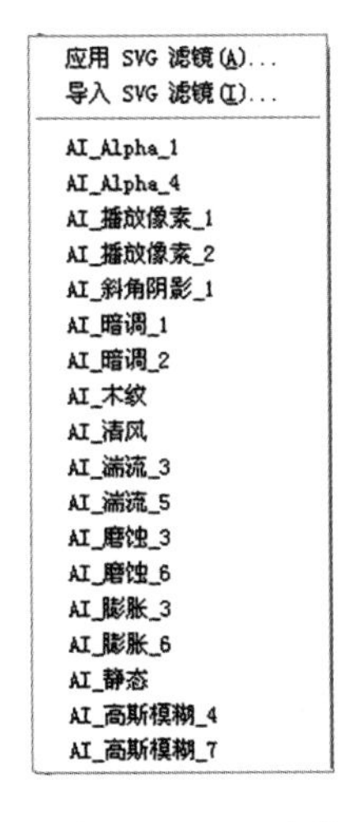

图 9-7　SVG 滤镜

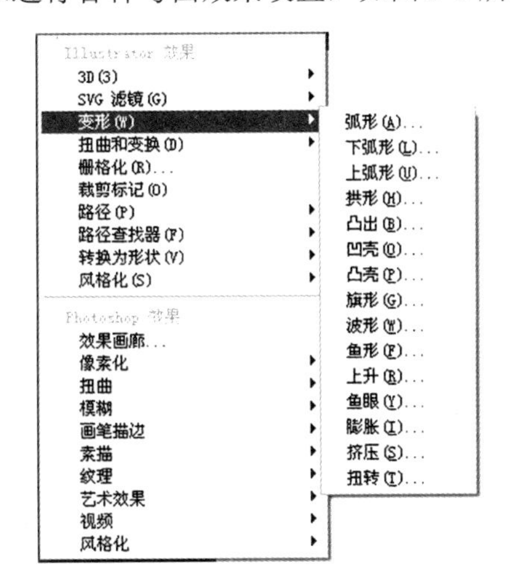

图 9-8　变形

选择【效果】→【变形】命令，将弹出下一级子菜单。选择【变形】子菜单下的任一命令，系统都将弹出【变形选项】对话框，其中的选项除选择的【样式】不同外，其余的命令完全相同，其形态如图 9-9 所示。

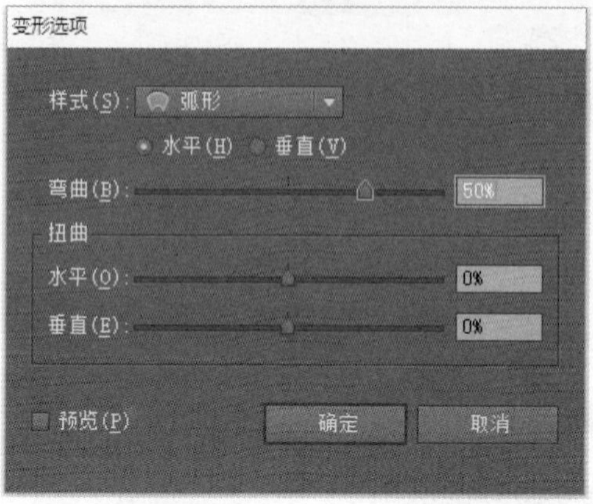

图 9-9 【变形选项】对话框

①【样式】：此选项决定选择对象的变形形态，其下拉列表中的选项与【变形】命令子菜单中显示的命令相同。

②【弯曲】：决定选择对象的变形程度。数值为正值时，选择对象向上或向左变形；数值为负值时，选择对象向下或向右变形。

③【扭曲】：决定选择对象在变形的同时是否扭曲。其下包括【水平】和【垂直】两个单选项，这两个单选项决定选择对象的变形操作是在水平方向上还是在垂直方向上。

④【预览】：勾选此复选项，将在画面中预览到对象的变形效果。

各种样式的变形效果如图 9-10 所示。

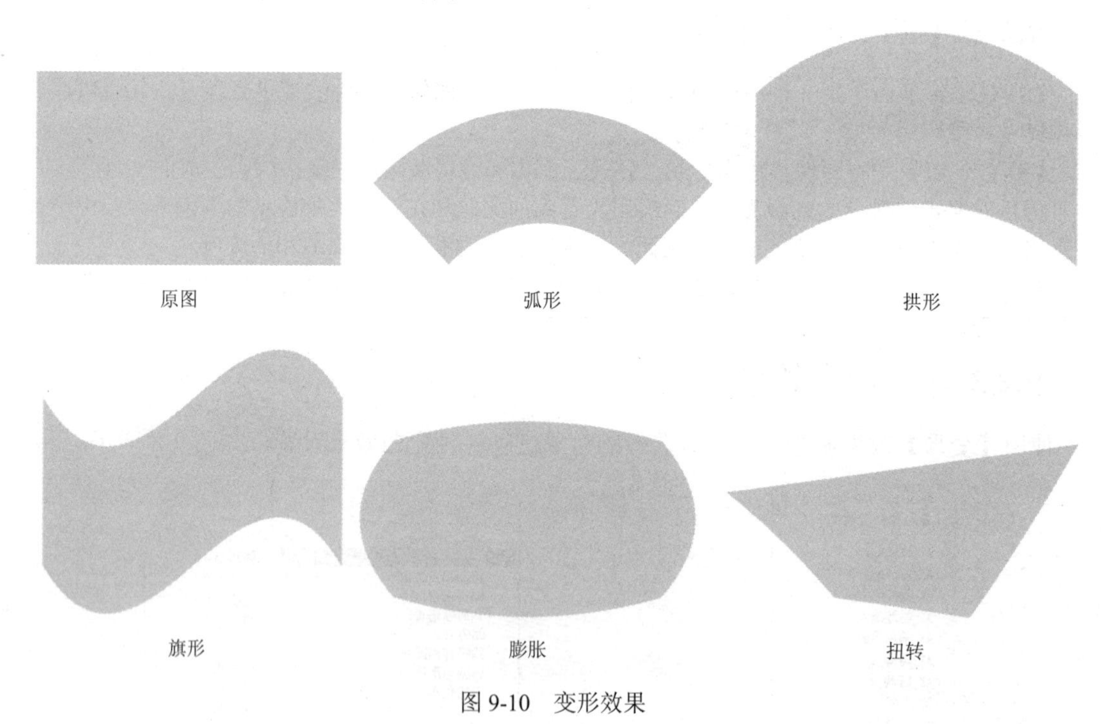

图 9-10　变形效果

9.2.4 【扭曲和变换】效果

【扭曲和变换】子菜单下包括【变换】、【扭拧】、【扭转】、【收缩和膨胀】、【波纹效果】、【粗糙化】和【自由扭曲】命令，如图 9-11 所示。

①【变换】：可以使选择的对象按精确的数值缩放、移动、旋转、复制及镜像等。

②【扭拧】：可以对操作对象产生随机的涂抹效果。

③【扭转】：可以使图形产生围绕中心旋转的变形效果。

④【收缩和膨胀】：可以使操作对象在节点处开始向内或向外发生变化。

⑤【波纹效果】：可以使图形的边缘产生波纹效果。

⑥【粗糙化】：可以使图形的边缘产生粗糙的效果，当把文字转化为图形以后，再执行此命令可以得到特殊的文字效果。

⑦【自由扭曲】：可以对操作对象进行自由变形。

【扭曲】效果组中的各种效果如图 9-12 所示。

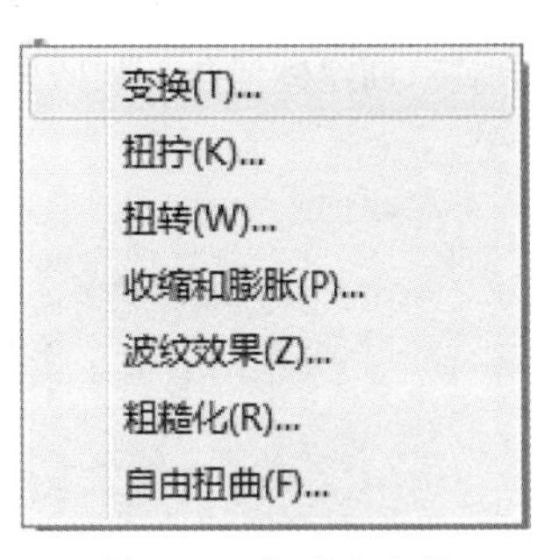

图 9-11　扭曲和变换

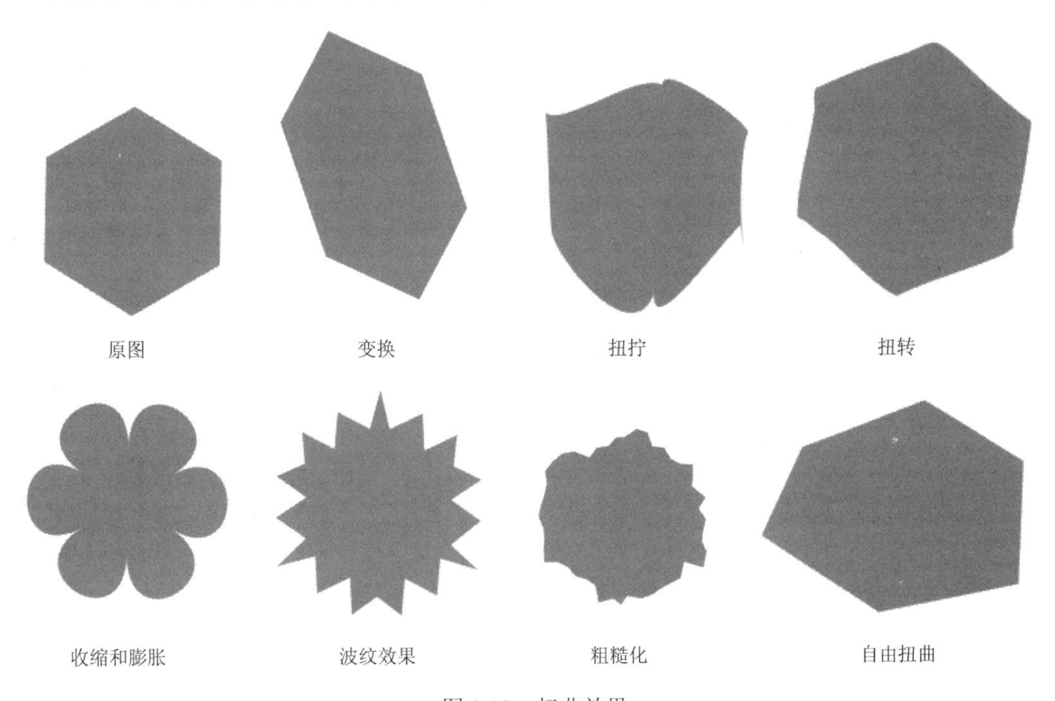

图 9-12　扭曲效果

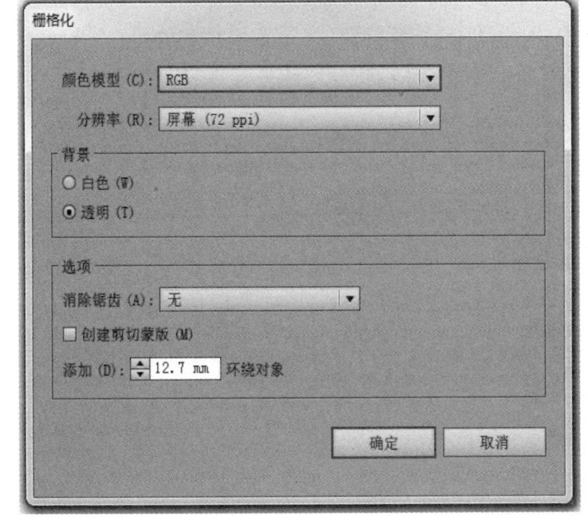

图 9-13 【栅格化】对话框

9.2.5 【栅格化】效果

执行【栅格化】命令将矢量对象转换为位图对象。在栅格化过程中，Illustrator 会将图形路径转换为像素。所设置的栅格化选项，将决定转换像素的大小及特征。如果要永久栅格化对象，可执行【对象】→【栅格化】命令，如图 9-13 所示。

9.2.6 【裁剪标记】效果

【裁剪标记】指示了所需的打印纸张剪切的位置，如图 9-14 所示。除了指定不同画板以裁剪用于输出的图稿外，还可以在图稿中创建和使用多种裁剪标记。需要围绕页面上的几个对象创建标记时，裁剪标记是非常有用的，但裁剪标记在以下几方面有别于画板。

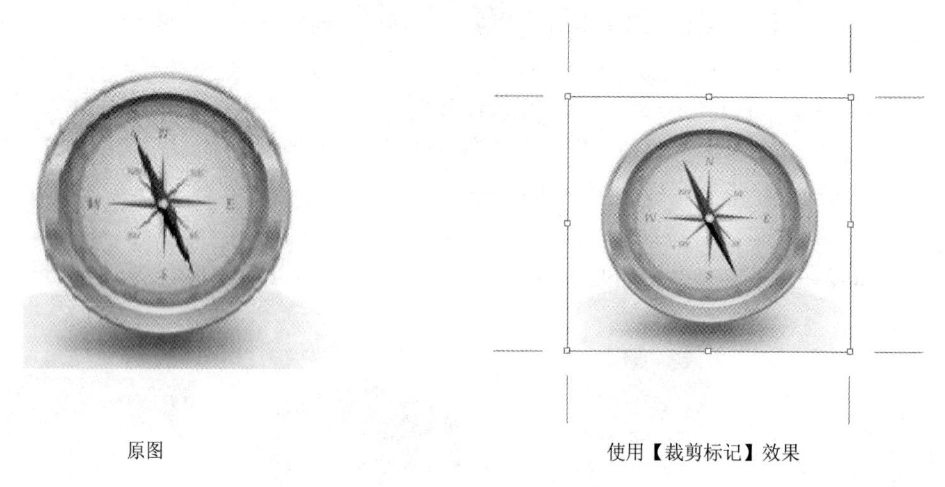

原图　　　　使用【裁剪标记】效果

图 9-14　使用【裁剪标记】效果

（1）画板制定图稿的可打印边界，而裁剪标记不会影响打印区域。

（2）每次只能激活一个画板，但可以创建并显示多个裁剪标记。

（3）画板有可见但不能打印的标记指示，而裁剪标记则用套版黑色打印出来。

9.2.7 【路径】效果

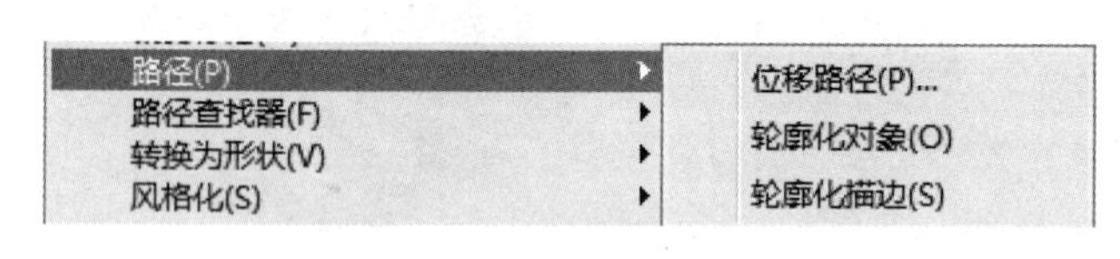

图 9-15 【路径】效果

使用此命令可以把路径扩展、转换为轮廓化对象或给轮廓进行描边。即将对象路径相对于对象的原始位置进行偏移，将文字转化为如同任何其他图形对象那样，可进行编辑和操作的一组复合路径，如图 9-15 所示。

9.2.8 【路径查找器】效果

该效果可以将选择的两个或两个以上的图形进行结合或者分离，从而生成新的复合图形。【路径查找器】面板如图 9-16 所示。路径查找器效果组如图 9-17 所示。

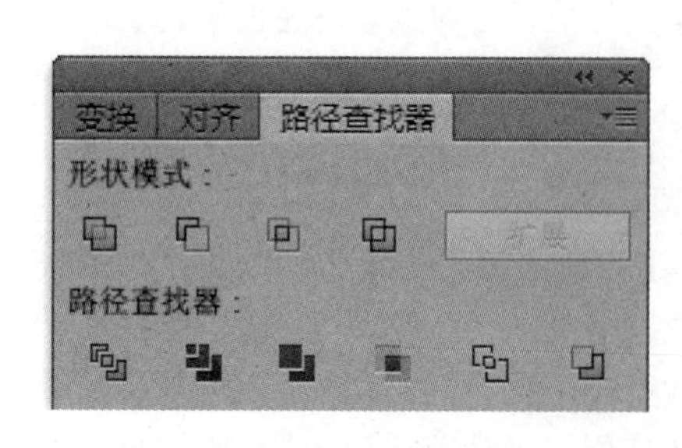

图 9-16 【路径查找器】面板

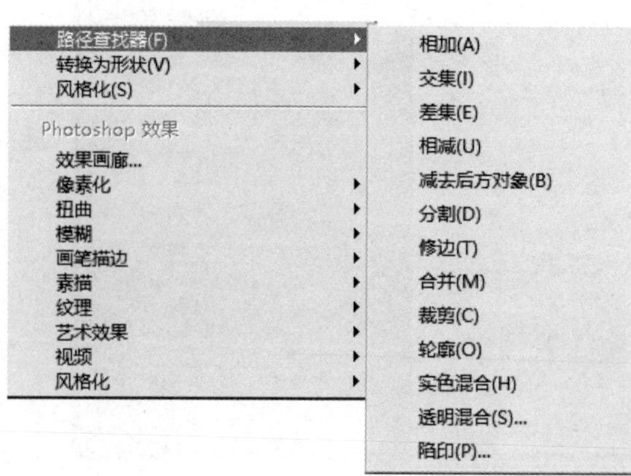

图 9-17　路径查找器效果组

9.2.9 【转换为形状】效果

该效果可以将矢量对象的形状转换为矩形、圆角矩形或椭圆，用户可使用绝对尺寸或相对尺寸设置形状的尺寸。对于圆角矩形，应指定一个圆角半径以确定圆角边缘的曲率。该效果是方便地改变对象形状的方法，而且它还不会永久改变对象的基本几何形状。产生的效果是实时的，这就意味着用户可以随时修改或删除效果。图 9-18 所示为【转换为形状】菜单。

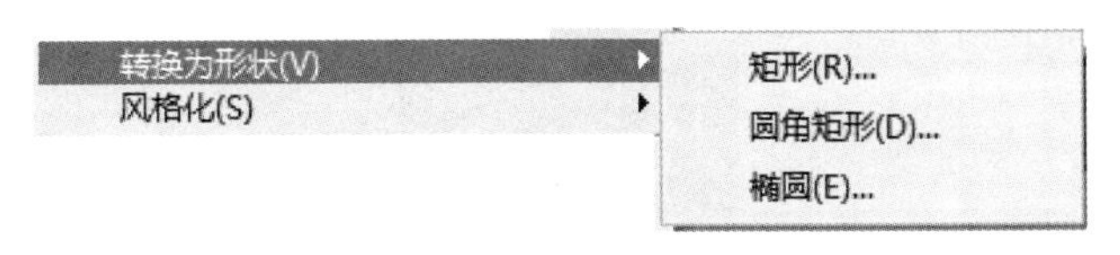

图 9-18　【转换为形状】菜单

【转换为形状】效果组中的效果如图 9-19 所示。

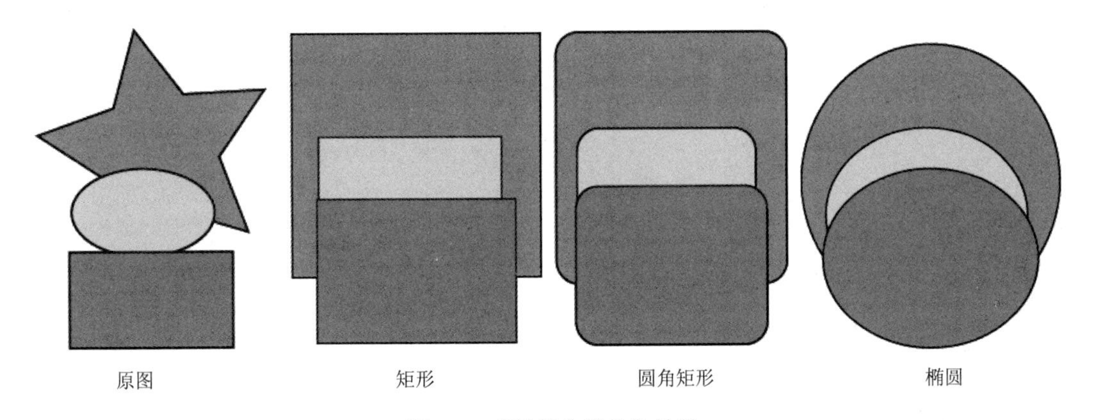

图 9-19 【转换为形状】效果

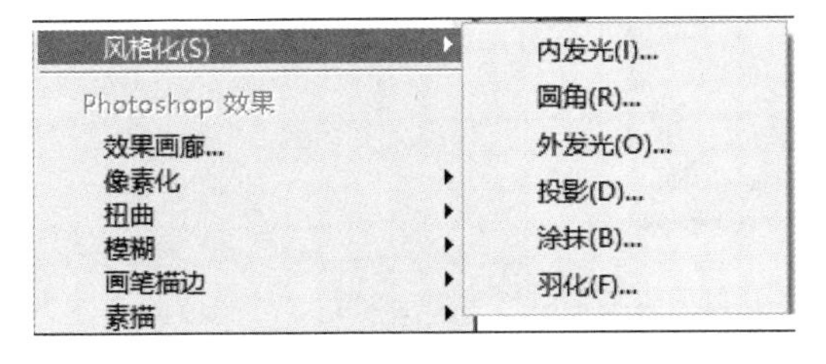

图 9-20 【风格化】菜单

9.2.10 【风格化】效果

该菜单下的【风格化】命令与 Photoshop 效果菜单下的【风格化】命令有所不同。利用该菜单下的命令，可以给图形制作内发光、圆角、外发光、投影、涂抹以及羽化效果，如图 9-20 所示。

【风格化】效果组中的各种效果如图 9-21 所示。

9.2.11 案例应用——制作立体彩球

（1）按【Ctrl+N】快捷键，新建一个文档，名称为【第 9 章 立体彩球】，宽度为【100mm】，高度为【100mm】，颜色模式为【CMYK】，如图 9-22 所示，单击【确定】按钮。

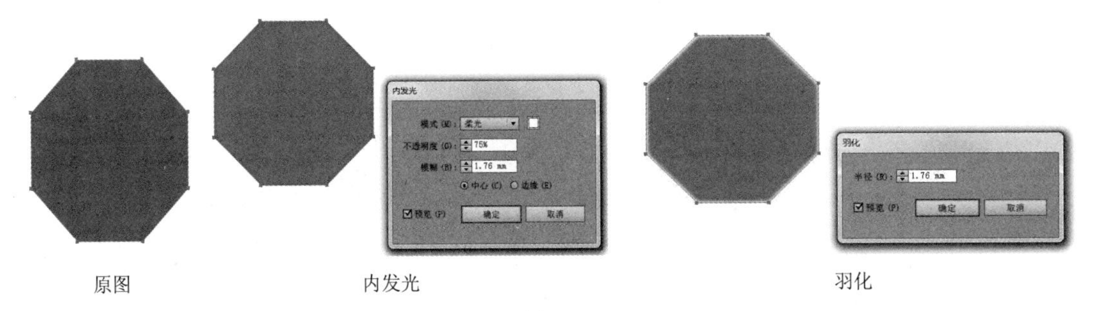

图 9-21

收缩和膨胀

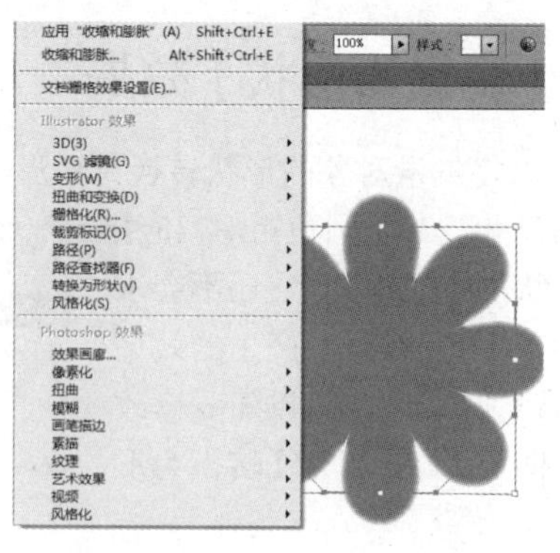

再次应用【收缩和膨胀】

图 9-21　【风格化】效果

（2）选择【矩形工具】，在页面绘制一条矩形块，设置宽度为【100mm】，高度为【10mm】，【矩形】对话框如图 9-23 所示，并填充为【绿色】，如图 9-24 所示。

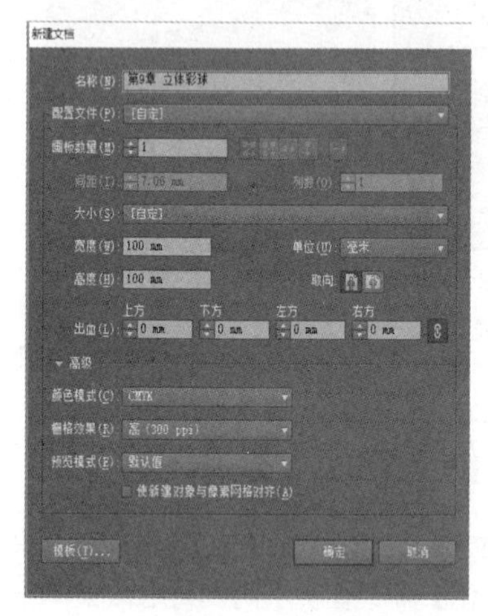

图 9-22　【新建文件】对话框

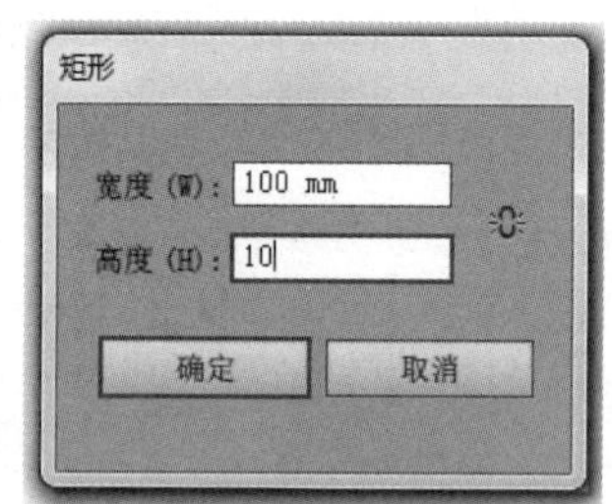

图 9-23　【矩形】对话框

图 9-24　绘制矩形

（3）用同样的方法，绘制 5 条颜色不同的彩色条纹，如图 9-25 所示。

（4）将彩色条纹编组，选择【窗口】→【符号】面板，并命名为【条纹】符号，如图 9-26 所示。

图 9-25　多条矩形

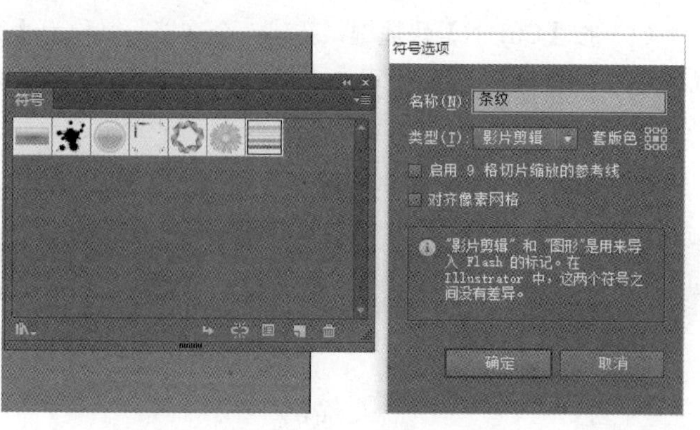

图 9-26　定义符号

（5）绘制一个正圆形，用一条直线穿过圆形的上下顶点以及圆心，如图 9-27 所示。打开【窗口】→【路径查找器】面板，执行【分割】命令，取消编组，将圆形分割为左右两部分，并删除左边部分，如图 9-28 所示。

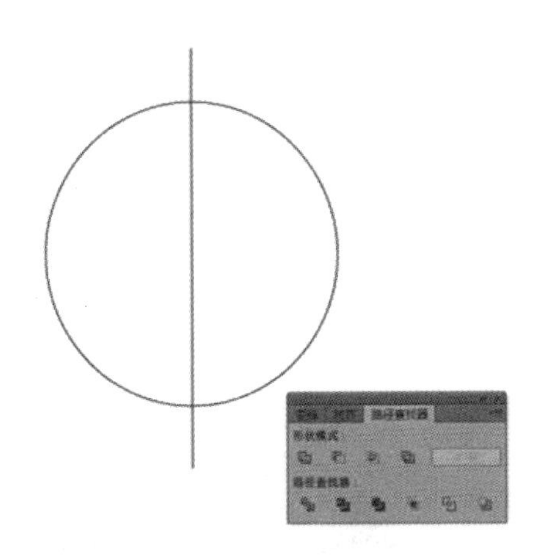

图 9-27　绘制正圆和直线

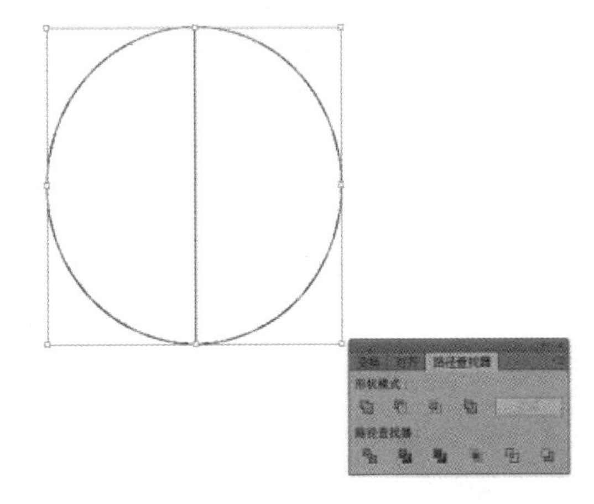

图 9-28　分割图形

（6）选择【效果】→【3D】→【绕转】命令，打开【3D 旋转选项】对话框，设置如图 9-29 所示的参数。

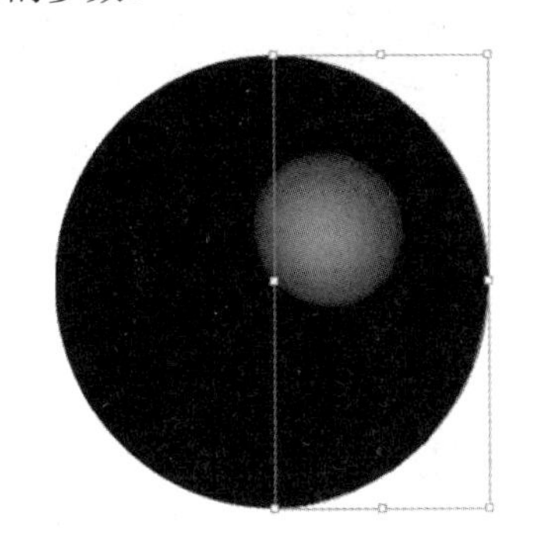

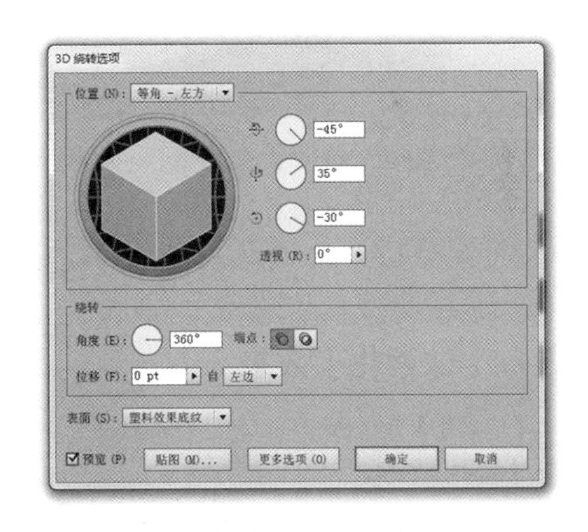

图 9-29　【3D 旋转选项】对话框

（7）单击【贴图】按钮，用存储的【条纹】符号进行贴图，如图 9-30 所示。贴图时勾选【预览】按钮，一边调整条纹符号的位置，一边观察彩球上图案的变化，调整到合适的状态单击【确定】按钮。勾选【贴图具有明暗调】选项，可以增强图案的光线和立体效果，如图 9-31 所示。

（8）单击【更多选项】按钮，将表面设置为【塑料底纹效果】，可以增强图案的立体渲染效果，如图 9-32 所示。

（9）单击【确定】按钮，最后得到如图 9-33 所示的立体彩球。

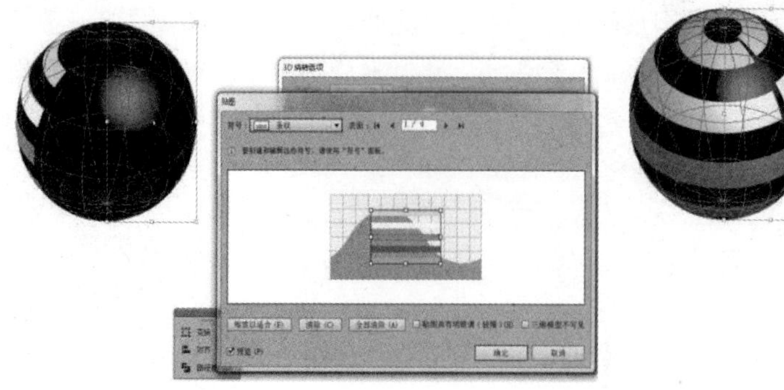

图 9-30 【贴图】设置

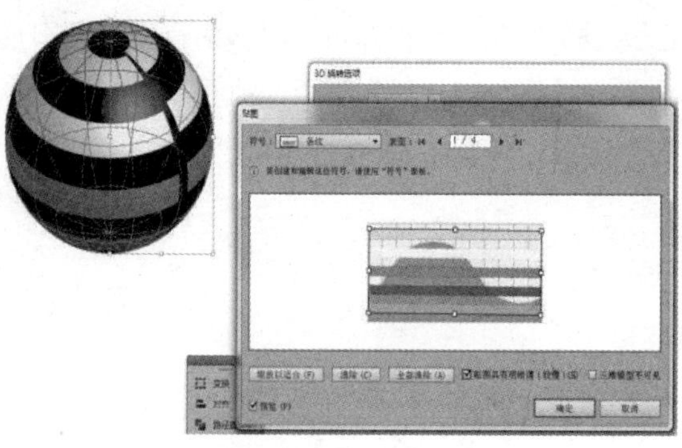

图 9-31　勾选【贴图具有明暗调】选项

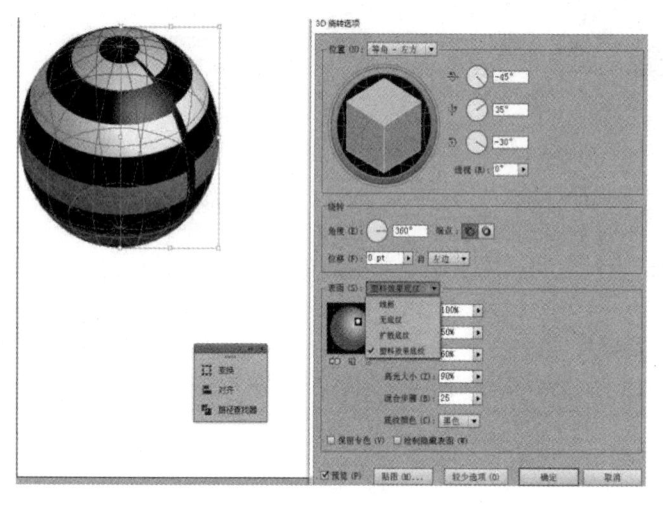

图 9-32 【更多选项】设置

图 9-33　最终效果

9.3　Photoshop 效果

9.3.1 【像素化】效果

使用【像素化】效果命令可以使图像的画面分块显示，呈现出一种由单元格组成的效果，菜单如图 9-34 所示，效果图如图 9-35 所示。

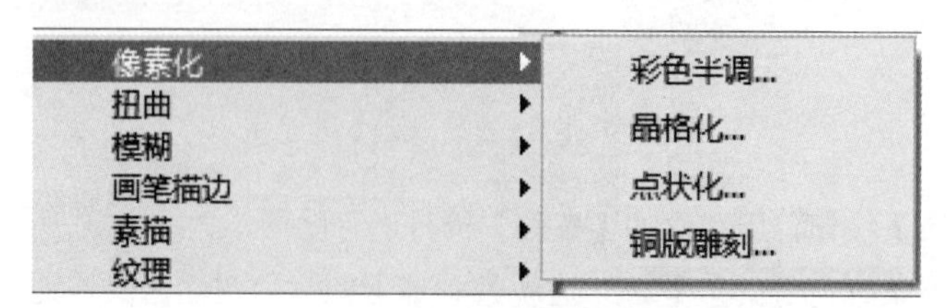

图 9-34 【像素化】菜单

9.3.2 【扭曲】效果

使用【扭曲】效果命令，可以改变图像中的像素分布，从而使图像产生各种变形效果，如图

9-36 所示。

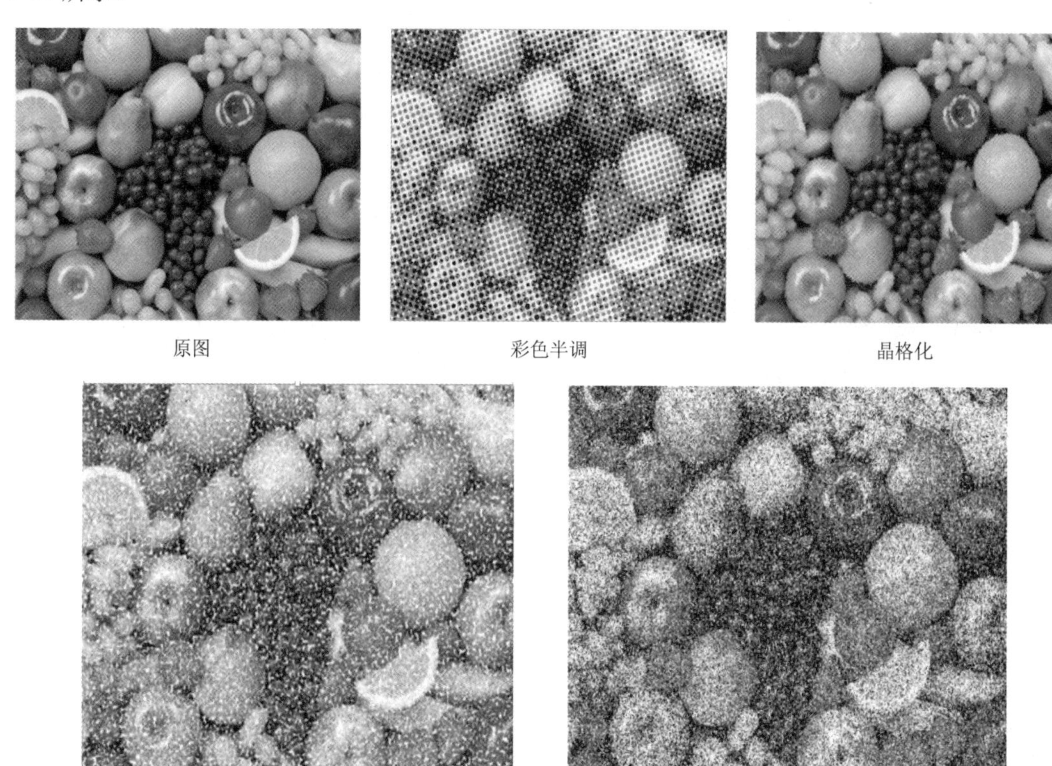

图 9-35　图片【像素化】效果

9.3.3 【模糊】效果

使用【模糊】效果命令，可以对图像进行模糊处理，去除图形中的杂色，以使图像变得较为柔和、平滑，如图 9-37 所示。

图 9-36 【扭曲】菜单　　图 9-37 【模糊】菜单

9.3.4 【画笔描边】效果

使用【画笔描边】效果命令，可以用不同的画笔和油墨笔触效果，使图像产生精美的艺术外观，为图像添加颗粒、绘画、杂色等效果，如图 9-38 所示。

【画笔描边】效果组的各种效果如图 9-39 所示。

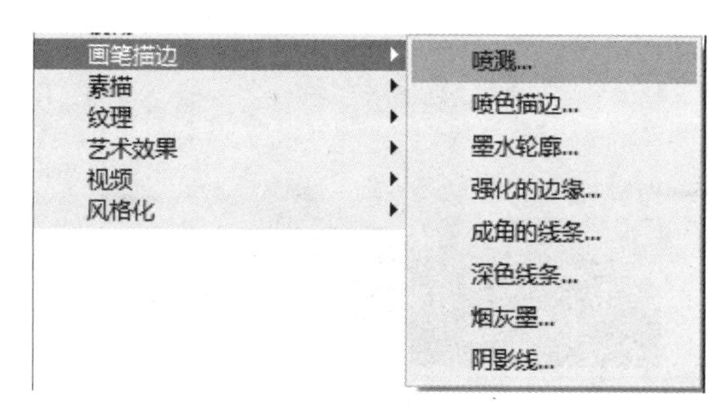

图 9-38 【画笔描边】菜单

原图

【喷溅】效果

【喷色描边】效果

【墨水轮廓】效果

【强化的边缘】效果

【成角的线条】效果

【深色线条】效果

【烟灰墨】效果

【阴影线】效果

图 9-39 【画笔描边】效果

9.3.5 【素描】效果

使用【素描】效果命令，可以利用前景色和背景色来置换图像中的色彩，从而生成一种更为精确的图像效果，如图 9-40 所示。

9.3.6 【纹理】效果

使用【纹理】效果命令，可以在图像上制作出各种特殊的纹理及材质效果，如图 9-41 所示。

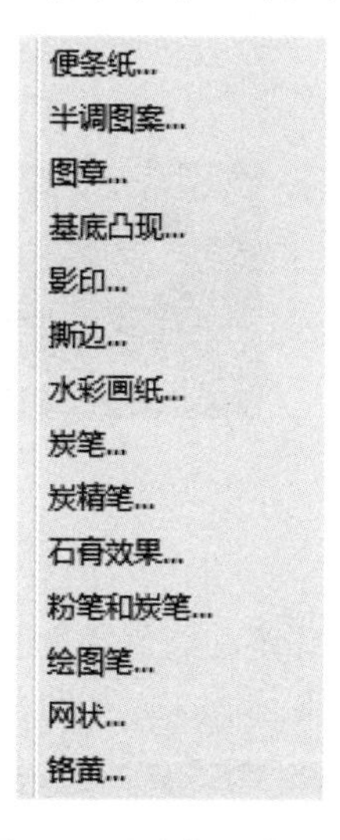

图 9-40 【素描】菜单

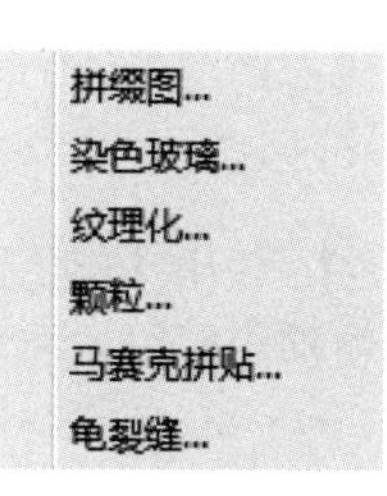

图 9-41 【纹理】菜单

9.3.7 【艺术效果】效果

使用该菜单下的子命令，可以使图像产生多种不同风格的艺术效果，如图 9-42 所示。

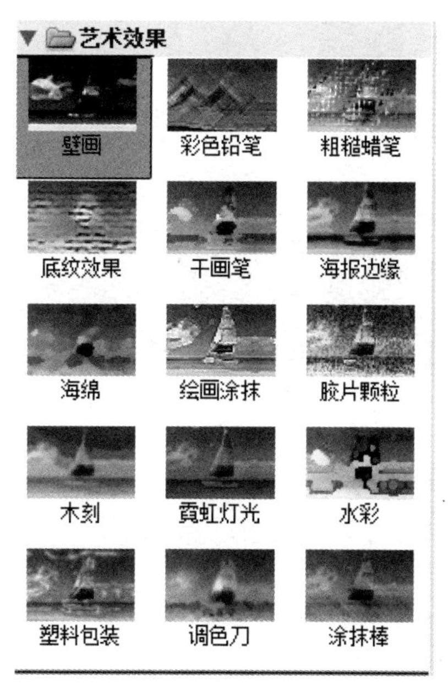

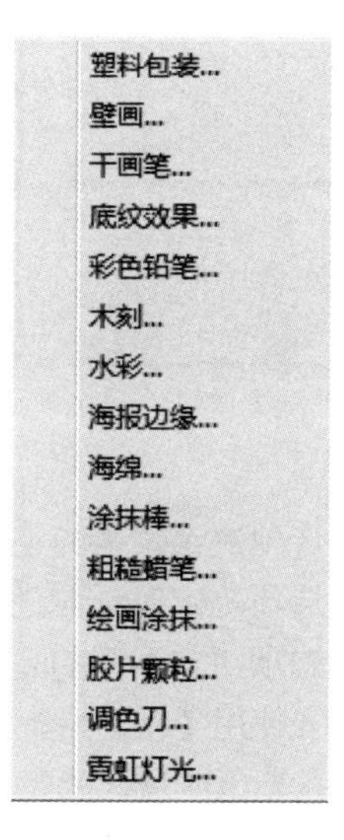

图 9-42 【艺术效果】菜单

（1）【壁画】。使用【壁画】命令，可以以一种粗糙的方式，使用短而圆的描边绘制图像，使图像看上去像是在墙壁上画的画，如图 9-43 所示。

【画笔大小】：此选项决定使用画笔笔触的大小。

【画笔细节】：此选项决定画面中细节的保留程度。

【纹理】：此选项决定画面中添加纹理的明显程度。

原图

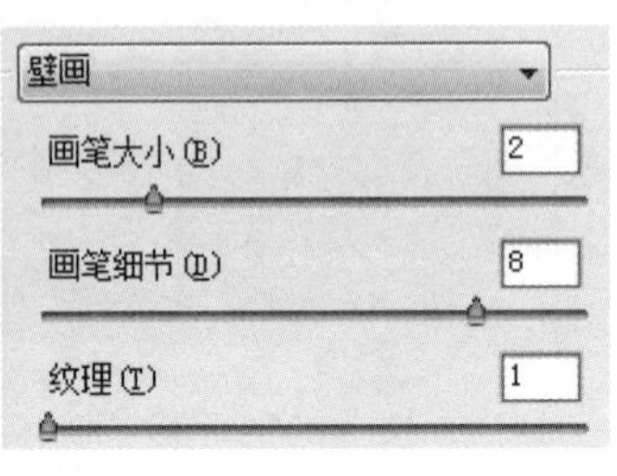

效果图

图 9-43 【壁画】效果

（2）【彩色铅笔】。使用【彩色铅笔】命令，可以使用彩色铅笔在纯色背景上绘制图像，保留重要边缘，外观呈粗糙阴影线，纯色背景透过比较平滑的区域显示出来，如图 9-44 所示。

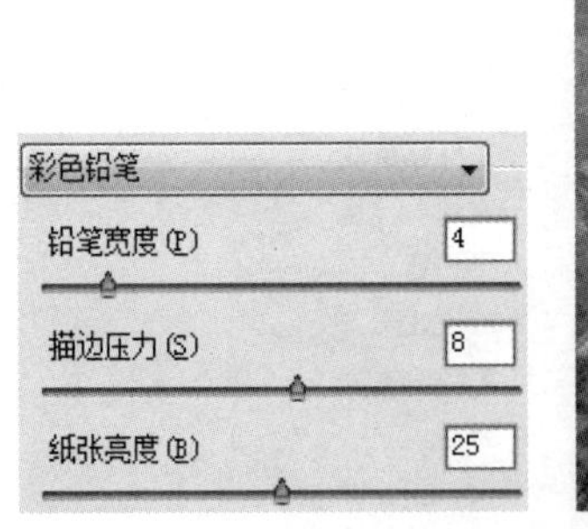

图 9-44 【铅笔】设置及效果

【铅笔宽度】：此选项决定铅笔的笔头宽度大小。

【描边压力】：此选项决定对画面进行描绘时所产生的压力大小。

【纸张亮度】：此选项决定画纸的亮度。亮度数值设置得越大，画纸的颜色越接近白色。

（3）【粗糙蜡笔】。使用【粗糙蜡笔】命令，可以使图像看上去好像是用彩色蜡笔在带纹理的背景上描出的效果。在亮色区域，蜡笔看上去很厚，几乎看不见纹理；在深色区域，蜡笔似乎被擦去了，使纹理显露出来，如图 9-45 所示。

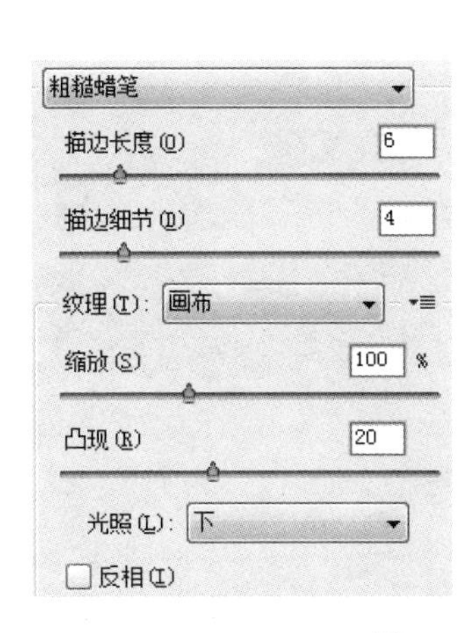

图 9-45 【粗糙蜡笔】设置及效果

【线条细节】：此选项决定蜡笔的细腻程度。

【纹理】：可以选择多种纹理。

【缩放】：拖动滑块可以增强或减弱位图图像表面的效果。

【凸现】：拖动滑块来调整纹理表面的深度。

【反相】：可以反转表面的亮色与暗色。

（4）【木刻】。使用【木刻】命令，可以将图像描绘成类似于从彩色纸上剪下的、边缘粗糙的剪纸片组成的效果。高对比度的图像看起来呈剪影状，而彩色图像看上去好像是由几层彩纸组成的，如图 9-46 所示。

图 9-46 【木刻】设置及效果

【色阶数】：此选项决定颜色层次的多少，数值越大，颜色层次越丰富。

【边简化度】：此选项决定边界的简化程度，数值越小，图像越接近于原图像。

【边逼真度】：此选项决定生成的新图像与原图像的相似程度。

（5）【霓虹灯光】。使用【霓虹灯光】命令，可以为图像中的对象添加各种不同的灯光效果，如图 9-47 所示。

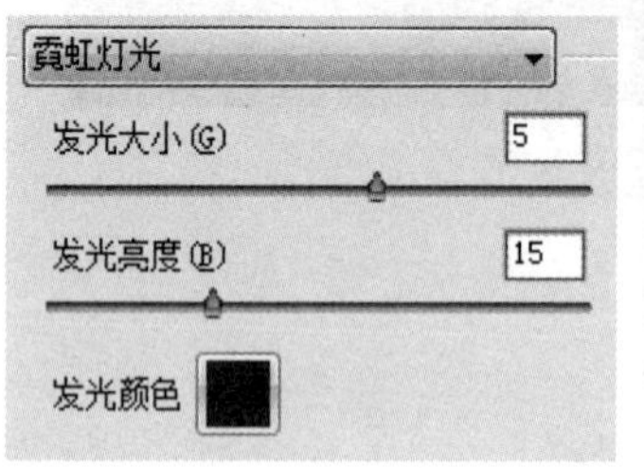

图 9-47 【霓虹灯光】设置及效果

【发光大小】：拖动滑块可以调整霓虹灯发光色所覆盖的范围。
【发光亮度】：此选项决定环境的温度。
【发光颜色】：单击色块可以弹出一个对话框，并在其中对发光的颜色进行选择。

9.3.8 【视频】效果

使用【视频】效果命令，可以将视频与普通图像进行相互转换。

9.3.9 【锐化】效果

使用【锐化】效果命令，可以增加相邻像素的对比度。

9.3.10 【风格化】效果

使用【风格化】效果命令，可以使图像生成印象派的作品效果，其下拉的子菜单中只有【照亮边缘】一个命令，它可以搜索图像中对比度较大的颜色边缘，并为此边缘添加类似霓虹灯效果的亮光，如图 9-48 所示。

9.3.11 案例应用——制作文字特效

利用滤镜效果可以制作文字特效。

（1）按【Ctrl+N】快捷键，新建一个文档，名称为【第 9 章 文字特效】，宽度为【210mm】，高度为【100mm】，颜色模式为【CMYK】，如图 9-49 所示，单击【确定】按钮。

（2）选择【文本工具】，输入文字【动态】，设置字号大小为【200pt】、字体为【黑体】，如图 9-50 所示。

（3）使用【选择工具】选中文字，单击鼠标右键，在弹出的菜单中选择【创建轮廓】命令，将文字转化为图形文件。

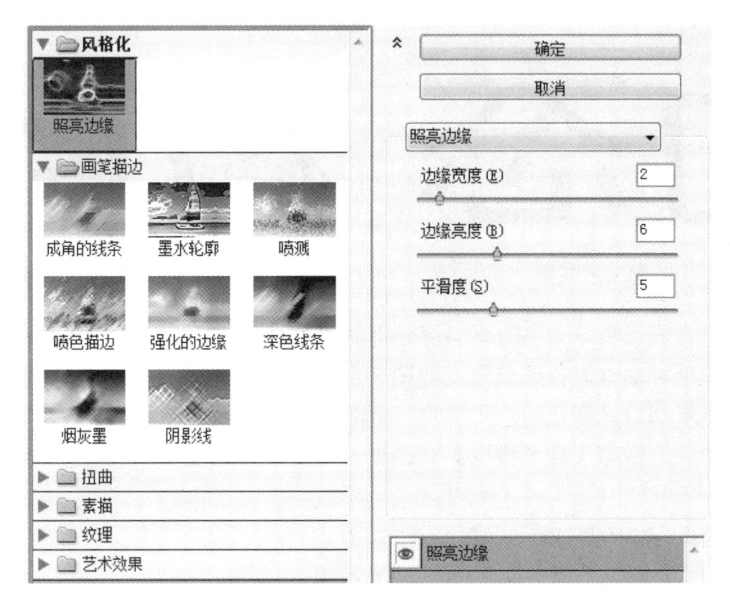

图 9-48 【风格化】命令及设置

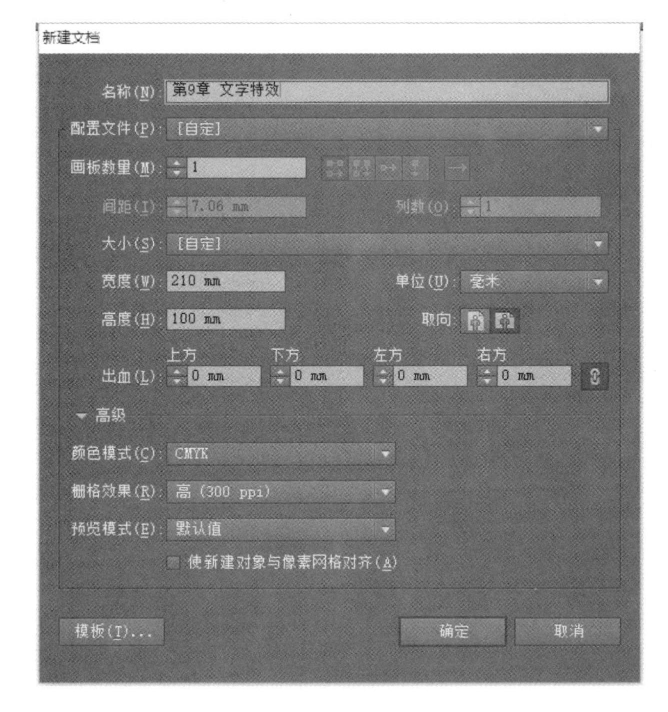

图 9-49 【新建文档】对话框

动态

图 9-50　输入文字

（4）选择【钢笔工具】，按下【Shift】键，在页面上绘制出一条水平直线，稍长于文字的距离，把线条放置到文字的中间，如图 9-51 所示。

（5）选中文字和绘制的直线，选择【窗口】→【路径寻找器】命令，在【路径寻找器】控制面板中选择【分割】按钮，将文字分割为两个部分。

（6）打开【颜色】控制面板，用【编组选取工具】选中文字的上半部分，在【颜色】控制面板中选择一种颜色。用同样的选取方法，选中文字的下半部分，选取一种颜色，进行文字填充，得到如图 9-52 所示的效果。

图 9-51　文字和线条 　　　　图 9-52　文字填充

（7）填充颜色完成以后，文字的下半部分仍处于选择状态，选择【对象】→【光栅化】命令，出现【光栅化】选项对话框，各选项设置如图 9-53 所示，调整完毕，单击【确定】按钮。

（8）文字的下半部分光栅化后，文字的下半部分仍然处于选择状态，选择【滤镜】→【模糊】→【高斯模糊】命令，弹出【高斯模糊】对话框，参数设置如图 9-54 所示。

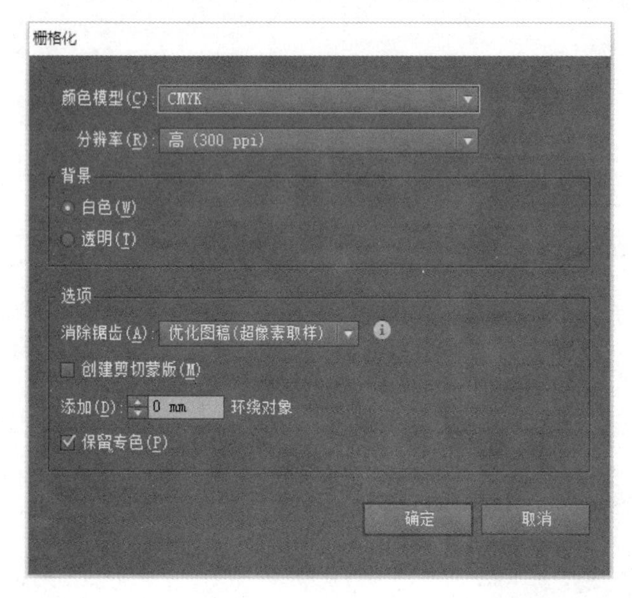

图 9-53　【光栅化】对话框

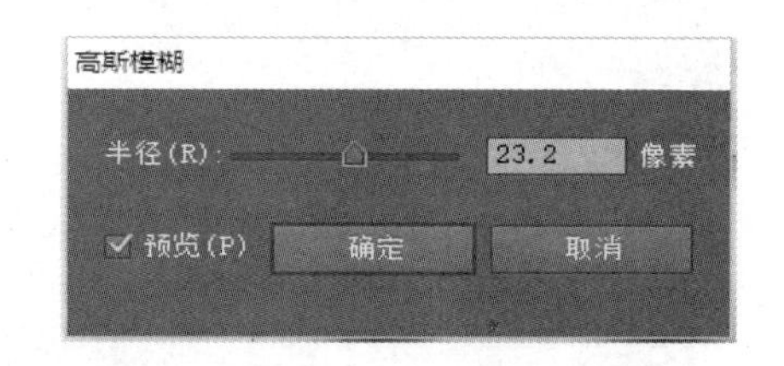

图 9-54　【高斯模糊】对话框

（9）用同样的方法，对文字的上半部分先进行光栅化处理，然后选择【滤镜】→【纹理】→【染色玻璃】命令，弹出【染色玻璃】对话框，参数设置如图 9-55 所示，效果如图 9-56 所示。

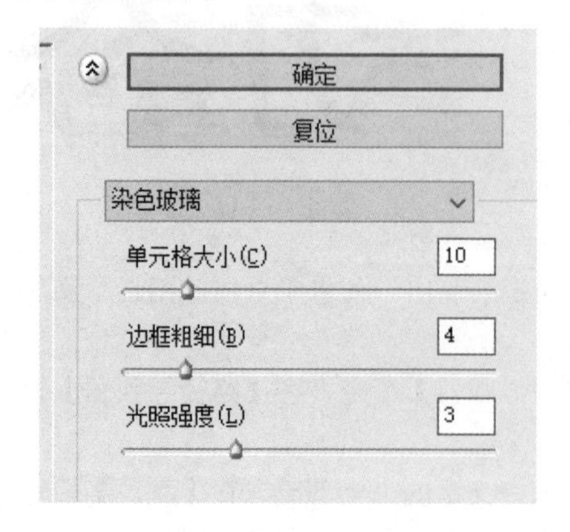

图 9-55　【染色玻璃】对话框

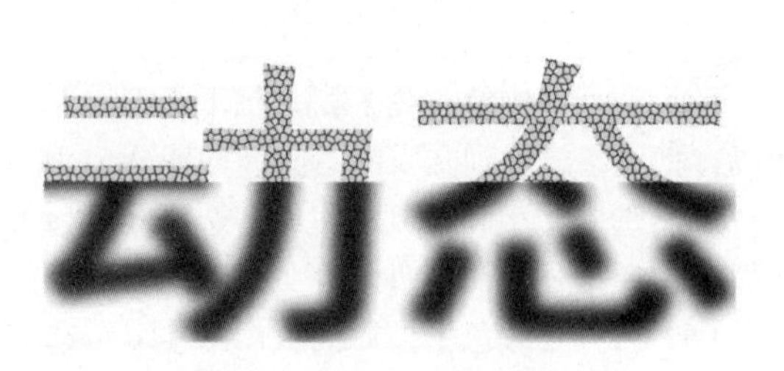

图 9-56　【染色玻璃】效果

（10）用【选取工具】选中所有的文字组成部分，选择【对象】→【编组】命令，将文字的两个部分组合为一个整体，制作完毕。

9.4 使 用 样 式

9.4.1 【图形样式】控制面板

选择【窗口】→【图形样式】命令，弹出【图形样式】控制面板，如图 9-57 所示。Illustrator CC 还提供了丰富的样式库，可以根据自己的需要调出样式库。其样式有 CMYK 颜色模式和 RGB 颜色模式两种类型。

9.4.2 使用样式

选择要添加样式的图形，在【图形样式】控制面板中单击要添加的样式，就可以得到需要的样式效果。如果控制面板中的样式发生了变化，被添加了该样式的图形也会随之变化。

图 9-57 【图形样式】控制面板

9.5 综合训练——制作中国结

利用本章的知识点进行中国结的制作。

（1）打开软件，新建一个文档，命名为【中国结】，页面大小为【A4】，如图 9-58 所示。

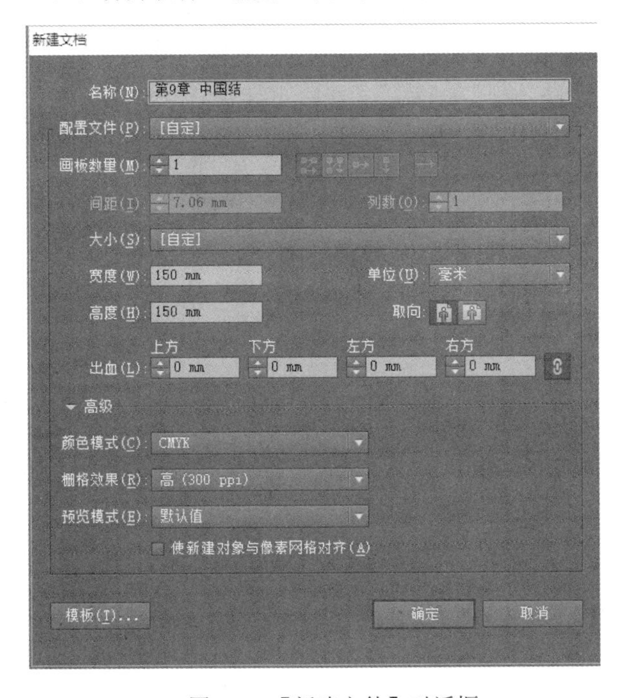

图 9-58 【新建文件】对话框

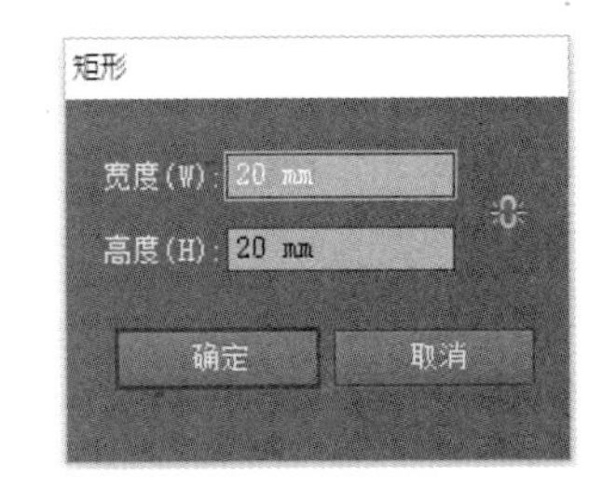

图 9-59 【矩形】对话框

（2）选择【矩形工具】，在页面工作区单击鼠标左键，弹出【矩形】对话框，设定正方形边长为【20mm】，如图 9-59 所示。设置矩形的描边颜色为【红色】，粗细为【16pt】，如图 9-60 所示。

图 9-60 绘制矩形

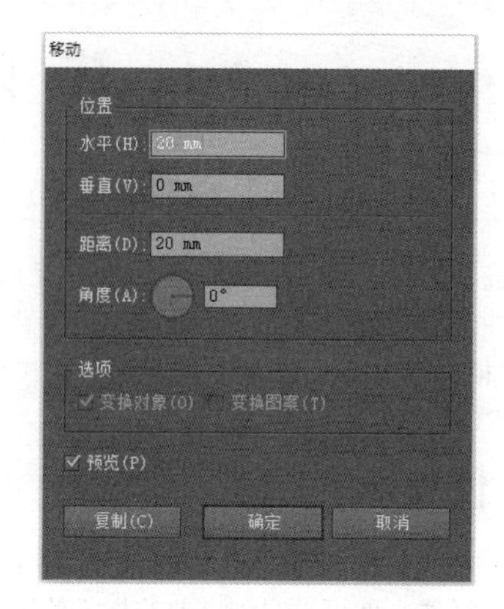

图 9-61 【移动】对话框

（3）选择【对象】→【变换】→【移动】命令，弹出【移动】对话框，设置如图 9-61 所示的参数，单击【复制】按钮，复制一个同样大小的正方形，如图 9-62 所示。

（4）按 2 次【Ctrl+D】，完成一行四个正方形的绘制，如图 9-63 所示。

图 9-62　复制出 1 个正方形

图 9-63　复制出 4 个正方形

（5）按照同样的步骤，完成 16 个正方形的绘制，如图 9-64 和图 9-65 所示。

图 9-64　复制出 8 个正方形

图 9-65　复制出 16 个正方形

（6）删去多余的正方形，如图 9-66 所示，第一排和第三排删去第 2、4 个，第二排和第四排删去第 1、3 个，将所有正方形编组。

（7）选择【窗口】→【路径查找器】命令，弹出【路径查找器】对话框，单击【轮廓】按钮图标，如图 9-67 所示。

（8）选择【效果】→【风格化】→【圆角】命令，设置【半径】参数为【20mm】，如图 9-68 所示。

（9）对画笔重新进行描边填充和设置粗细，如图 9-69 所示。

（10）点击鼠标右键，选择【变换】→【旋转】命令，如图 9-70 所示，设置旋转角度为【45°】，如图 9-71 所示。

图 9-66　删除正方形

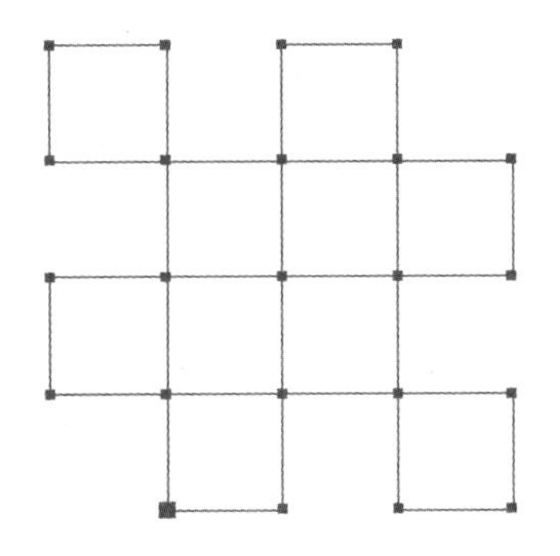

图 9-67　正方形轮廓化

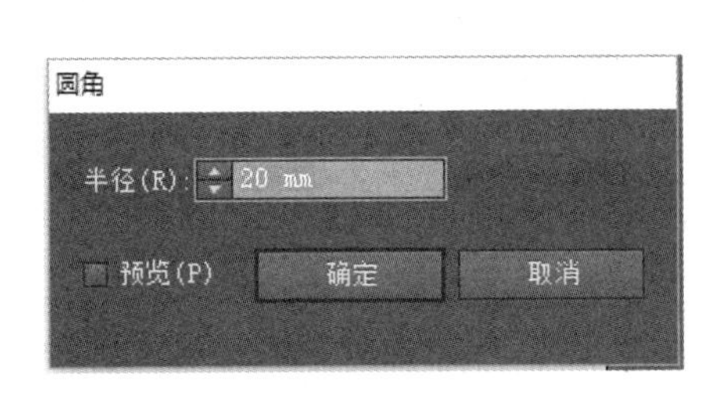

图 9-68 【圆角】对话框

图 9-69　重新填充和设置粗细

图 9-70　右键菜单

（11）完成中国结效果的制作，如图 9-72 所示。

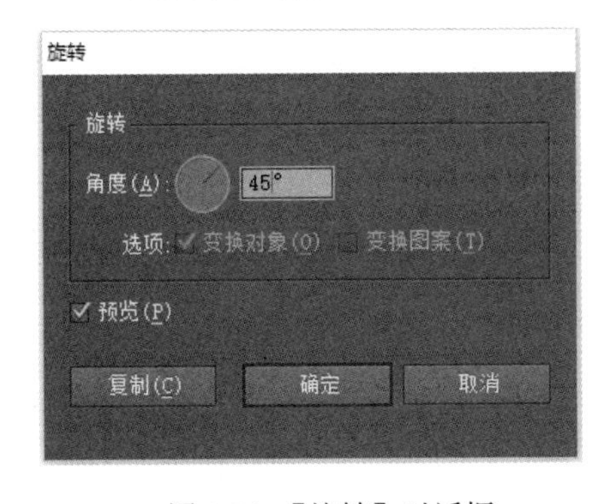

图 9-71 【旋转】对话框

图 9-72　中国结效果

9.6 课后练习——数字促销宣传广告

【知识要点】：利用【3D】效果设计一张立体数字促销宣传广告，效果如图 9-73 所示。

图 9-73 最终效果

第 10 章　图形输出技术

在 Illustrator CC 中，对于创建的文本对象、图形对象和图像对象，用户可以根据不同的需求，进行文件的导入、导出与打印。在 Illustrator CC 中，应合理设置打印参数选项，以其更加适合的打印方式输出文字、图形或图像，比如可以按专业印刷的分色方式打印输出、将彩色的图形用单色打印输出等。本章将介绍如何使用 Illustrator CC 进行文件管理、创建 Adobe PDF 文件、打印文件。

10.1　文 件 管 理

Illustrator CC 将制作的文件存储或导出为其他格式供外界程序使用，也可以从外界程序中导入矢量或位图文件格式。Illustrator CC 几乎可以识别所有通用的图形文件格式，尤其是 Adobe 产品之间的文件格式，能够通过导入、导出或复制、粘贴等操作，轻松地将图稿对象从一个应用程序移动到另一个应用程序。

10.1.1　存储文件

Illustrator CC 可以将文件存储为 AI、PDF、EPS 等七种文件格式。

（1）选择【文件】→【存储】命令、【文件】→【存储为】命令或【文件】→【存储为副本】命令，将弹出【存储为】对话框，如图 10-1 所示，在弹出的对话框中输入文件名，确定【保存类型】，单击【保存】按钮。

（2）弹出【Illustrator】选项对话框，设定选项后，单击【确定】按钮，如图 10-2 所示，即可存储文件。

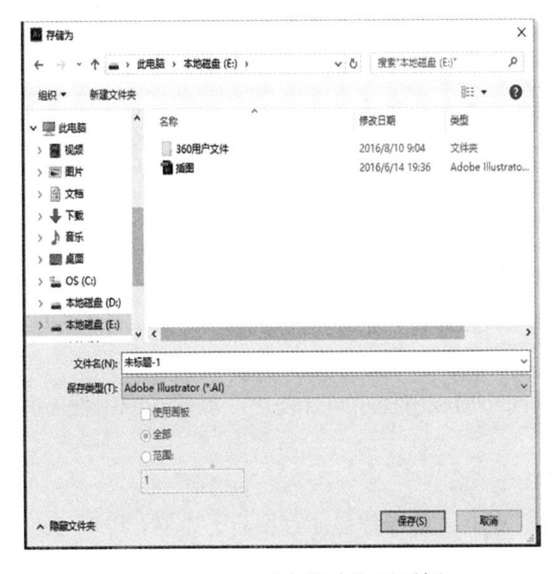

图 10-1　【存储为】对话框

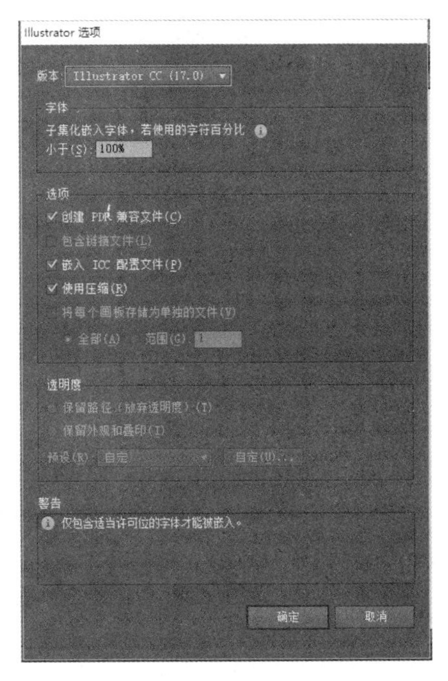

图 10-2　【Illustrator】选项对话框

10.1.2 置入文件

【置入】命令可以将其他软件所生成的文件导入到 Illustrator CC 中。

选择【文件】→【置入】命令，将弹出【置入】对话框，如图 10-3 所示。在弹出的对话框中选择所需文件，单击【置入】按钮，即可将文件导入到绘图页面中。

10.1.3 导出图像格式

Illustrator CC 也可以把绘制或打开的文档导出为其他格式的文件，以便于在其他软件中打开并进行编辑处理。

选择【文件】→【导出】命令，会弹出【导出】对话框，在保存类型一栏中，单击下拉三角图标，可以选择保存类型为 JPEG、BMP 等多种图像格式，如图 10-4 所示。

图 10-3 【置入】对话框

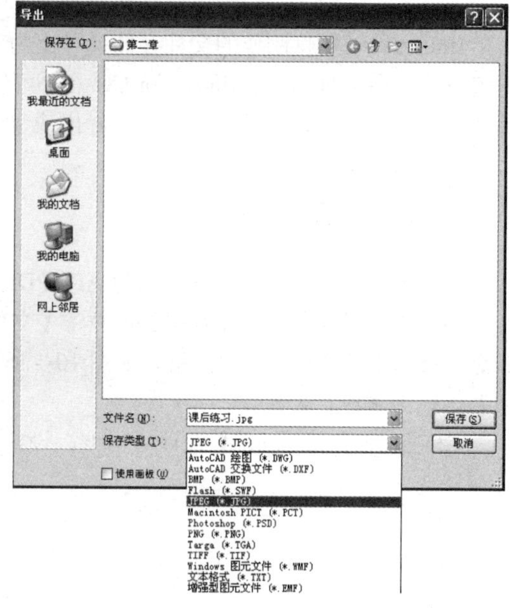

图 10-4 【导出】对话框

Illustrator CC 可以导出如下的文件类型。

（1）【AutoCAD 绘图】：用于存储 AutoCAD 中创建的矢量图形的标准文件格式。

（2）【AutoCAD 交换文件（DWG 和 DXF）】：用于导出 AutoCAD 绘图或从其他应用程序导入的绘图交换格式。

（3）【BMP】：标准 Windows 图像格式。

（4）【Flash（SWF）】：基于矢量的图形格式，用于交互动画 Web 图形。

（5）【JPEG（联合图像专家组）】：常用于存储照片，JPEG 格式保留图像中的所有颜色信息，但会通过有选择地扔掉数据来压缩文件大小。

（6）【Macintosh PICT】：与 Mac OS 图形和页面布局应用程序结合使用，以便在应用程序间传输图像。

（7）【Photoshop（PSD）】：标准 Photoshop 格式。

（8）【PNG（便携网络图形）】：用于无损压缩和 Web 上的图像显示，与 GIF 不同，PNG 支持 24 位图像并产生无锯齿边缘的透明背景。

（9）【Targa（TGA）】：可以在使用 Truevision®视频板的系统上使用。

（10）【TIFF】：用于在应用程序和计算机平台间交换文件，TIFF 是一种灵活的位图图像格式，绝大多数绘图、图像编辑和页面排版应用程序，以及桌面扫描仪都支持这种格式。

（11）【Windows 图元文件（WMF）】：16 位 Windows 应用程序的中间交换格式，几乎所有 Windows 绘图和排版程序都支持 WMF 文件格式，但是它只支持有限的矢量图形，在可行的情况下，应以 EMF 格式代替 WMF 文件格式。

（12）【文本格式（TXT）】：用于将插图中的文本导出到文本文件。

（13）【增强型图元文件（EMF）】：为 Windows 应用程序，广泛用作导出矢量图形数据的交换格式。

10.2　创建 Adobe PDF 文件

PDF 是一种灵活的、跨平台、跨应用程序的文件格式，能够精确地显示并保留字体、页面版式，以及矢量和位图图形，还具有电子文档搜索和导航功能。

在 Illustrator 中可以创建不同类型的 PDF 文件，选择【文件】→【存储为】命令，弹出【存储为】对话框，在保存类型中选择【Adobe PDF】，单击【保存】按钮，即可弹出【存储 Adobe PDF】对话框，如图 10-5 所示，对话框含义如下。

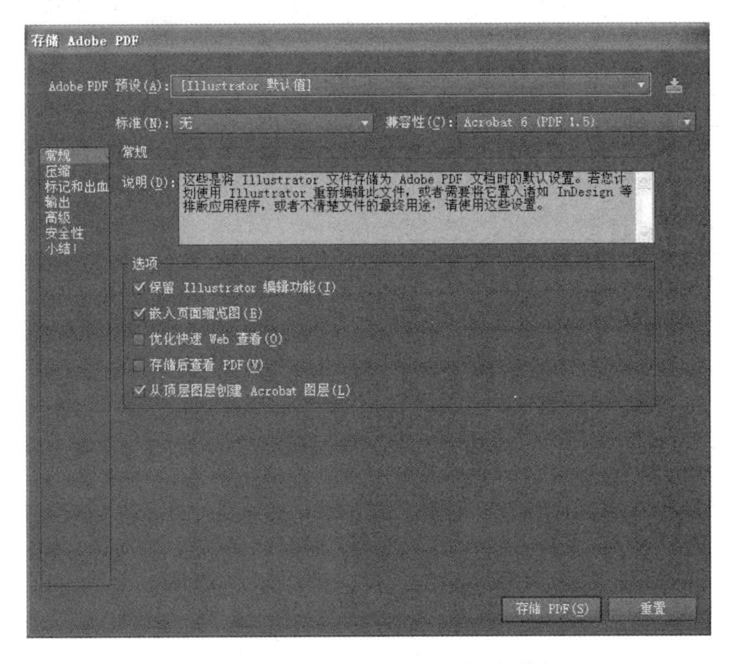

图 10-5 【存储 Adobe PDF】对话框

1）PDF 兼容性级别

在创建 PDF 文件时，需要确定使用哪个 PDF 版本，另存为 PDF 或者编辑 PDF 预设时，可通过切换到不同的预设或选择兼容性选项来改变 PDF 版本，除非指定需要向下兼容，一般都使用新版本，最新版本包括所有最新的特性和功能。如果要创建将在较大范围内分发的文件，考虑选择 Acrobat 5，以确保所有用户都能查看和打印文档。

2）常规选项

要想设置 PDF 的常规选项，可以在【存储 Adobe PDF】对话框左侧选择【常规】选项，如

图 10-5 所示。

（1）【说明】：显示来自所选预设的说明，并提供编辑说明的地方。

（2）【保留 Illustrator 编辑功能】：在 PDF 文件中存储所有 Illustrator 数据。

（3）【嵌入页面缩览图】：创建文件的缩览图图像。

（4）【优化快速 Web 查看】：优化 PDF 文件，以便在 Web 浏览器中更快速地查看。

（5）【存储后查看 PDF】：在默认 PDF 查看应用程序中打开新创建的 PDF 文件。

（6）【从顶层图层创建 Acrobat 图层】：将 Illustrator 的顶层图层作为 Acrobat 图层存储在 PDF 文件中。

3）压缩选项

在 Adobe PDF 中存储文件时，可以压缩文本和线状图，并且压缩和缩减像素取样位图图像。根据选择的设置，压缩和缩减像素取样，可显著减小 PDF 文件大小，并且损失很少或不损失细节和精度。在【存储 Adobe PDF】对话框左侧选择【压缩】选项，如图 10-6 所示。对话框中各选项作用如下。

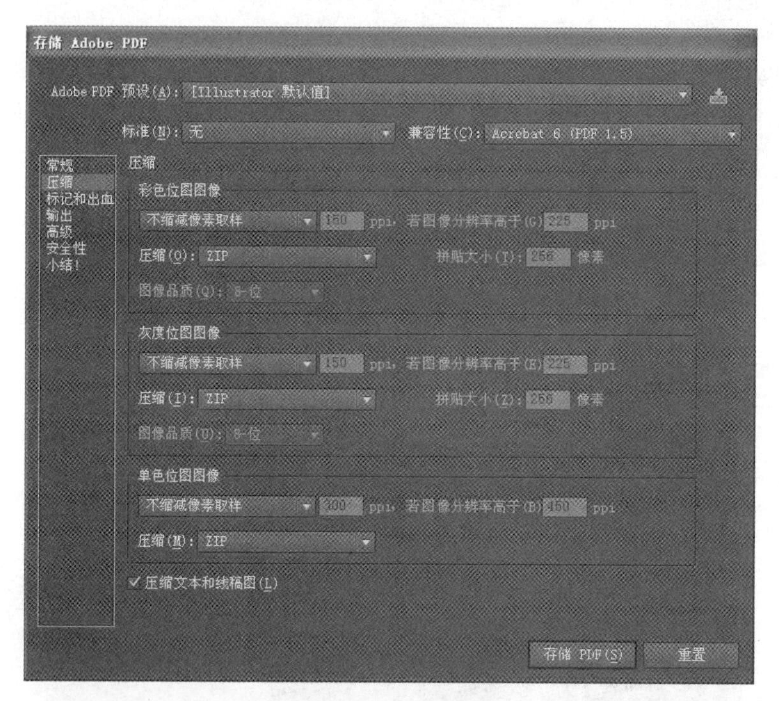

图 10-6 【压缩】选项

（1）【不缩减像素取样】：不减少图像中像素的数量。

（2）【平均缩减像素取样至】：平均采样区域的像素，并以指定分辨率下的平均像素颜色替换整个区域。

（3）【双立方缩减像素取样至】：使用加权平均决定像素颜色，通常比简单平均缩减像素取样效果好。

（4）【次像素取样】：在采样区域中央选择一个像素，并以该像素颜色替换整个区域。

（5）【压缩】：决定使用的压缩类型，其中包括 ZIP、JPEG、JPEG2000、CCITT 和行程压缩。

4）PDF 标记和出血选项

出血是位于打印定界框外的部分，位于裁剪标记或裁切标记外的部分。通过选择【存储 Adobe PDF】对话框左侧的【标记和出血】选项，如图 10-7 所示，可以指定出血范围，并向文件添加各种打印标记。对话框中各选项作用如下。

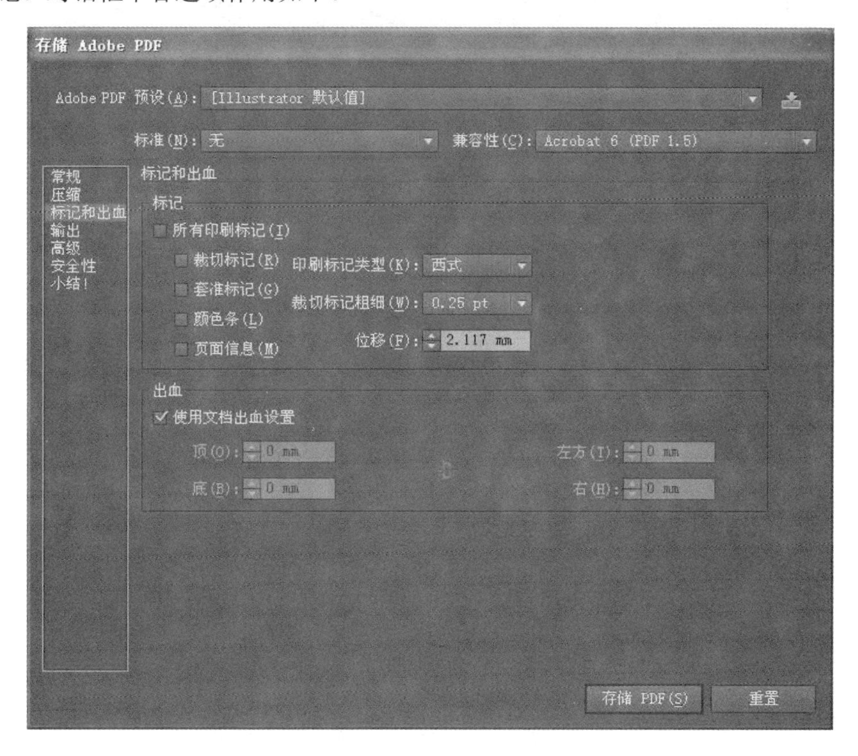

图 10-7 【标记和出血】选项

（1）【所有印刷标记】：在 PDF 文件中启用所有印刷标记。

（2）【印刷标记类型】：打印页面选择是使用罗马字印刷标记还是中文标记。

（3）【裁切标记】：在裁切区域的每个角放置一个标记，表示 PDF 裁切框边界。

（4）【裁切标记粗细】：决定裁切标记的描边粗细。

（5）【套准标记】：将标记放置在裁切区域外，用于对齐彩色文档中的不同分色。

（6）【位移】：决定所有印刷标记与画板边缘的距离。

（7）【颜色条】：为每个专色或印刷色添加小颜色方块。

（8）【页面信息】：将页面信息放置在页面的裁切区域外，还可以在【出血】选项组中设置【顶边】、【底】、【左方】、【右】参数栏，控制文件的出血设置。

5）输出选项

想要设置输出的选项，首先可以在【存储 Adobe PDF】对话框左侧选择【输出】选项，如图 10-8 所示。对话框中各选项作用如下。

（1）【颜色转换】：指定如何在 Adobe PDF 文件中表示颜色信息，其中包括【不转换】、【转换为目标配置文件（保留颜色值）】和【转换为目标配置文件】选项。

（2）【配置文件包含策略】：决定文件中是否包含颜色配置文件。

（3）【输出方法配置文件名称】：指定文档的特定印刷条件。

（4）【输出条件名称】：说明要采用的印刷条件。

（5）【输出条件标识符】：提供更多印刷条件信息的指针。

（6）【注册名称】：指定提供注册更多信息的 Web 地址。

（7）【标记为陷印】：指定文档中的陷印状态。

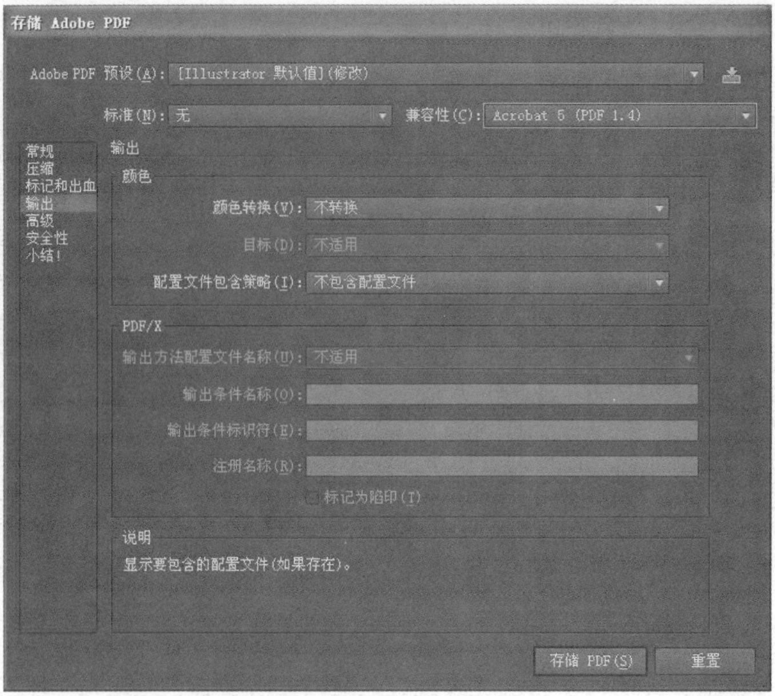

存储 Adobe PDF
Adobe PDF 预设(A): [Illustrator 默认值](修改)
标准(N): 无
兼容性(C): Acrobat 5 (PDF 1.4)
常规
压缩
标记和出血
输出
高级
安全性
小结!
输出
颜色
颜色转换(V): 不转换
目标(D): 不适用
配置文件包含策略(I): 不包含配置文件
PDF/X
输出方法配置文件名称(U): 不适用
输出条件名称(O):
输出条件标识符(E):
注册名称(R):
标记为陷印(T)
说明
显示要包含的配置文件(如果存在)。
存储 PDF(S)
重置

图 10-8 【输出】选项

6）PDF 其他选项

【高级】：使用【高级】选项可以设置字体，或是指定如何处理叠印和透明度等，如图 10-9 所示。

存储 Adobe PDF
Adobe PDF 预设(A): [Illustrator 默认值](修改)
标准(N): 无
兼容性(C): Acrobat 5 (PDF 1.4)
常规
压缩
标记和出血
输出
高级
安全性
小结!
高级
字体
子集化字体，若被使用的字符百分比低于(W): 100%
具有适当嵌入位的所有字体都将被嵌入。
叠印和透明度拼合器选项(仅限 PDF 1.3)
叠印(O): 保留
预设(T): [中分辨率]
自定(M)...
存储 PDF(S)
重置

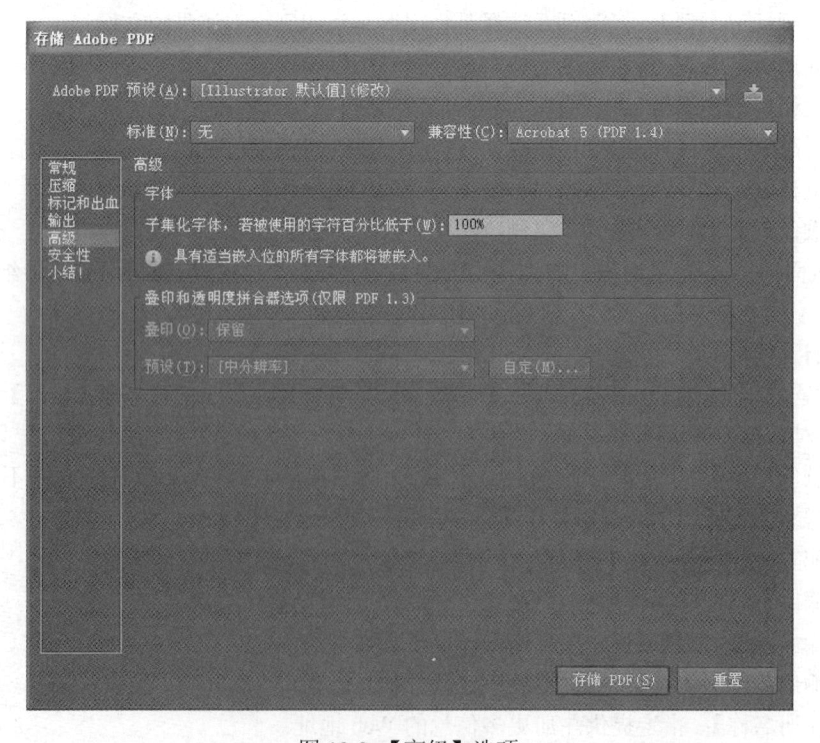

图 10-9 【高级】选项

【安全性】：使用【安全性】选项，可以在 PDF 文件中添加打开文档的口令，设置安全性和权限等，如图 10-10 所示。

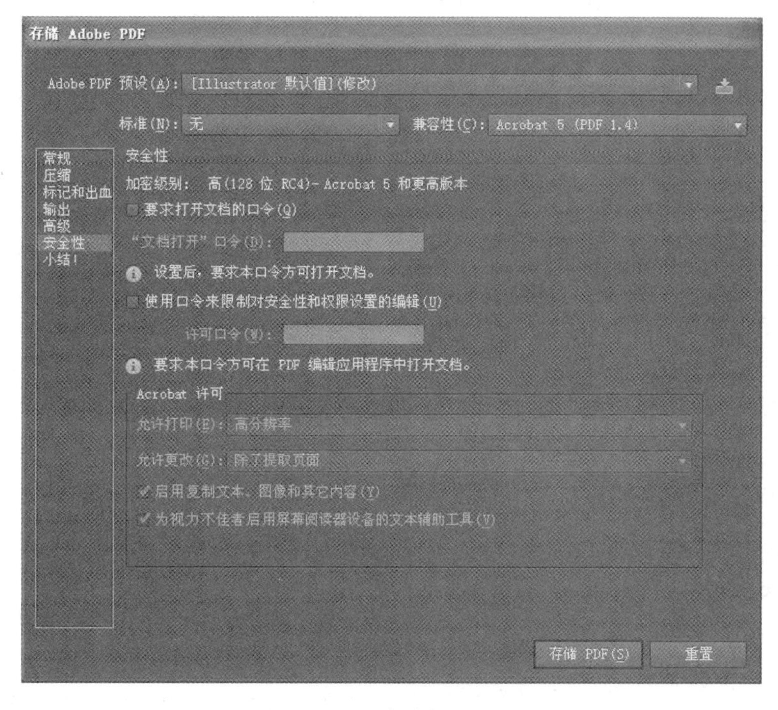

图 10-10 【安全性】选项

【小结】：使用【小结】选项可以查看【存储 Adobe PDF】所设置的选项的信息，如图 10-11 所示，然后根据需要调整相关设置。

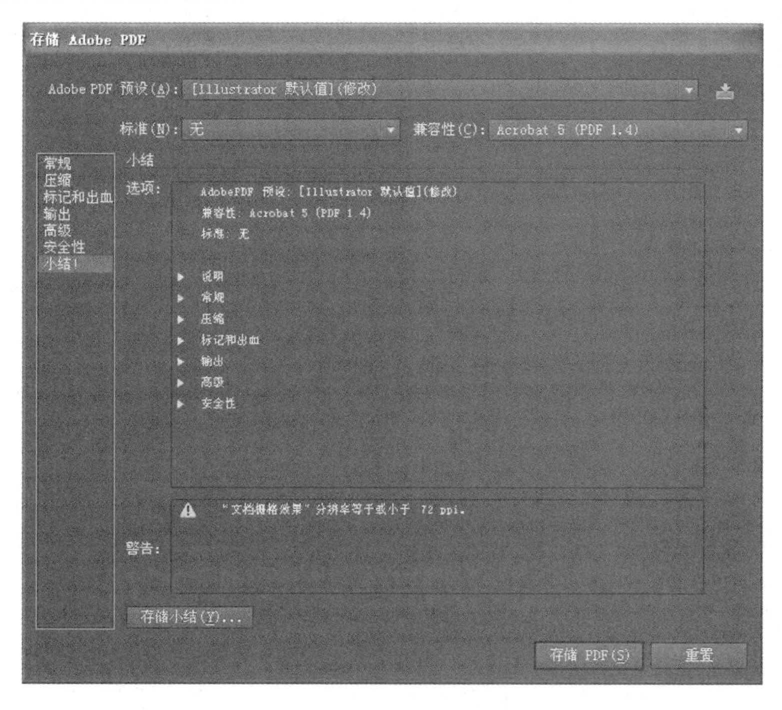

图 10-11 【小结】选项

10.3 打印 Illustrator 文件

在 Illustrator 中创作的各种艺术作品都可以打印输出，例如广告宣传单、招贴、小册子等印刷品。要打印文件，首先要了解文档设置、打印机的属性、打印设置等内容。Illustrator 的打印功能很强大，在其中可以进行调整颜色、设置页面，还可以添加印刷标记和出血等操作。

10.3.1 文件设置

文件设置是为打印文件做的准备工作。

选择【文件】→【文档设置】命令，弹出【文档设置】对话框，如图 10-12 所示。在对话框中包括【出血和视图选项】、【透明度】、【文字选项】3 个选项组。

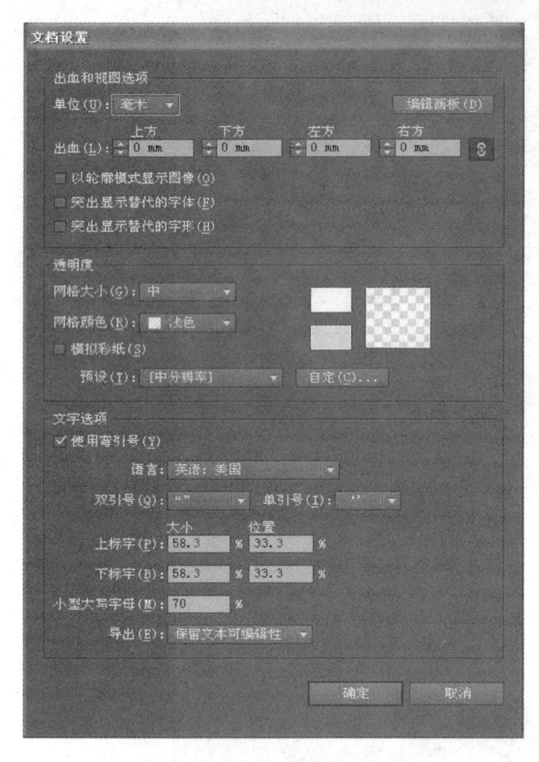

图 10-12 【文档设置】对话框

（1）在【出血和视图选项】组中，【单位】选项用于选择文档的尺寸单位。【出血】选项用于设置文档的出血值。【以轮廓模式显示图像】复选项用于控制图像在文件中的显示，勾选此复选项，置入的图像将以黑白图的方式显示。【突出显示替代的字体】和【突出显示替代的字形】复选项，用于突出显示替代的字体和字形。

（2）在【透明度】选项组中，【网格大小】选项用于选择透明网格的小、中、大 3 种尺寸。【网格颜色】选项用于选择透明网格的颜色，共有 8 种颜色可以选择，也可以自定义网格颜色。如果作品要在彩色纸上进行打印，需勾选【模拟彩纸】复选项来激活颜色。

（3）在【文字选项】选项组中，主要设置一些常用的文字符号、标点的大小和位置。

10.3.2 设置打印机属性

一般用户在打印文件之前，需要对打印机的属性进行设置。只有设置了合适的打印机属性之后才能获得理想的打印输出效果。用户可以选择【文件】→【打印】命令，打开【打印】对话框，如图 10-13 所示，单击该对话框中的【设置】按钮。

1）设置【常规】选项卡

如图 10-14 所示，在【常规】选项卡中，显示的是该打印机的一些常规功能，包括【选择打印机】、【打印份数】、【打印页数】和【首选项】等，单击【首选项】按钮，打开【打印首选项】对话框。默认情况下，打开的是【纸张/质量】选项卡，如图 10-15 所示。

【提示】：

设置应用程序中的打印机属性，只对当前所要打印的文件有效，而不会对所有文件的打印产生影响。要想使设置的打印机属性对所有文件都有效，可以双击操作系统的【设备和打印机】窗口中的打印机，再选择其窗口左侧的【打印机任务】选项区域中的【打印机的属性】选项，打开【打印机属性】对话框，进行相关的参数设置。

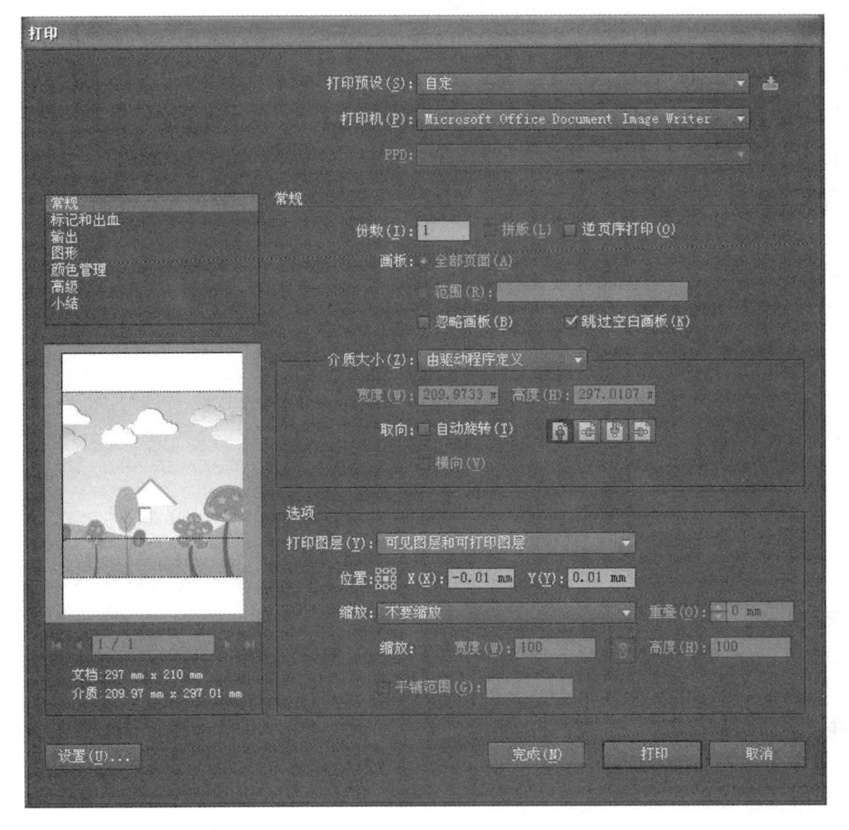

图 10-13 【打印】对话框

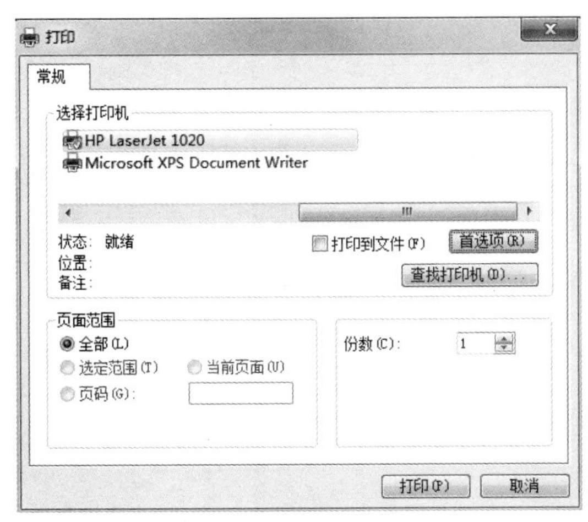

图 10-14 【常规】选项卡

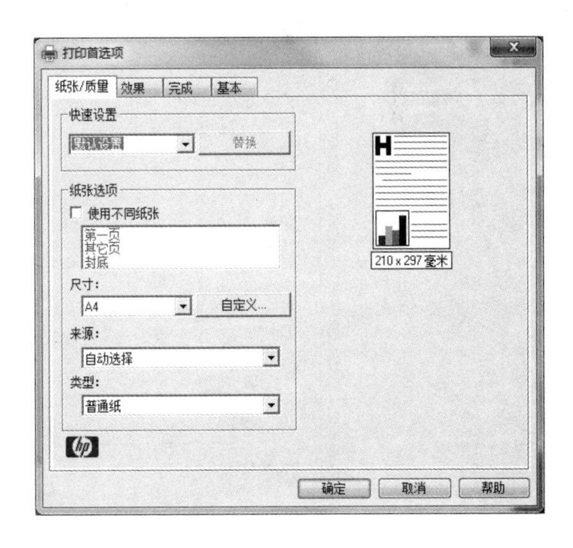

图 10-15 【纸张/质量】选项卡

2）纸张与质量

用户可以对打印文档进行最基本的设置，比如【快速设置】、打印介质的【类型】、【来源】等。

3）效果

单击【效果】选项卡，如图 10-16 所示，用户可以设置打印缩放、【水印】等效果。

4）完成

单击【完成】选项卡，如图 10-17 所示，用户可以设置是否【双面打印】、【每张打印页数】、【打印质量】，是否【将所有文字打印成黑色】，是否【EconoMode（节省碳粉）】等选项。

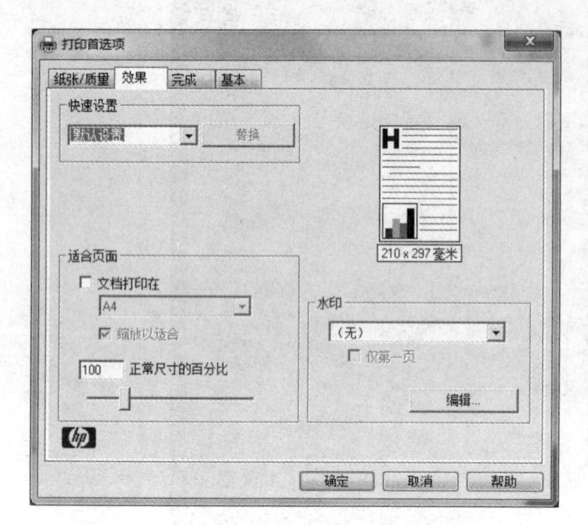

图 10-16 【效果】选项卡

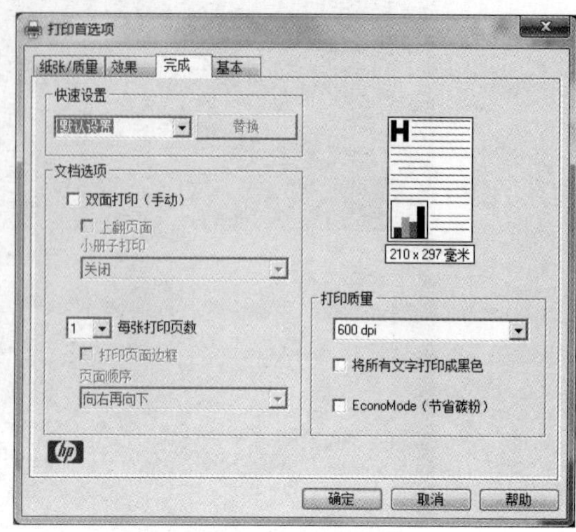

图 10-17 【完成】选项卡

5）基本

单击【基本】选项卡，如图 10-18 所示，用户可以设置打印【份数】、打印【方向】、是否进行【旋转】打印。

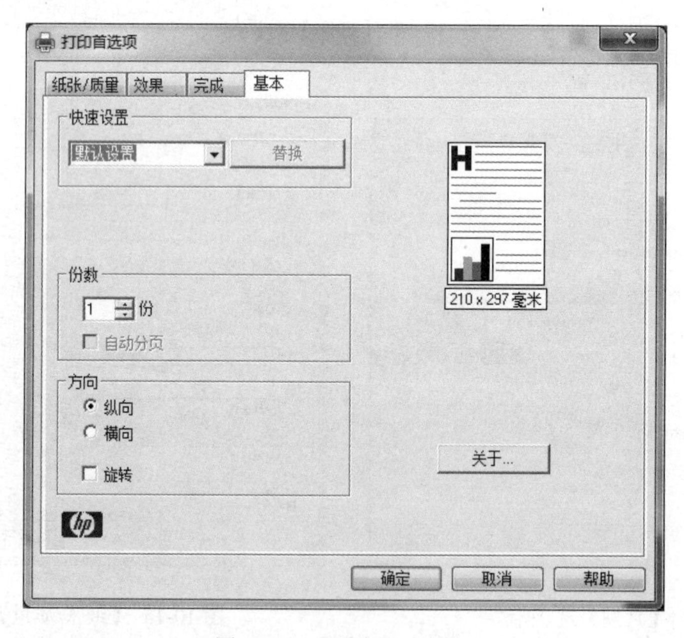

图 10-18 【基本】选项卡

10.3.3 文件打印

在打印页面之前可以根据打印的需要对打印参数进行设置，这样才能保证打印出理想的作品。选择【文件】→【打印】命令，弹出【打印】对话框，如图 10-19 所示。在该对话框中，用户可以根据要打印对象的特性和打印要求，设置与之相关的打印参数选项。下面将对【打印】对话框中的各个选项区域设置，及其主要参数选项进行简要介绍。

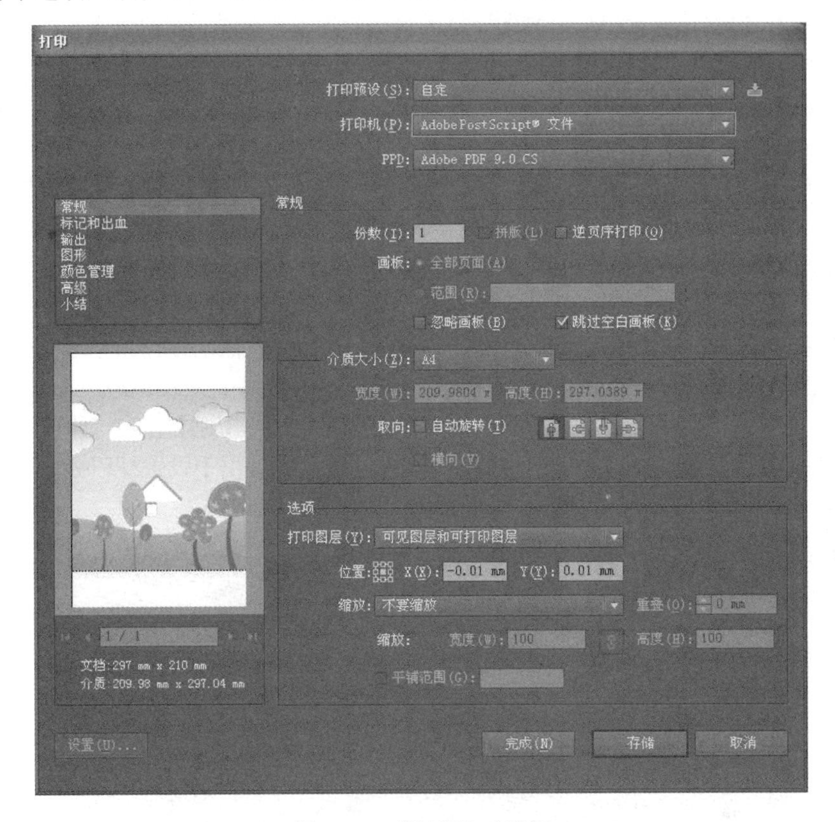

图 10-19 【打印】对话框

1）对话框左侧选项组的基本功能

（1）【常规】：设置页面大小和方向，指定要打印的页数、缩放文件以及选择要打印的图层。

（2）【标记和出血】：选择印刷标记与创建出血。

（3）【输出】：设置该选项创建分色。

（4）【图形】：设置路径、字体、PostScript 文件、渐变、网格和混合的打印选项。

（5）【颜色管理】：选择一套打印颜色配置文件和渲染方法。

（6）【高级】：控制打印时的矢量文件拼合。

（7）【小结】：查看和存储打印设置小结。

2）公共区域

在【打印】对话框上部的公共区域有【打印预设】下拉列表框、【打印机】下拉列表框和【PPD】下拉列表框 3 个选项，如图 10-20 所示。

【注意】：在【打印】对话框上部的公共区域的这些参数选项，不会随【打印】对话框中选择的选项设置区域不同而改变。

图 10-20　公共区域

3）【常规】选项

在【打印】对话框中的设置选项类型中，选择【常规】选项，即可在对话框中显示【常规】选项设置区域。默认情况下，选择【文件】→【打印】命令后，打开的【打印】对话框就显示为【常规】选项设置区域。该选项卡中各项参数的含义如下。

（1）【份数】：设置要打印文件的份数。

（2）【反序】：选择该选项以后，打印文档的页数顺序是由后至前的。

（3）【尺寸】：可以选择打印纸张的尺寸大小。

（4）【宽度】、【高度】：设置纸张的宽度和高度。

（5）【方向】：设置纸张打印的方向。

（6）【打印图层】：在下拉列表中，可以选择【可见与可打印图层】、【可见图层】和【所有图层】。

（7）【不缩放】：不对原图像进行缩放。

（8）【适合页面】：使原图像进行适合页面的缩放。

（9）【自定义缩放】：对图像进行自定义缩放，具体缩放比例可以在后面的文本框中进行设置。

4）【标记和出血】选项

在【打印】对话框的设置选项类型列表框中，选择【标记和出血】选项，即可在对话框中显示【标记和出血】选项设置区域，如图 10-21 所示。该选项区域用于设置打印标记和出血等参数选项。

图 10-21 【标记和出血】选项

（1）【裁切标记】：水平和垂直细标线，用来划定对页面进行修边的位置，【裁切标记】还有助于各分色相互对齐。

（2）【套准标记】：页面范围外的标记，用于对齐彩色文档中的各分色。

（3）【颜色条】：彩色小方块，表示 CMYK 油墨和色调灰度。

（4）【页面信息】：为胶片标上文件名、输出时间和日期、所用网线数、分色网线角度，以及各个版的颜色，这些标签位于文件上方。

（5）在【顶】、【左】、【底】和【右】参数栏中设置相应的数值，以指定出血标记的位置，单击【链接】按钮可使这些值都相同。

5）【输出】选项

在【打印】对话框的设置选项类型列表框中，选择【输出】选项，即可在对话框中显示【输出】选项设置区域，如图 10-22 所示。该选项区域用于设置打印对象在打印时输出的模式、分辨率等参数选项。

图 10-22 【输出】选项卡

（1）【模式】：分合成、分色（基于主机）和在 RIP 分色。合成模式下只有药膜（即乳剂面）和打印机分辨率（即输出的网线）可选；分色（基于主机）多见输出公司在输出胶片时用，可以进行更详细的选择，如输出 PS 或 PDF 的时候是分好色的看上去只有单黑色的图像；在 RIP 上分色集合了以上两个模式的特点。

（2）【乳剂面】：即平时所说的药膜面，一般常见的是阴片向上、阳片向下。

（3）【图像】：分正片和负片。正片即阳片，负片即阴片。

（4）【打印机分辨率】：输出的网线的选择。

（5）【将所有专色转换为印刷色】：如果作品中有专色，这里还有个转换所有专色为印刷色的选项，让你选择是否将专色转为四色。

（6）【叠印黑色】：一般将该选项勾选，这样输出的胶片质量比较好。

6）【图形】选项

在【打印】对话框的设置选项类型列表框中，选择【图形】选项，即可在对话框中显示【图形】选项设置区域，如图 10-23 所示。该选项区域用于设置打印对象的路径形态、字体等元素，是在打印输出效果时的参数选项。

图 10-23 【图形】选项卡

（1）【路径】:【平滑度】设置曲线调整精度。曲线是由大量的小直线进行定义的。曲线路径越精确，质量就越好，打印速度越慢。路径的精度越低，打印速度就越快，但质量可能不太高。

（2）【字体】: 控制着 PostScript 字体如何下载到打印机。一些字体存储在打印机中，但其他的一些在打印机上不是标准的字体，要么被保留在打印机上，要么被保留在计算机上。

（3）【选项】:【图形】下面的其他选项，是设置 PostScript 语言和文字的【数据格式】。可以选中【兼容渐变和渐变网格打印】，以便将渐变或渐变网格转换为 JPEG 格式。该区域也是设置【文档栅格化效果分辨率】的地方。

7）【颜色管理】选项

在【打印】对话框的设置选项类型列表框中，选择【颜色管理】选项，即可在对话框中显示【颜色管理】选项设置区域，如图 10-24 所示。该选项区域用于设置打印对象在打印输出时的颜色配置文件等参数选项。

（1）【打印方法】: 列出【颜色处理】（打印机或 Illustrator 是否处理颜色）的方法。

（2）【打印机配置文件】: 想使用的颜色管理配置文件。

（3）【渲染方法】: 将颜色转换为配置文件空间时使用的渲染方法。

8）【高级】选项

在【打印】对话框的设置选项类型列表框中，选择【高级】选项，即可在对话框中显示【高级】选项设置区域，如图 10-25 所示。该选项区域用于设置打印对象在打印输出时的叠印和透明度等参数选项。

图 10-24 【颜色设置】选项

图 10-25 【高级】选项

【叠印】：如果做文件的时候做了叠印，选择保持，比如专色叠印。如果没有，最好在分色那里选上黑色叠印后，选择放弃，从而避免不小心做出白色叠印。

【预设】：就是输出的分辨率选择，印刷用的输出文件应选上【高分辨率】，或者单击【自定】做进一步选择。

9)【小结】选项

在【打印】对话框的设置选项类型列表框中，选择【小结】选项，即可在对话框中显示【小结】选项设置区域，如图 10-26 所示。该选项区域用于显示打印对象所设置的打印参数选项的信息。已经选择的所有打印选项都列在那里，并且任何警告都被列在底部。

图 10-26 【小结】选项卡

10）开始打印

单击【打印】按钮，弹出【另存为 PDF 文件】对话框，如图 10-27 所示，可以将后缀为 PDF 的打印文件存储到硬盘中，单击【保存】按钮，弹出预览对话框，可以进行打印。

10.3.4 关于分色

若要在照排机或 PS 打印机上分色输出图像，必须进行分色设置。分色是将不同的颜色打印在分开的纸或胶片上，这些胶片可以用于印刷制版。为了得到最终的印刷品，纸张将几次通过印刷机，每次印刷机使用不同的印版及不同的油墨颜色印刷，它们组合起来就可以完成大批量的全彩色印刷。

分色方式分为四色分色和专色分色两种。

四色分色用于使用四色油墨的印刷，不同数量的青、品、黄、黑四色油墨，可以组合成图像上的不同颜色。四色分色法最大的优点是可以产生丰富的颜色效果。

图 10-27 【另存为 PDF 文件】对话框

专色分色用于使用专色的印刷，选用与图像颜色相吻合的油墨，而不是通过 4 种颜色的合成来产生相应的颜色。专色分色最大的优点在于印刷出的颜色明亮清晰。有时，可将专色和四色分色法联合使用。

为了重现彩色和连续色调图像，印刷通常将文件分为 4 个印版，分别用于图像的青色、品红色、黄色和黑色 4 种原色，还包括自定油墨。将图像分成两种或多种颜色的过程称为分色，而用来制作印版的胶片则称为分色片。

1）准备要进行分色的文件

在 Illustrator CC 中进行分色前，首先要设置色彩管理，包括校准监视器和选择一套 Illustrator CC 颜色设置，对颜色在输出设备上将呈现的外观进行软校样，如果文档为【RGB】模式，选择【文件】→【文档颜色模式】→【CMYK 颜色】命令，可将其转换为【CMYK】模式。

2）打印分色

如果想要打印分色，首先选择【文件】→【打印】命令，选择打印机和 PPD 文件，在【打印】对话框左侧选择【输出】选项，在【模式】下拉列表框中，选择【分色（基于主机）】选项，为分色指定药膜、图像曝光和打印机分辨率。设置【打印】对话框中的其他选项，可以指定如何定位、伸缩和裁剪图稿，设置印刷标记和出血，以及为透明图稿选择拼合设置，最后单击【打印】按钮即可。

附　　录

1）菜单命令

表 A-1　文件菜单

命　　令	快 捷 键
新建图形文件	【Ctrl】+【N】
从模板新建	【Ctrl】+【Shift】+【N】
打开	【Ctrl】+【O】
在 Bridge 中浏览	【Alt 】+【 Ctrl】+【O】
关闭	【Ctrl】+【W】
存储	【Ctrl】+【S】
存储为	【Ctrl】+【Shift】+【S】
存储副本	【Ctrl】+【Alt】+【S】
存储 Web 所用格式	【Alt 】+【Shift】+【 Ctrl】+【S】
文档设置	【Ctrl】+【Alt】+【P】
文件信息	【Alt 】+【Shift】+【 Ctrl】+【I】
打印	【Ctrl】+【P】
退出	【Ctrl】+【Q】

表 A-2　编辑菜单

命　　令	快 捷 键
还原	【Ctrl】+【Z】
重做	【Ctrl】+【Shift】+【Z】
剪切	【Ctrl】+【X】
复制	【Ctrl】+【C】
粘贴	【Ctrl】+【V】
贴在前面	【Ctrl】+【F】
贴在后面	【Ctrl】+【B】
就地粘贴	【Shift】+【Ctrl】+【V】
在所有画板上粘贴	【Alt】+【Shift】+【Ctrl】+【V】
拼写检查	【Ctrl】+【I】
颜色设置	【Ctrl】+【Shift】+【K】
键盘快捷键	【Ctrl】+【Shift】+【Alt】+【K】
常规首选项	【Ctrl】+【K】

表 A-3　对象菜单

命　　令	快 捷 键
变换→再次变换	【Ctrl】+【D】
变换→移动	【Ctrl】+【Shift】+【M】
变换→分别变换	【Alt】+【Shift】+【Ctrl】+【D】
排列→至于顶层	【Shift】+【Ctrl】+【]】

续表

命　　令	快　捷　键
排列→前移一层	【Ctrl】+【]】
排列→后移一层	【Ctrl】+【[】
排列→至于底层	【Shift】+【Ctrl】+【[】
编组	【Ctrl】+【G】
取消编组	【Ctrl】+【Shift】+【G】
锁定→所选对象	【Ctrl】+【2】
全部解锁	【Ctrl】+【Alt】+【2】
隐藏→所选对象	【Ctrl】+【3】
显示全部	【Ctrl】+【Alt】+【3】
路径→连接	【Ctrl】+【J】
路径→平均	【Alt】+【Ctrl】+【J】
混合→建立	【Alt】+【Ctrl】+【B】
混合→释放	【Alt】+【Shift】+【Ctrl】+【B】
封套扭曲→用变形建立	【Alt】+【Shift】+【Ctrl】+【W】
封套扭曲→用网格建立	【Alt】+【Ctrl】+【M】
封套扭曲→用顶部对象建立	【Alt】+【Ctrl】+【C】
封套扭曲→编辑内容	【Shift】+【Ctrl】+【P】
实时上色→建立	【Alt】+【Ctrl】+【X】
剪切蒙版→建立	【Ctrl】+【7】
剪切蒙版→释放	【Alt】+【Ctrl】+【7】
复合路径→建立	【Ctrl】+【8】
复合路径→释放	【Alt】+【Shift】+【Ctrl】+【8】

表 A-4　文字菜单

命　　令	快　捷　键
创建轮廓	【Shift】+【Ctrl】+【O】
显示隐藏字符	【Alt】+【Ctrl】+【I】

表 A-5　选择菜单

命　　令	快　捷　键
全部	【Ctrl】+【A】
现有画板的全部对象	【Alt】+【Ctrl】+【A】
取消选择	【Shift】+【Ctrl】+【A】
重新选择	【Ctrl】+【6】
上方的下一个对象	【Alt】+【Ctrl】+【]】
下方的下一个对象	【Alt】+【Ctrl】+【[】

表 A-6　效果菜单

命　　令	快　捷　键
应用上一个效果	【Shift】+【Ctrl】+【E】
上一个效果	【Alt】+【Shift】+【Ctrl】+【E】

表 A-7　视图菜单

命　令	快 捷 键
轮廓/预览	【Ctrl】+【Y】
叠印预览	【Alt】+【Shift】+【Ctrl】+【Y】
像素预览	【Alt】+【Ctrl】+【Y】
放大	【Ctrl】+【+】
缩小	【Ctrl】+【−】
画板适合窗口大小	【Ctrl】+【O】
全部适合窗口大小	【Alt】+【Ctrl】+【O】
实际大小	【Ctrl】+【1】
隐藏边缘	【Ctrl】+【H】
隐藏画板	【Shift】+【Ctrl】+【H】
显示/隐藏标尺	【Ctrl】+【R】
更改为全局标尺	【Alt】+【Ctrl】+【R】
显示/隐藏定界框	【Shift】+【Ctrl】+【B】
显示/隐藏透明度网格	【Shift】+【Ctrl】+【D】
显示/隐藏文本串接	【Shift】+【Ctrl】+【Y】
参考线→显示/隐藏参考线	【Ctrl】+【;】
参考线→锁定参考线	【Ctrl】+【Alt】+【;】
参考线→建立参考线	【Ctrl】+【5】
参考线→释放参考线	【Alt】+【Ctrl】+【5】
智能参考线	【Ctrl】+【U】
透视网格→显示网格	【Shift】+【Ctrl】+【I】
显示/隐藏网格	【Ctrl】+【“】
对齐网格（像素）	【Shift】+【Ctrl】+【“】
对齐点	【Alt】+【Ctrl】+【“】

表 A-8　窗口菜单

命　令	快 捷 键
信息	【Ctrl】+【F8】
变换	【Shift】+【F8】
图层	【F7】
图形样式	【Shift】+【F5】
外观	【Shift】+【F6】
对齐	【Shift】+【F7】
属性	【Ctrl】+【F11】
描边	【Ctrl】+【F10】
文字→OpenType	【Alt】+【Shift】+【Ctrl】+【T】
文字→制表符	【Shift】+【Ctrl】+【T】
文字→字符	【Ctrl】+【T】
文字→段落	【Alt】+【Ctrl】+【T】
渐变	【Ctrl】+【F9】
画笔	【F5】
符号	【Shift】+【Ctrl】+【F11】
路径查找器	【Shift】+【Ctrl】+【F9】
透明度	【Shift】+【Ctrl】+【F10】

续表

命　令	快　捷　键
颜色	【F6】
颜色参考	【Shift】+【F3】
Illustrator 帮助	【F1】

2）工具箱命令

表 A-9　工具选择

功　能	快　捷　键
选择下一个弹出工具	【Alt】+【单击工具】
打开工具对话框	【在工具上双击】
隐藏工具或调板	【Tab】
隐藏调板	【Shift】+【Tab】

表 A-10　选择工具

工　具	快　捷　键
选择工具	【V】
直接选择工具	【A】
魔棒工具	【Y】
套索工具	【Q】
钢笔工具	【P】
添加锚点工具	【+】
删除锚点工具	【-】
转换锚点工具	【Shift】+【C】
文字工具	【T】
直线段工具	【\】
矩形工具	【M】
椭圆工具	【L】
画笔工具	【B】
铅笔工具	【N】
斑点画笔工具	【Shift】+【B】
橡皮擦工具	【Shift】+【E】
剪刀工具	【C】
旋转工具	【R】
镜像工具	【O】
比例缩放工具	【S】
宽度工具	【Shift】+【W】
变形工具	【Shift】+【R】
自由变换工具	【E】
形状生成器工具	【Shift】+【M】
实时上色工具	【K】
实时上色选择工具	【Shift】+【L】
透视网格工具	【Shift】+【P】
透视选区工具	【Shift】+【V】
网格工具	【U】

续表

工　具	快　捷　键
渐变工具	【G】
吸管工具	【I】
混合工具	【W】
符号喷枪工具	【Shift】+【S】
柱形图工具	【J】
画板工具	【Shift】+【O】
切片工具	【Shift】+【K】
抓手工具	【H】
缩放工具	【Z】
填色和描边切换	【X】
默认填色和描边	【D】
颜色	【<】
渐变	【>】
无	【/】
标准屏幕模式、带有菜单栏的全屏模式、全屏模式	【F】

参考文献

[1] 李东博. Illustrator CS6 完全自学手册. 北京：清华大学出版社，2013.
[2] DDC 传媒. ADOBE ILLUSTRATOR CC 标准培训教材. 北京：人民邮电出版社，2014.
[3] 刘元生. Illustrator 图形处理技术. 北京：化学工业出版社，2009.
[4] 张予，丛双龙. Illustrator CS3.北京：化学工业出版社，2008.
[5] 李金蓉. Illustrator CC 完全自学宝典.北京：电子工业出版社，2015.
[6] Adobe 公司. Adobe Illustrator CC 经典教程. 北京：人民邮电出版社，2014.
[7] 赵常娟，吕冰. 中文版 AdobeIllustrator 教程. 北京：清华大学出版社，2012.